AF644193

E-Book inklusive:

Mit folgendem persönlichen Code können Sie die E-Book-Ausgabe dieses Buches downloaden:

70187-r65p7-04o00-a7wk2

Registrieren Sie sich unter

www.hanser-fachbuch.de/ebookinside

und nutzen Sie das E-Book auf Ihrem Rechner*, Tablet-PC und E-Book-Reader.

Der Download dieses Buches als E-Book unterliegt gesetzlichen Bestimmungen bzw. steuerrechtlichen Regelungen, die Sie unter **www.hanser-fachbuch.de/ebookinside** nachlesen können.

* Systemvoraussetzungen: Internet-Verbindung und Adobe® Reader®

Weber

Mensch und Informationssicherheit

Bleiben Sie auf dem Laufenden!

Unser **Computerbuch-Newsletter** informiert Sie monatlich über neue Bücher und Termine. Profitieren Sie auch von Gewinnspielen und exklusiven Leseproben. Gleich anmelden unter:

www.hanser-fachbuch.de/newsletter

Kristin Weber

Mensch und Informationssicherheit

Verhalten verstehen, Awareness fördern, Human Hacking erkennen

HANSER

Die Autorin:
Prof. Dr. Kristin Weber, Kleinostheim

Alle in diesem Werk enthaltenen Informationen, Verfahren und Darstellungen wurden nach bestem Wissen zusammengestellt und mit Sorgfalt getestet. Dennoch sind Fehler nicht ganz auszuschließen. Aus diesem Grund sind die im vorliegenden Werk enthaltenen Informationen mit keiner Verpflichtung oder Garantie irgendeiner Art verbunden. Autorin und Verlag übernehmen infolgedessen keine juristische Verantwortung und werden keine daraus folgende oder sonstige Haftung übernehmen, die auf irgendeine Art aus der Benutzung dieser Informationen – oder Teilen davon – entsteht. Ebenso wenig übernehmen Autorin und Verlag die Gewähr dafür, dass beschriebene Verfahren usw. frei von Schutzrechten Dritter sind. Die Wiedergabe von Gebrauchsnamen, Handelsnamen, Warenbezeichnungen usw. in diesem Werk berechtigt also auch ohne besondere Kennzeichnung nicht zu der Annahme, dass solche Namen im Sinne der Warenzeichen- und Markenschutz-Gesetzgebung als frei zu betrachten wären und daher von jedermann benutzt werden dürften.

Die endgültige Entscheidung über die Eignung der Informationen für die vorgesehene Verwendung in einer bestimmten Anwendung liegt in der alleinigen Verantwortung des Nutzers.

Bibliografische Information der Deutschen Nationalbibliothek:

Die Deutsche Nationalbibliothek verzeichnet diese Publikation in der Deutschen Nationalbibliografie; detaillierte bibliografische Daten sind im Internet über *http://dnb.d-nb.de* abrufbar.

Dieses Werk ist urheberrechtlich geschützt.
Alle Rechte, auch die der Übersetzung, des Nachdruckes und der Vervielfältigung des Buches, oder Teilen daraus, vorbehalten. Kein Teil des Werkes darf ohne schriftliche Genehmigung des Verlages in irgendeiner Form (Fotokopie, Mikrofilm oder ein anderes Verfahren) – auch nicht für Zwecke der Unterrichtsgestaltung – mit Ausnahme der in den §§ 53, 54 URG genannten Sonderfälle –, reproduziert oder unter Verwendung elektronischer Systeme verarbeitet, vervielfältigt oder verbreitet werden.

© 2024 Carl Hanser Verlag München, *www.hanser-fachbuch.de*
Lektorat: Sylvia Hasselbach
Copy editing: Sandra Gottmann, Wasserburg
Umschlagdesign: Marc Müller-Bremer, *www.rebranding.de*, München
Titelmotiv: Tom West, unter Verwendung von Grafiken von © stock.adobe.com/bestpixels
Layout: Manuela Treindl, Fürth
Druck und Bindung: Hubert & Co. GmbH & Co. KG BuchPartner, Göttingen
Printed in Germany

Print-ISBN: 978-3-446-47645-5

E-Book-ISBN: 978-3-446-48040-7

E-Pub-ISBN: 978-3-446-48077-3

Inhalt

1 Der Faktor Mensch in der Informationssicherheit

Als Annika ihre E-Mails kontrolliert, freut sie sich sehr über die Einladung zur diesjährigen Faschingsparty im Vereinsheim. Schließlich ist diese Party immer das Highlight der Saison. Oft genug hatte sie in den letzten Jahren die tollsten Partymomente mit ihren Social Media Followern geteilt. Die Karten sind immer ausverkauft, und schnelles Handeln ist erforderlich. Kurz kommt es ihr verdächtig vor, dass die Einladung an ihre berufliche E-Mail-Adresse geschickt wird, und das ca. zwei Wochen früher als sonst, dann klickt sie auf den Link zur Anmeldung.

Wie diese Geschichte weitergeht, ist vermutlich klar. Es handelt sich keinesfalls um die erwartete Einladung zur Faschingsparty, sondern um eine gut gemachte Phishing-Mail, in diesem Fall um sogenanntes Spear Phishing. Die Absendenden haben sich gezielt Annikas Social-Media-Gewohnheiten zunutze gemacht und ihr eine speziell auf sie zugeschnittene, geschickt gemachte Falle gestellt. Hinter dem Link verbarg sich eine gefälschte Anmeldeseite, auf welcher Annika noch mehr von ihren persönlichen Daten preisgibt. Log-in- oder Bankdaten gelangen so in die Hände der Fallenstellenden und können für kriminelle Zwecke missbraucht werden.

Ein typisches Beispiel dafür, wie leicht Menschen manipuliert werden können, wie leichtsinnig sie mit ihren Daten umgehen und wie unsicher sie sich immer wieder verhalten? Ja und nein. Immer wieder werden Menschen als das schwächste Glied in der „Sicherheitskette" bezeichnet – oder als größte Schwachstelle für die Informationssicherheit. In diesem Buch soll es um eine andere Sichtweise auf den Faktor Mensch gehen.

Menschen sollen nicht als Problem, sondern als Teil der Lösung gesehen werden. Der folgende Abschnitt beschreibt diese Sichtweise „Human as a Solution" ausführlich und formuliert, für wen dieses Buch geschrieben wurde. Der Abschnitt erklärt ebenfalls den kompletten Aufbau des Buches. Der Mensch spielt in der oder für die Informationssicherheit aber nicht nur die Rolle des „Sicherheitsfaktors". In Unternehmen kann er Opfer, Champion, Vorbild, Fehlerquelle, Bedrohung usw. sein. Abschnitt 1.2 beschreibt diese Rollen sowie Grundbegriffe und Rahmenbedingungen für dieses Buch.

Menschliche Sicherheitsfaktoren sind nur ein Element des komplexen Systems „Informationssicherheit in Unternehmen". Abschnitt 1.3 stellt daher ein paar grundlegende Überlegungen zur Auswahl von Informationssicherheitsmaßnahmen an. Die Faktoren Sicherheit, Wirtschaftlichkeit und Usability werden gegenübergestellt. Mit Informationssicherheitsmanagementsystemen (ISMS) wird kurz auf einen systematischen Ansatz zur Gewährleistung der Informationssicherheit in Unternehmen eingegangen, in dessen Rahmen auch die Befähigung des Menschen zum Sicherheitsfaktor stattfindet. Risikoorientierung und kontinuierliche Verbesserung gemäß dem PDCA-Zyklus (Plan, Do, Check, Act) liegen den meisten ISMS zugrunde.

1.1 Der Mensch als Lösung

„... people have long been the victims of bad statistics, urban legends, and hoaxes. Any communications medium can be used to exploit credulity and stupidity, and people have been doing that for eons. [...] Semantic attacks directly target the human/computer interface, the most insecure interface on the Internet."

(Schneier, 2000)

Die Sicherheitswissenschaft (Safety Science) beschäftigt sich seit ca. hundert Jahren mit dem „Faktor Mensch" mit dem Ziel, die betriebliche Effizienz zu verbessern und menschliche Fehler, die zu Unfällen führen, zu reduzieren. In dieser Zeit hat die Disziplin eine Entwicklung vollzogen (Ebert et al., 2023; Kaur et al., 2021, S. 7; Zimmermann & Renaud, 2019, S. 13). Zunächst wurde davon ausgegangen, dass Unfälle dadurch verhindert werden können, dass menschliche Fehler eliminiert werden, z. B. durch Automatisierung, strikte Regeln und das Tragen von Schutzausrüstung. In den letzten Jahren wird verstärkt untersucht, wie der menschliche Faktor zum Erfolg in sicherheitsrelevanten Betriebsumgebungen beitragen kann. Forschende fanden heraus, dass in hochkomplexen Systemen (z. B. in der Luftfahrtkontrolle) deutlich weniger Unfälle passieren, als zu erwarten wäre. Flexibilität, Freiheit und die Fähigkeit der Mitarbeitenden, auf unbekannte Situationen zu reagieren, haben zu diesem Plus an Sicherheit beigetragen. Seitdem versucht die Sicherheitswissenschaft, besser zu verstehen, wie Menschen „funktionieren". Sie wollen weg von Schuldzuweisungen und hin zu mehr Eigenverantwortung und dem Lernen aus Fehlern. Menschen werden nicht mehr als Problem, sondern als Teil der Lösung angesehen.

In der Informationssicherheit scheint ein ähnliches Umdenken gerade stattzufinden. Doch noch immer liest man viel zu häufig Schlagzeilen wie:

- „Faktor Mensch – Mitarbeiter als schwächstes Glied der Sicherheitskette"
- „IT-Sicherheit: Der Mensch ist das Problem"
- „Der Faktor Mensch als schwächstes Glied in der Security-Kette"
- „Cybersicherheit 2021: Top 5 Risiken in Unternehmen – 1. Risiko: Der Mensch"

Häufig werden Mitarbeitende als Schuldige für Informationssicherheitsvorfälle verantwortlich gemacht: „(1) If a hacker exploits software vulnerabilities, that is the fault of the IT staff for not keeping the system patched and secure. (2) If someone falls for a phishing message, they did not pay enough attention. (3) If a breach occurs, it is possible that someone leaked their password or chose a weak one." (Zimmermann & Renaud, 2019, S. 10) Auf diese Weise kann jedes unerwünschte Ereignis auf menschliches Versagen zurückgeführt werden, und der Mensch wird als diejenige Komponente des Systems[1] angesehen, welche der Informationssicherheit im Wege steht.

[1] Unternehmen können als „soziotechnische Systeme" angesehen werden, bestehend aus verschiedenen technischen, organisatorischen und menschlichen Komponenten, die auf vielfältige Weise miteinander interagieren und eine Einheit bilden (Klipper, 2022).

Folglich können Informationssicherheitsverstöße vermieden werden, wenn das Verhalten der Menschen überwacht und vor allem eingeschränkt wird. Menschen sind ein Problem, das unter Kontrolle zu bringen ist (Schneier, 2000). Als Lösungen werden vorgeschlagen:

- Menschen so weit wie möglich aus dem System entfernen, d. h., viel automatisieren und technische Sicherheitslösungen den organisatorischen oder personellen Maßnahmen vorziehen
- Mitarbeitende schulen und Awareness-Maßnahmen durchführen, wo das „Entfernen“ nicht möglich ist
- Richtlinien für richtiges und falsches Verhalten aufstellen und diese streng durchsetzen

Als Reaktion auf Vorfälle ist es wichtig, die Schuldigen auszumachen, sie zu bestrafen und noch mehr Training zu verordnen. Bezeichnend für diese Sichtweise ist das folgende Zitat:

> *„Zu den bisherigen Ausführungen über Sicherheit kommt der Mensch als weiterer Faktor hinzu. Bei komplexen Systemen spielt es naturgemäß auch eine Rolle, inwieweit die Benutzer Art und Zweck der Benutzung korrekt erfasst haben. Dies bedeutet in letzter Konsequenz, dass ein System ... sicher sein und dennoch gefährdend eingesetzt werden kann, falls es vom Benutzer, auch unwissentlich, missbraucht wird und keine Verriegelungsmechanismen dagegen vorhanden sind.“*
>
> (Freiling et al., 2014, S. 23)

In Wirklichkeit gibt es bei Informationssicherheitsvorfällen häufig mehrere Ursachen. Der Mensch trägt sicherlich in vielen Szenarien dazu bei, dass etwas Ungeplantes oder Ungewolltes passiert, aber dies ist nicht die ganze Geschichte. Soziotechnische Systeme sind komplex, hochgradig interaktiv und unvorhersehbar, und mehrere Faktoren führen zu unerwünschten Ereignissen (Ebert et al., 2023; Klipper, 2022; Zimmermann & Renaud, 2019, S. 11).

Der Prozess des Umdenkens in der Informationssicherheit sollte sich fortsetzen, und ähnlich wie in der Sicherheitswissenschaft sollte der Mensch nicht mehr als Problem, sondern als Teil der Lösung gesehen werden. Zimmermann und Renaud (2019) schlagen dieses neuen Paradigma – **Humans as Solution** – mit folgenden Prinzipien vor:

- Menschen sind integraler Bestandteil und unverzichtbar für das Funktionieren von soziotechnischen Systemen und tragen damit zur Sicherheit bei.
- Die nicht immer vorhersehbaren Handlungen der Menschen können zu Fehlern führen. Aber – diese Unvorhersehbarkeit ist eine Stärke, da sie weit häufiger zu normalen Abläufen und deren Erfolg beiträgt als zu Fehlern. Werden Menschen aus dem System „eliminiert“, können sie nicht aktiv zum Erhalt und zur Verbesserung der Sicherheit beitragen.
- Menschen versuchen grundsätzlich, einen „guten Job zu machen“ und nicht Fehler zu verursachen. Halten sie sich nicht an Sicherheitsregeln, dann haben sie meist einen guten Grund dafür, z. B. dass die Regeln sie in der Ausübung ihrer eigentlichen Tätigkeit behindern. Daher sollten Menschen beim Erstellen der Sicherheitsregeln mit einbezogen werden.
- Sicherheitsvorfälle sollten untersucht werden, um daraus etwas zu lernen, und nicht, um Schuldige zu finden.
- Statt sich über Fehler zu ärgern, sollte man auf Erfolge stolz sein. Beispielsweise fallen fast 80 % der Angestellten NICHT auf Phishing herein.

Automatisierung hat auch in diesem Paradigma seine Berechtigung. Es gibt Aufgaben, welche besser durch Computer erledigt werden können, z. B. Aufgaben, die mit hoher Präzision und Geschwindigkeit zu wiederholen sind. Diese Art von Aufgaben können und sollten automatisiert werden. Technische Sicherheitsmaßnahmen können bis zu einem gewissen Grad menschliches Fehlverhalten verhindern oder kompensieren (Beyer et al., 2015). Es gibt aber auch Aufgaben, in welchen Menschen bessere Ergebnisse erzielen, z. B. beim Improvisieren und bei der Entscheidungsfindung unter unvollständigen Informationen. Bei diesen Aufgaben macht Automatisierung keinen Sinn.

In der Sicherheitswissenschaft wird anerkannt, dass in vielen Fällen „Heldentaten" Unfälle verhindert haben oder schlimmere Folgen abmildern konnten (Pfleeger et al., 2014). Heartfield und Loukas (2018) zeigen durch Experimente, dass Menschen auch in der Informationssicherheit Sicherheitsvorfälle sehr zuverlässig entdecken können. Die Forscher simulierten komplexe Social Engineering-Angriffe, basierend auf Spear Phishing, verschickten USB-Sticks oder falschen Facebook-Accounts. Lediglich 10 % dieser Angriffe wurden von den Anwendenden nicht erkannt. Im Vergleich dazu schlugen die eingebauten technischen Sicherheitssensoren bei 81 % der Angriffe keinen Alarm.

Auch Burkhead (2014, S. 114 f.) stellt fest, dass Menschen nicht nur unverzichtbar beim Erkennen und Melden von Sicherheitsvorfällen sind, sondern auch erfolgreicher und effizienter als Tools. Anwendende merken, dass sich ihr Rechner ungewöhnlich verhält, und melden dies an die Verantwortlichen. Sie können den IT-Helpdesk innerhalb weniger Sekunden darauf hinweisen, dass sie eine Phishing-E-Mail bekommen haben. Sie sprechen Personen auf dem Firmengelände an, wenn diese keinen Ausweis tragen, oder sie geben gefundene USB-Sticks sowie andere dubiose Datenträger ab. Unternehmen sind hochkomplexe Systeme, welche ohne die Unterstützung des Faktors Mensch nicht ausreichend zu schützen sind (Drechsler, 2019, S. 79).

Um besser zu verstehen, wie Menschen dazu beitragen, Sicherheitsvorfälle zu verhindern, sollten auch Erfolge bzw. sogenannte „Near Misses" untersucht werden, also Vorfälle, die gerade noch so verhindert werden konnten (Bair et al., 2018; Beyer et al., 2015). Häufig sind es die gleichen Faktoren, die zu Erfolg oder Misserfolg führen. Daher sollten immer beide mögliche Auswirkungen (Erfolg und Misserfolg) betrachtet werden, bevor über eine Sicherheitsmaßnahme entschieden wird. Was wird dadurch verhindert – im positiven wie negativen Sinne? Statt zu versuchen, Risiken durch zu starre und einschränkende Sicherheitsmaßnahmen zu vermeiden, sollte die Widerstandsfähigkeit gestärkt werden (Zimmermann & Renaud, 2019, S. 19). Menschen sollten die Flexibilität bekommen, ihr Verhalten an das veränderte Verhalten des soziotechnischen Systems anzupassen. Das versetzt sie in die Lage, ihren Beitrag zu leisten, ein gefährdetes System wieder in einen stabilen Zustand zu bringen.

Für das Paradigma *Human as Solution* ist ein Umdenken an vielen Stellen in Unternehmen erforderlich. Die Art und Weise, wie heute noch vielfach mit dem „Faktor Mensch" in der Informationssicherheit umgegangen wird, muss hinterfragt werden. Der Mensch muss als Teil des Systems verstanden werden, seine Bedürfnisse, Fähigkeiten und Eigenschaften in das Design sicherer Lösungen einbezogen werden. Menschen sollten als elementarer Bestandteil des Informationssicherheitskonzepts verstanden werden. Sie sind nicht nur passiv, halten sich an Regeln und reagieren auf Ereignisse. Dürfen sie sich am Thema Informationssicherheit aktiv beteiligen und Verantwortung für ihre Handlungen übernehmen, führt dies zu bewusstem und sichererem Verhalten (Adams & Sasse, 1999, S. 45; Sasse et al., 2023, S. 250).

Als Teil des Paradigmenwechsels muss analysiert werden, warum Menschen sich so oder so verhalten, die Komplexität der Einflussfaktoren muss gewürdigt und die Wechselwirkungen müssen verstanden werden. Die Awareness der Mitarbeitenden für Informationssicherheit ist ein zentraler Baustein für ein sicheres System. Mitarbeitende müssen befähigt werden, ihrer wichtigen Rolle gerecht zu werden. Sie sollen sich nicht stur an Regeln halten, sondern eigenständig entscheiden und so handeln, wie es im Moment erforderlich ist. Eine „Mindfulness“ oder gewisse Resilienz erlaubt es ihnen, sich auch in unbekannten, nicht trainierten Situationen richtig zu verhalten.

Dieses Plus an Verantwortung und ein Minus an strengen Vorgaben kann dazu führen, dass es vorsätzlich böswillig handelnden Personen einfacher gemacht wird, Organisationen Schaden zuzufügen (Zimmermann & Renaud, 2019, S. 24). Dieses zusätzliche Risiko steht allerdings im Kontrast zu der Tatsache, dass nicht mehr allen Personen in den Organisationen per se unterstellt wird, dass sie Schaden verursachen wollen. Alle Personen zu gängeln, obwohl sich nur ein sehr kleiner Teil absichtlich schadhaft verhält, ist unverhältnismäßig und zeugt nicht von einer förderlichen Sicherheitskultur.

Zielgruppe und Aufbau

Dieses Buch ist für alle Menschen,

- denen Informationssicherheit am Herzen liegt,
- die Menschen als wichtigen Informationssicherheitsfaktor (und nicht als Risikofaktor) sehen,
- die sich mit Leidenschaft für die Sensibilisierung junger und älterer Menschen für die Informationssicherheit einsetzen,
- die verstehen wollen, warum ihre Awareness-Kampagnen und Awareness-Maßnahmen (nicht) funktionieren,
- die sich in Theorie oder Praxis mit Information Security Awareness beschäftigen (müssen),
- die Inspirationen für Awareness-Maßnahmen, für Sensibilisierungskampagnen oder einfach nur für einen empathischen und effektiven Umgang mit dem Faktor Mensch (in der Informationssicherheit) suchen,
- die Informationssicherheitsmaßnahmen für (und nicht gegen) Menschen entwickeln möchten,
- die Interesse haben, sich mit (Verhaltens-)Psychologie zu beschäftigen, und verstehen wollen, wie Menschen „ticken“,
- die Security Champions aus Leidenschaft sind.

Die einzelnen Kapitel des Buches können mehr oder weniger unabhängig voneinander gelesen werden. Für ein umfassendes Verständnis der behandelten Inhalte empfiehlt es sich allerdings, das gesamte Buch zu lesen. Gerade das verhaltenspsychologische Verständnis von Awareness ist wichtig, um die Kapitel zum Fördern und zum Messen von Awareness komplett nachvollziehen zu können. Die einzelnen Kapitel beschäftigen sich mit den folgenden Inhalten:

- **Kapitel 1 – Der Faktor Mensch in der Informationssicherheit:** Dieses einführende Kapitel stellte zunächst mit dem Paradigma „Human as Solution“ das Grundverständnis über den Faktor Mensch in der Informationssicherheit vor. Zudem definiert es für das Buch grundlegende Begriffe, wie Risiko, Informationssicherheit, ISMS oder Bedrohung, und beschreibt Rahmenbedingungen. Es stellt die verschiedenen Rollen vor, die Menschen für die oder in der Informationssicherheit in Organisationen haben. Mit Sicherheit, Wirtschaftlichkeit und Usability werden drei Einflussfaktoren auf die Auswahl von Sicherheitsmaßnahmen beschrieben.

- **Kapitel 2 – Der Mensch als Bedrohung:** Das zweite Kapitel widmet sich dem Menschen als Bedrohung für die Informationssicherheit. Zunächst werden typische Szenarien dargestellt, in welchen das richtige Handeln der Menschen eine entscheidende Rolle für die Gewährleistung der Informationssicherheit in Organisationen hat. Im Anschluss wird untersucht, warum sich Menschen nicht immer informationssicher verhalten. Der Rest des Kapitels betrachtet den Menschen als böswillig handelnden Insider in Organisationen. Es beschreibt Hintergründe und Maßnahmen zum Erkennen und Abwehren von Malicious Insidern.
- **Kapitel 3 – Der Mensch als Opfer:** Unstrittig ist, dass Menschen in Organisationen gezielt angegriffen werden, um andere Sicherheitsmaßnahmen zu umgehen. Dafür manipulieren in den meisten Fällen sogenannte Social Engineers Menschen geschickt mit verschiedenen Tricks und Methoden. Wie Social Engineers arbeiten und wie sie bei ihren Angriffen vorgehen, betrachtet das dritte Kapitel. Es schaut sich verschiedene Formen von Social Engineering an und beschreibt psychologische Prinzipien, die zur Manipulation von Menschen eingesetzt werden. Ein umfassendes Verständnis über Social Engineering ist notwendig, um Schutzmaßnahmen dagegen zu etablieren.
- **Kapitel 4 – Information Security Awareness:** Ab dem vierten Kapitel geht es schwerpunktmäßig um die Sensibilisierung der Organisationsmitglieder für Informationssicherheit. Der Begriff Information Security Awareness und verschiedene Konzepte dazu werden vorgestellt, bevor das Verständnis von Awareness basierend auf dem Integrated Behavioral Model näher ausgeführt wird. Aus diesen Erklärungen wird deutlich, dass beim Thema Awareness an einer individualisierten, oder zumindest zielgruppenorientierten, Vorgehensweise kein Weg vorbeiführt. Was Individualisierung im Kontext Awareness bedeutet, ist daher ebenfalls Gegenstand des vierten Kapitels. Im Anschluss wird ein Vorgehensmodell zur zielgerichteten Sensibilisierung von Personen in Organisationen vorgestellt. Das Vorgehensmodell umfasst neun Schritte in zwei Phasen und beginnt mit der Analyse der Ist-Situation.
- **Kapitel 5 – Information Security Awareness fördern:** Basierend auf dem verhaltenspsychologischen Verständnis von Awareness beschreibt das fünfte Kapitel, wie die einzelnen Faktoren von Awareness Wissen/Fähigkeiten, Verhaltensabsicht, Salienz und Gewohnheit gezielt verbessert, verändert oder gefördert werden können. Verschiedene Maßnahmen und deren beabsichtigte Wirkung werden anhand von Beispielen erläutert. Im Kontext Wissen werden beispielsweise Überlegungen zum Lernen und zur Didaktik angestellt. Um Einstellungen und Überzeugungen zu ändern, welche die Verhaltensabsicht formen, sind passende Instrumente Feedback, Vorbilder, Belohnung, unterstützende Tools oder die Beseitigung von Hürden. Zur Förderung der Salienz kommen vielfach Medien und Kommunikation zum Einsatz. Für die Gewohnheitsbildung ist regelmäßige Ausführung des gewünschten Verhaltens im immer gleichen Kontext entscheidend.
- **Kapitel 6 – Messen von Information Security Awareness:** Um Awareness gezielt zu verbessern, muss zunächst der aktuelle Zustand der Awareness bei den Mitgliedern der Organisation bestimmt werden. Das psychologische Verständnis von Awareness liefert verschiedene Ansatzpunkte, um die einzelnen Faktoren zu messen und zu bewerten.

Diese Möglichkeiten beschreibt das sechste Kapitel. In den meisten Fällen basieren Messmethoden auf Varianten von Befragungen und Umfragen. Beispiele demonstrieren einige der vorgestellten Methoden.

- **Kapitel 7 – Ausblick:** Das letzte Kapitel fasst noch einmal die wesentlichen Aspekte der vorangegangenen Kapitel zusammen und gibt einen Ausblick auf weitere spannende Themen im Kontext Mensch und Informationssicherheit, die leider keinen Einzug mehr in dieses Buch gefunden haben.

1.2 Wer bin ich – und wenn ja, wie viele?[2]

Der Fokus dieses Buches liegt auf der Informationssicherheit innerhalb von Unternehmen oder allgemeiner von Organisationen.[3] Es ist somit der Disziplin der Wirtschaftsinformatik zuzuordnen. Die gesellschaftliche Relevanz und private Aspekte von Informationssicherheit werden in Ansätzen, aber nicht vordergründig betrachtet. Somit bezieht sich die Informationssicherheit immer auf die Absicherung von Informationen und Informationssystemen in Unternehmen/Organisationen. In Unternehmen gibt es meist interne oder externe Fachpersonen, deren Aufgabe es ist, die Informationen und Informationssysteme des Unternehmens durch angemessene physische, technische, organisatorische und personenbezogene Maßnahmen zu schützen. Das Vorgehen dabei ist idealerweise systematisch und risikobasiert (vgl. Abschnitt 1.3). Risikobasiert bedeutet, dass die Maßnahmen unter Kosten-Nutzen-Gesichtspunkten ausgewählt werden. Es geht nicht darum (und das ist auch nicht möglich), 100 % Sicherheit zu gewährleisten, sondern unter Abwägung von Aufwand, Kosten und potenziellem Schaden die optimalen Maßnahmen zu treffen.

Eine kurze, sehr passende Definition zu **Informationssicherheit** findet sich in den Standards des amerikanischen NIST (National Institute of Standards and Technology):

> *The term „information security“ means protecting information and information systems from unauthorized access, use, disclosure, disruption, modification, or destruction in order to provide integrity, confidentiality, and availability.*
>
> (Barker, 2003, S. 15)

Im Unterschied zu IT-Sicherheit umfasst Informationssicherheit auch Informationen, die außerhalb von IT-Systemen existieren, sich also z. B. auf Papier befinden oder in den Köpfen der Mitarbeitenden. Informationssicherheit ist ein umfassenderer und ganzheitlicherer Ansatz als IT-Sicherheit. Informationssicherheit will jegliche Art von Information schützen, egal auf welchem Medium gespeichert, verarbeitet oder übertragen.

---

[2] Richard David Precht, 2007

[3] Im Buch wird häufiger von Unternehmen und Mitarbeitenden oder Belegschaft gesprochen. Dennoch gelten viele Aspekte zur Berücksichtigung des Faktors Mensch für jede Art von Organisation oder Institution, ob Hochschule, Verein oder Gemeinde, und deren Mitglieder analog.

Die drei primären Schutzziele der Informationssicherheit sind Vertraulichkeit (Confidentiality), Integrität (Integrity) und Verfügbarkeit (Availability). Um die Vertraulichkeit zu schützen, müssen unautorisierter Zugriff und unbeabsichtigte Bekanntgabe von Informationen unterbunden werden. Integrität bedeutet, Informationen gegen unerlaubte Änderungen zu schützen. Mit der Verfügbarkeit soll sichergestellt werden, dass die gewünschte Information autorisierten Nutzenden zeitnah und zuverlässig zugänglich und nutzbar ist.

Informationssicherheit bezieht sich also nicht immer nur auf den Schutz vor Cyberangriffen, Phishing, Ransomware, Hacking & Co. Weitaus grundlegender ist die kontinuierliche Aufrechterhaltung der Informationsversorgung der Mitarbeitenden im Unternehmen, die auch „nur“ durch Hardwarefehler, falsche Konfiguration, unbeabsichtigtes Löschen oder Kabelbrand gefährdet sein kann. Einen Überblick über typische **Gefährdungen** für die Informationssicherheit führt das BSI (Bundesamt für Sicherheit in der Informationstechnik) im IT-Grundschutz auf. In den (nicht mehr gültigen) IT-Grundschutz-Katalogen sind über 650 Gefährdungen gelistet (BSI, 2016).[4] Diese teilen sich auf fünf Kategorien auf: Höhere Gewalt, Organisatorische Mängel, Menschliche Fehlhandlungen, Technisches Versagen und Vorsätzliche Handlungen (vgl. Tabelle 1.1). Vorsätzliche Handlungen wie Sabotage, Diebstahl oder Social Engineering machen hier rein mengenmäßig ca. ein Drittel der genannten Gefährdungen aus. Dies sagt allerdings nichts über die Schwere der Gefährdung und auch nichts über das tatsächliche Vorkommen in der Praxis aus. Ähnlich gewichtig sind organisatorische Mängel, zu denen fehlende Regelungen (z. B. Zugangsregeln, Berechtigungen) und fehlende Verantwortlichkeiten gehören, ein unzureichendes Sicherheitsmanagement oder fehlende Sensibilisierung.

Tabelle 1.1 Gefährdungen für die Informationssicherheit (eigene Darstellung)

Nr.	Kategorie	Anzahl Gefährdungen (Anteil)	Beispiele
1	Höhere Gewalt	19 (3 %)	Feuer, Personalausfall, Verschmutzung, technische Katastrophen im Umfeld
2	Organisatorische Mängel	214 (32 %)	Fehlende Regelungen, unzureichende Schulungen, mangelhaft festgelegte Verantwortlichkeiten, Abhängigkeit von Dienstleistern, nicht erkannte Sicherheitsvorfälle
3	Menschliche Fehlhandlungen	124 (19 %)	Fehlbedienung, Sorglosigkeit im Umgang mit Informationen, ungeeignetes Verhalten bei der Internet-Nutzung, Nichtbeachtung von Sicherheitsmaßnahmen
4	Technisches Versagen	101 (15 %)	Defekte Datenträger, Hardwarefehler, Ausfall der Stromversorgung, Störung von Komponenten, Fehlfunktionen
5	Vorsätzliche Handlungen	206 (31 %)	Diebstahl, Manipulation, Social Engineering, Missbrauch von Benutzungsrechten, Ausprobieren von Passwörtern, Sabotage

[4] Das seit 2018 gültige IT-Grundschutz-Kompendium führt nur noch die 47 elementaren Gefährdungen auf, welche allgemeingültiger sind und in der Praxis fast immer vorkommen (s. (BSI, 2023)).

Menschliche Fehlhandlungen sind eine weitere Kategorie, die immerhin auch über hundert verschiedene Gefährdungen ausweist, darunter fahrlässige Zerstörung, fehlerhafte Bedienung oder Konfiguration, Fehleinschätzungen und sorgloser Umgang mit Information. Hier findet sich die Sichtweise „Risikofaktor Mensch“ wieder.

Menschen haben aber nicht nur diese Rolle als Risikofaktor, sondern verschiedene Rollen in der oder für die Informationssicherheit in Organisationen. Die meisten Menschen werden mehrere dieser Rollen gleichzeitig einnehmen. Die einzelnen Rollen sollen im Folgenden kurz erläutert werden.

Vordergründig sind Menschen **Anwendende** (auch End User, s. (Kaur et al., 2021, S. 5)), d. h., sie verarbeiten Informationen der Organisation und benutzen dazu deren Informationssysteme. Anwendende sollen sich sicher verhalten. Sie sollen weder unwissentlich noch absichtlich Schaden verursachen (die Informationssicherheit gefährden), und sie sollen sich an die vorgegebenen Regeln und Richtlinien halten. Da Anwendende besondere Fachexpertise in ihrem jeweiligen Fachgebiet, dessen betrieblichen Abläufen und besonderen Anforderungen besitzen, sollten sie auch verstärkt in die Entscheidung über für die Organisation passende Sicherheitsmaßnahmen einbezogen werden (Zimmermann & Renaud, 2019). Behindern die Sicherheitsmaßnahmen die Anwendenden bei der Ausführung ihrer eigentlichen (primären) Arbeit für die Organisation, werden sie meist nicht umgesetzt oder eingehalten (vgl. Abschnitt 2.1.2).

Damit einher geht die Rolle als **Bedrohung** (oder Gefährdung, s. o.). Anwendende, die unbewusst oder bewusst Richtlinien unterlaufen, gefährden die Informationssicherheit der eigenen Organisation. Sie treffen tagtäglich Entscheidungen, welche sicherheitsrelevant sind. Sie posten beispielsweise sensible Informationen auf Social Media, sie lassen ihr Smartphone oder Notebook unbeaufsichtigt herumliegen, sie nutzen unsichere Passwörter oder sperren ihren Bildschirm nicht, wenn sie den Arbeitsplatz verlassen (vgl. Abschnitt 2.1). Geschieht dieses Fehlverhalten ohne böswillige Absicht der Anwendenden, dann handelt es sich um Negligent bzw. Accidental Insider (vgl. Abschnitt 2.2.1).

Menschen können aber auch die Rolle **Angreifende** einnehmen. In dieser Rolle versuchen sie aus verschiedenen Gründen, bewusst die Informationssicherheit der Organisation zu unterwandern und dabei Schaden zu verursachen oder sich selbst einen Vorteil zu verschaffen. Sie stehlen beispielsweise Informationen, um diese zu verkaufen, oder sie verschlüsseln mittels Ransomware einen Teil der IT-Infrastruktur und verlangen Lösegeld von ihren Opfern. Typische Angreifende sind Cyberkriminelle, Hackende, das organisierte Verbrechen, Geheimdienste, staatliche Institutionen oder Wettbewerber (ISACA, 2022, S. 33; KPMG, 2022, S. 20 ff.).

Während die meisten Angreifenden nicht Mitglieder der angegriffenen Organisation sind, gibt es Anwendende, die bewusst und mit böswilliger Absicht der eigenen Organisation schaden. Diese **Malicious Insider** (vgl. Abschnitt 2.2.3) veröffentlichen z. B. vertrauliche Informationen oder sabotieren die eigene IT-Infrastruktur. Gründe für ein derartiges Verhalten finden sich viele. Neben finanziellen Motiven können es ideelle Gründe, aber auch Stress oder persönliche Krisen sein.

Angreifende entscheiden sich häufig bewusst dafür, nicht die technische Infrastruktur anzugreifen. Sie versuchen Sicherheitsmaßnahmen zu umgehen, indem sie gezielt den Menschen angreifen. Der Mensch wird zum **Opfer**. Menschen sind ein lohnendes Angriffsziel, da sie wertvolle Informationen besitzen oder Zugriff darauf haben (vgl. Lauer & Kuntze, 2022, S. 38).

Als Social Engineering werden die meisten Angriffsformen bezeichnet, in welchen Menschen geschickt manipuliert werden (vgl. Kapitel 3). Phishing-Mails dienen häufig dazu, Passwörter abzugreifen, oder Social Engineers geben sich als Technikpersonal aus, um unberechtigten Zugang zu einem Gebäude oder Raum zu erhalten.

Auf der Seite der Verteidigung finden sich Fachpersonen oder **Sicherheitsexpert:innen**. Diese bemühen sich um die Aufrechterhaltung der Informationssicherheit. Ihre Aufgabe ist es, durch technische, physische, organisatorische und personelle Sicherheitsmaßnahmen die Organisation vor potenziellen Gefahren von außen und innen zu schützen und Risiken zu minimieren. Hierunter können verschiedene Rollen subsumiert werden: z. B. Personen, welche

- Regeln aufstellen,
- die Einhaltung von Regeln überwachen,
- Sicherheitslücken aufdecken,
- Sicherheitsvorfälle analysieren,
- andere Personen sensibilisieren,
- die Sicherheit der IT-Infrastruktur überwachen sowie
- technische Sicherheitsmaßnahmen designen, konfigurieren und administrieren.

Besondere Rollen für die Informationssicherheit haben Führungskräfte. Sie sind diejenigen, die das Budget für Sicherheitsmaßnahmen bereitstellen und die Vorhaben ideell unterstützen und fördern. Idealerweise hat ein Unternehmen noch viel mehr **Unterstützende**, so etwa motivierte Mitarbeitende, denen Informationssicherheit ein persönliches Anliegen ist und die nicht nur selbst auf einen sicheren Umgang mit Informationen achten, sondern auch andere motivieren und dabei unterstützen, es ihnen gleichzutun (vgl. Lauer & Kuntze, 2022, S. 46). Häufig werden diese als **Security Champions** bezeichnet (vgl. Abschnitt 5.2.2).

Insbesondere Führungskräfte sollten **Vorbild** für die Mitarbeitenden sein. Wenn sie sich sichtbar informationssicher verhalten und regelmäßig im Team über richtiges Verhalten reden, zeigt es die Stellung der Informationssicherheit für das Unternehmen und untermauert die Bedeutung der aufgestellten Regeln (vgl. Abschnitt 5.2.3). Dies begünstigt das informationssichere Verhalten der anderen Organisationsmitglieder. Sind Vorgesetzte der Meinung, dass die aufgestellten Regeln für sie nicht gelten, vergiftet dies die Sicherheitskultur (Beyer et al., 2015). Zu einer vorgelebten Sicherheitskultur gehört es, Anwendende zu ermutigen, Sicherheitsverstöße zu melden, statt sie für ein mögliches Fehlverhalten zu bestrafen.

Die Leitung der Organisation hat zudem die Rolle **Verantwortliche**. Trotz Delegation der Informationssicherheitsaufgaben an die Fachpersonen bleibt die Unternehmensleitung verantwortlich für die Aufrechterhaltung der Informationssicherheit. Dennoch sind auch alle Anwendenden im Rahmen der Erfüllung ihrer Aufgaben verantwortlich für die Sicherheit der Informationen und Informationssysteme, soweit dies für sie zumutbar ist (vgl. Lauer & Kuntze, 2022, S. 45). Meist wird diese Verantwortung durch Regeln und Richtlinien definiert, und die Anwendenden werden für das sichere Verhalten entsprechend auch geschult.

Personen, die für das Design, die Entwicklung, die Konfiguration oder den Betrieb von Informationssystemen zuständig sind, können auch eine **Fehlerquelle** sein (vgl. Kaur et al., 2021, S. 4; Lauer & Kuntze, 2022, S. 38). Passieren in der Softwareentwicklung Fehler, werden Vorgaben zum Security by Design nicht eingehalten oder werden falsche Konfigurationen vorgenommen, können Sicherheitslücken entstehen, die durch Angreifende ausgenutzt werden können. Eine Analyse von erfolgreichen Cyberattacken der vergangenen Jahre führt ca. ein Viertel aller Angriffe auf Konfigurationsfehler zurück (Quader & Janeja, 2021).

Dann gibt es auch noch diejenigen, die von den Sicherheitsmaßnahmen und einer gestiegenen Sicherheit des Unternehmens profitieren. Man könnte sie **Kundschaft** oder Nutznießende nennen. Darunter fallen alle Mitglieder des Unternehmens und einige externe Parteien. Sind die Daten und die IT-Infrastruktur des Unternehmens sicher, so sind auch die (personenbezogenen, sensiblen) Daten der Mitarbeitenden, Kund:innen, Lieferant:innen und anderer Partnerunternehmen in der Hoheit des Unternehmens vor Missbrauch geschützt. Mitarbeitende haben einen „sicheren" Arbeitsplatz, bekommen weiterhin ihren Lohn, und das Unternehmen kann nach wie vor seinen Unternehmenszweck ausüben (z. B. zur Versorgung der Bevölkerung mit medizinischen Dienstleistungen, Bargeld, Ernährung, Trinkwasser oder Energie). Nicht umsonst gibt es mit dem IT-Sicherheitsgesetz 2.0 einige Auflagen zur Vermeidung von Störungen der Informationssysteme für Unternehmen, welche der kritischen Infrastruktur[5] angehören (vgl. Jansen, 2022, S. 71 f.).

Eine weitere Rolle wurde an dieser Stelle noch nicht explizit genannt. Die Anwendenden sollen insbesondere als **Sicherheitsfaktor** verstanden werden, als „letzte Verteidigungslinie", als „wichtigstes Glied in der Sicherheitskette", als „menschliche Firewall", als „Sicherheitssensoren" oder auch als „Stütze des Informationssicherheitskonzepts". Anwendende, die dieser Rolle nachkommen, verhalten sich nicht nur gemäß den aufgestellten Regeln. Sie sind generell aufmerksam und in der Lage, auch in unbekannten, vorher nicht trainierten Situationen, richtig (sicher) zu reagieren. Sie schützen durch ihr umsichtiges Handeln sich und andere vor Gefahren für die Informationssicherheit. Sie melden Gefahren, mögliche Sicherheitsvorfälle oder ungewöhnliches Verhalten ohne Zögern an das Fachpersonal und tragen somit wesentlich dazu bei, dass schnell weitere Maßnahmen zum Schutz der Organisation und ihrer Mitglieder getroffen werden können und Schaden verhindert werden kann.

Die Rollen sind nicht überschneidungsfrei, und es können je nach Detaillierungsgrad weitere gefunden werden. Dieses Buch fokussiert besonders auf die Rollen Anwendende und Sicherheitsfaktor. Angreifende werden nur im Kontext Social Engineering näher betrachtet und in diesem Zusammenhang auch die Rolle Opfer. Der Mensch als Bedrohung – auch in Form von Malicious Insidern – wird ebenfalls Beachtung finden. Aufgrund der hohen Bedeutung, Anwendende in Sicherheitsfaktoren zu verwandeln, werden auch die Rollen Unterstützende, Vorbild und Informationssicherheitsexpert:innen berücksichtigt. Der Fokus ist immer auf den der großen Masse der „normalen" Anwendenden in Organisationen und wie diese für informationssicheres Verhalten sensibilisiert werden können. Spezielle Programme für Führungskräfte oder IT-Personal sollen unberücksichtigt bleiben.

[5] Zur Kritischen Infrastruktur (KRITIS) gehören Unternehmen, die Dienstleistungen anbieten, welche der „Versorgung der Allgemeinheit ... [dienen und] deren Ausfall oder Beeinträchtigung zu erheblichen Versorgungsengpässen oder zu Gefährdungen der öffentlichen Sicherheit führen würde". (BSI-KritisV, § 1)

1.3 Informationssicherheit

Um die Komplexität der Informationssicherheit in Unternehmen zu beherrschen, empfiehlt sich ein organisiertes und strukturiertes Vorgehen. Ein **Managementsystem für Informationssicherheit (ISMS)** bietet eine solch systematische Vorgehensweise und Berücksichtigung aller Aspekte, welche in Organisationen für die Gewährleistung der Informationssicherheit notwendig sind. Dazu gehören die Gestaltung und Umsetzung organisatorischer, personenbezogener, physischer und technischer Sicherheitsmaßnahmen. Vor allem sollen auch Prozesse und Verantwortlichkeiten geschaffen werden, um dies systematisch, auf Dauer angelegt und sich kontinuierlich verbessernd durchzuführen.

Bei der Konzeption ihres ISMS orientieren sich die meisten Unternehmen an etablierten Standards und Rahmenwerken (im Folgenden „Standards") wie der ISO 27001, dem BSI IT-Grundschutz oder CISIS12. Die ISMS-Standards repräsentieren die kollektive Erfahrung vieler Organisationen („Best Practices"). Sie beschreiben also Prozesse und Maßnahmen, die in der Praxis tatsächlich funktionieren und dem Stand der Technik („State of the Art") entsprechen. Unternehmen nutzen Standards als Referenz oder Ideengeber für das eigene Vorgehen oder als Nachschlagewerk für geeignete Sicherheitsmaßnahmen. Ist das Ziel eine Zertifizierung nach dem jeweiligen Standard, so müssen die Inhalte, sofern zutreffend, in das eigene ISMS übernommen und können an die eigenen Bedürfnisse angepasst werden.

PDCA-Zyklus

Den meisten Standards inhärent ist das Prinzip der kontinuierlichen Verbesserung. Sie berücksichtigen, dass eine Organisation nie den Zustand erreichen wird, in dem das ISMS „fertig" ist. Selbst wenn ein akzeptabler (z. B. zertifizierter) Zustand erreicht wurde, gilt es dennoch, das ISMS fortlaufend an neue Rahmenbedingungen anzupassen und das Feedback aus dem laufenden Betrieb einzuarbeiten.

Neue Rahmenbedingungen ergeben sich einerseits durch Änderungen innerhalb des Unternehmens. Die Ziele der Informationssicherheit sollten sich stets an der strategischen Ausrichtung des Unternehmens orientieren. Ändern sich Strategie, Organisation oder Geschäftsprozesse im Unternehmen, ändern sich die Anforderungen an die Informationssicherheit. Schließt das Unternehmen beispielsweise eine große Forschungskooperation ab, muss den Forschungsparteien sicherer Zugriff auf die internen Forschungsergebnisse ermöglicht werden. Eröffnet das Unternehmen mehrere Vertriebsstandorte in anderen Ländern, müssen diese sicher an die zentrale IT-Infrastruktur angebunden werden. Sollen Mitarbeitende im Außendienst über mobile Endgeräte auf die IT-Systeme im Backend zugreifen, muss hierfür eine sichere, mobile Verbindung geschaffen werden. Beschließt das Unternehmen, zukünftig verstärkt auf Cloud-Dienstleistungen und Software-as-a-Service zu setzen, hat dies weitreichende Änderungen am ISMS zur Folge. Nicht nur neue Tools werden angeschafft und technische Sicherheitsmaßnahmen erweitert, dies impliziert auch meist entsprechende Schulungen, Änderungen an den Prozessen in der Informationssicherheit, angepasste oder neue Richtlinien sowie neue Verantwortlichkeiten.

So wie sich das Unternehmen stets weiterentwickelt, so ändert sich auch die Bedrohungslage ständig. In Betriebssystemen, Software und Hardware werden tagtäglich bisher unbekannte Schwachstellen und Sicherheitslücken entdeckt. Mit Meltdown (Lipp et al., 2018) und Spectre

(Kocher et al., 2019) sorgten 2018 beispielsweise zwei Angriffsszenarien auf Prozessoren für großes Aufsehen und einiges an Panik. Die Szenarien nutzen ein normales Verhalten von Prozessoren aus, um unberechtigterweise sensible Daten auszulesen (Kuri, 2018). Ende 2021 wurde mit Log4Shell eine derart kritische Schwachstelle in der weit verbreiteten Java-Bibliothek Log4j bekannt, dass das Bundesamt für Sicherheit in der Informationstechnik (BSI) sogar die höchste „Warnstufe Rot" ausrief (BSI, 2021).

Um das ISMS regelmäßig an die von innen und außen induzierten Änderungen anzupassen, orientieren sich die meisten Standards am PDCA-Zyklus oder ähnlichen methodischen Ansätzen zur kontinuierlichen Verbesserung. PDCA steht für Plan, Do, Check, Act (vgl. Bild 1.1). Das auch als Deming-Zyklus bekannte Vorgehen stammt aus dem Qualitätsmanagement. PDCA steht für vier Phasen, die zyklisch durchlaufen werden (vgl. Kersten et al., 2020, S. 12; Sowa, 2017, S. 18 f.). In der ersten Phase *Plan* wird das ISMS (oder Teile daraus) konzipiert. Die Ziele der Informationssicherheit und Sicherheitsmaßnahmen werden festgelegt. In der Phase *Do* wird das Konzept umgesetzt, und die Maßnahmen werden implementiert. Danach wird die Umsetzung in der Phase *Check* hinsichtlich Wirksamkeit und Effizienz überprüft. Aufgetretene Sicherheitsvorfälle werden ausgewertet. Die letzte Phase *Act* reagiert auf die Ergebnisse der Check-Phase, bewertet neue Anforderungen und definiert Änderungsbedarf. Fehler werden beseitigt und Sicherheitsmaßnahmen verbessert. Im Anschluss beginnt der Zyklus von vorn.

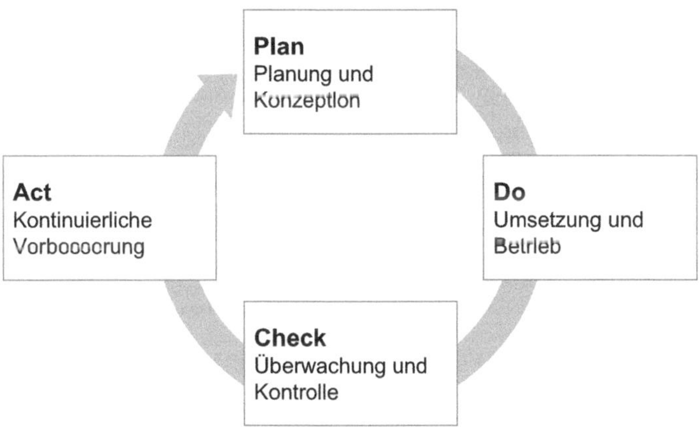

Bild 1.1 Die vier Phasen des PDCA-Zyklus (in Anlehnung an Sowa, 2017, S. 18)

Durch dieses Vorgehen werden nicht nur regelmäßig neue Anforderungen erhoben und im ISMS berücksichtigt, es werden auch die Effizienz und Effektivität der bestehenden Maßnahmen überprüft. Feedback aus der Organisation kann so berücksichtigt und eingearbeitet werden. Das Vorgehen ermöglicht Nachbesserungen, wo nicht die gewünschte Wirkung erzielt wurde oder unerwünschte Nebeneffekte auftraten.

Risikoorientierung

Fragt man Informationssicherheitsexpert:innen, nach welche Kriterien Informationssicherheitsmaßnahmen ausgewählt werden sollten, wird als erste Antwort vermutlich kommen: je sicherer, desto besser. Sicherheit hat die höchste Priorität.

ISMS-Standards sind dagegen risikobasiert und berücksichtigen mindestens einen weiteren Faktor bei der Auswahl passender Sicherheitsmaßnahmen: den Aufwand bzw. die Kosten. In der ersten Phase *Plan* des PDCA-Zyklus wird daher empfohlen, eine Risikoanalyse durchzuführen.

Risiken sind unvorhergesehene Ereignisse. Diese Ereignisse können positive Folgen haben, in der Informationssicherheit ist mit dem Begriff Risiko typischerweise aber ein Ereignis mit negativen Folgen gemeint. Typische Risiken (oder Sicherheitsvorfälle) sind die Verschlüsselung einer Festplatte durch Ransomware, der Verlust eines Notebooks oder der Ausbruch eines Feuers im Serverraum (vgl. auch Gefährdungen in Tabelle 1.1).

Ein **Risiko** definiert sich als Produkt von Schadenshöhe und Eintrittswahrscheinlichkeit. Die Schadenshöhe beschreibt, wie hoch der potenzielle Schaden ist, wenn das Ereignis eintritt. Die Eintrittswahrscheinlichkeit versucht abzuschätzen, wie wahrscheinlich es ist, dass dieses Ereignis eintritt. Der Schaden bzw. die Auswirkung wird idealerweise quantitativ oder sogar monetär bewertet. Aber auch eine qualitative Einschätzung (gering, mittel, hoch) ist möglich. Ähnliches gilt für die Abschätzung der Eintrittswahrscheinlichkeit. Neben einer Bewertung anhand des möglichen Auftretens innerhalb eines zeitlichen Rahmens (einmal im Monat, einmal im Jahr, alle zehn Jahre) oder prozentual (0 % ... 100 %) ist eine qualitative Abschätzung möglich (sehr unwahrscheinlich, eher unwahrscheinlich ... sehr wahrscheinlich). Je höher Schadenshöhe und/oder Eintrittswahrscheinlichkeit, desto höher das Risiko.

Die Risikoanalyse (vgl. Bild 1.2) beginnt damit, dass erhoben wird, welche Assets oder Werte im Unternehmen überhaupt geschützt werden sollen.[6] Dazu werden die Unternehmensstrategie und die daraus abgeleiteten Ziele der Informationssicherheit berücksichtigt. Es wird ermittelt, welchen Bedrohungen (Risiken) diese Assets potenziell ausgesetzt sind und welcher Schaden aus den Bedrohungen resultieren könnte. Im Anschluss werden geeignete Sicherheitsmaßnahmen ausgewählt, um diesen Schaden zu mindern oder die Wahrscheinlichkeit des Auftretens des Schadens zu reduzieren.

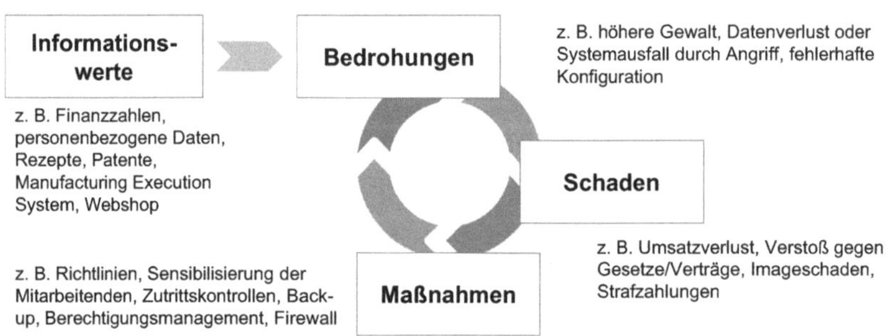

Bild 1.2 Risikobasierter Ansatz in der Informationssicherheit (eigene Darstellung)

Gesundheitsdaten der Patient:innen sind beispielsweise besonders schützenswerte Assets einer Praxis für Zahnmedizin. Sollten diese Daten in unbefugte Hände geraten, weil sie in der Praxis offen herumliegen oder der Computer im Behandlungszimmer nicht gesperrt ist, drohen Bußgeldzahlungen gemäß Datenschutzgrundverordnung (DSGVO). Als Maßnahmen

6 Ist es, z. B. aufgrund von Ressourcenengpässen, nicht möglich, eine vollumfassende Risikoanalyse durchzuführen, werden im ersten Schritt nur die sogenannten „Kronjuwelen" identifiziert, besonders schützenswerte Assets (vgl. BSI, 2017, S. 68 ff.).

erlässt die Praxis eine Clean Desk Policy, reorganisiert die Abläufe, sodass sich Patient:innen nicht alleine im Behandlungsraum aufhalten, und sensibilisiert die Angestellten hinsichtlich dieses Risikos.

Der risikobasierte Ansatz berücksichtigt, dass Organisationen nur begrenzte Budgets für Informationssicherheit zur Verfügung haben. Demnach können sie nicht für alle potenziellen Bedrohungen Sicherheitsmaßnahmen ergreifen, weil dies schlichtweg zu teuer wäre. 100 % Sicherheit ist finanziell nicht darstellbar, und es gibt sie darüber hinaus sowieso nicht. Sicherheitsmaßnahmen werden demnach für die Risiken ergriffen, die mit hoher Wahrscheinlichkeit eintreten und/oder hohen Schaden verursachen (Lauer & Kuntze, 2022, S. 33). Damit sollte ein passendes Verhältnis zwischen Kosten/Aufwand (für die Sicherheitsmaßnahmen) und Nutzen (verhinderter Schaden) erreicht werden. Gibt es für ein Risiko mehrere Sicherheitsmaßnahmen zur Auswahl, wird ebenfalls der Faktor Wirtschaftlichkeit herangezogen. Es sollte ermittelt werden, wie viel eine Maßnahme kostet, welchen Aufwand sie verursacht und wie viel mehr Sicherheit sie bringt (vgl. Kasten Wirtschaftlichkeit von Sicherheitsmaßnahmen).

Wirtschaftlichkeit von Sicherheitsmaßnahmen

Die Wirtschaftlichkeit einer Sicherheitsmaßnahme zu ermitteln, ist ein schwieriges Unterfangen. Während die Kosten bzw. der Aufwand (einmalig und laufend) meist mit klassischen Methoden der Investitions- oder Kostenrechnung noch zu ermitteln sind, liegt die Schwierigkeit darin, den Nutzen einer Maßnahme zu bestimmen. Der Nutzen liegt im Verhindern eines Schadens bzw. darin, die Wahrscheinlichkeit seines Auftretens zu verringern. Aber – wie viele Personen fallen weniger auf eine Phishing-E-Mail herein, nachdem sie ein Phishing-Training durchlaufen haben?

Es gibt verschiedene Methoden, die mögliche Wege für eine Berechnung aufzeigen. Klipper (2015, S. 155 ff.) betrachtet diese Methoden mit Vor- und Nachteilen ausführlich. Er kommt zu dem Schluss: „Das Problem an allen Methoden ist die Unsicherheit bezüglich der Wahrscheinlichkeiten. Keines (sic!) liefert eine wirklich zufriedenstellende Lösung."

Eine der bekanntesten Methoden ist der Return on Security Investment (**ROSI**). Der ROSI geht davon aus, dass die Investition in eine Sicherheitsmaßnahme die Eintrittswahrscheinlichkeit eines Sicherheitsvorfalles verringert. Bei der Berechnung wird der Zustand vor der Investition (Eintrittswahrscheinlichkeit mal Schadenshöhe) mit dem Zustand nach der Investition verglichen. Grob gesagt lohnt sich die Investition dann, wenn der verhinderte Schaden größer ist als die Investition in die Sicherheitsmaßnahme. Beispiele zur Berechnung sowie eine Diskussion von Vor- und Nachteilen finden sich in (ENISA, 2012). ■

Bei der Auswahl von Sicherheitsmaßnahmen muss ebenfalls beachtet werden, wie sich die Maßnahmen in das gesamte Informationssicherheitskonzept der Organisation einfügen. Die Maßnahmen können nicht isoliert betrachtet werden, da es Wechselwirkungen mit anderen bestehenden oder geplanten Maßnahmen oder existierenden Risiken gibt. Die Wechselwirkungen können dazu führen, dass sich die Sicherheit der Organisation insgesamt sogar verschlechtert (vgl. folgende Beispiele).

Usability

Neben Sicherheit und Wirtschaftlichkeit sollte ein dritter Faktor bei der Auswahl von passenden Maßnahmen berücksichtigt werden (vgl. Bild 1.3). Dieser Faktor adressiert den „Faktor Mensch". Es geht um die Umsetzbarkeit bzw. Usability von Sicherheitsmaßnahmen. Die sicherste Maßnahme ist nicht sicher, wenn sie (technisch, organisatorisch) nicht umgesetzt werden kann oder wenn deren Berücksichtigung eine zu große Hürde für die Anwendenden darstellt, sie also nicht „usable" ist. Sind die Maßnahmen zu restriktiv, wird Bequemlichkeit über Sicherheit siegen: „Mitarbeitende werden immer Lücken finden, um vermeintlich sperrige Systeme zu umgehen, wenn dies ihren Arbeitsalltag erleichtert." (Lauer & Kuntze, 2022, S. 38) Die Vorgabe, möglichst lange Passwörter zu verwenden, führt dazu, dass die Passwörter aufgeschrieben und irgendwo in der Nähe des Schreibtischs postiert werden, da die Nutzenden nicht in der Lage sind, sich diese langen Passwörter zu merken. Wird die Nutzung von USB-Sticks zum Datenaustausch verboten, werden geschäftliche Daten über private Cloud-Dienste geteilt. In beiden Fällen sinkt die Sicherheit im Unternehmen, da neue Bedrohungen geschaffen werden.

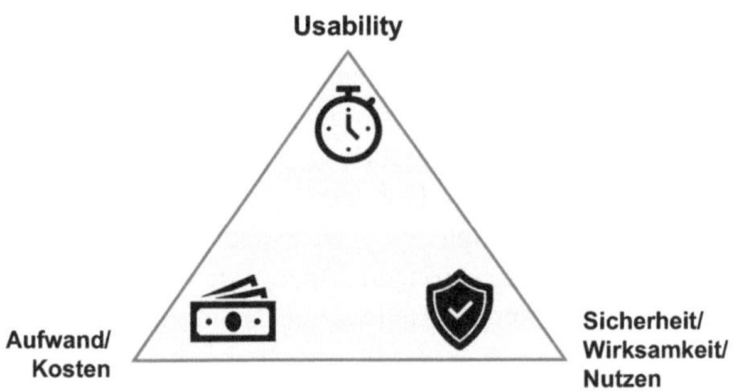

Bild 1.3 Das „magische Dreieck" der Informationssicherheitsmaßnahmen (eigene Darstellung)

Mit Phishing-Simulationen sollen die Mitarbeitenden für den Ernstfall trainiert werden. Es besteht aber die Gefahr, dass Mitarbeitende dann gerade aus Neugier auf eine vermeintliche Trainings-E-Mail klicken. Oder derart genervt von diesen Mails sind, dass sie generell negativ auf jegliche Schulungs- und Sensibilisierungsmaßnahmen reagieren. Gleiches kann bei verpflichtenden und schlecht gemachten E-Learnings passieren. Mitarbeitende sollen einmal jährlich die Online-Schulung zur Informationssicherheit durchlaufen. Diese ist seit Jahren unverändert, die immer gleichen Fragen kennt man auswendig. Es ist nur lästig, dieses Training durchzuklicken. Und statt sensibilisierter für das eigene Verhalten zu werden, steigt der Frust auf alles, was mit Informationssicherheit zu tun hat. Sicherheitswarnungen werden von den Anwendenden als störend empfunden. Die Warnungen halten sie von ihrem eigentlichen Ziel ab (eine bestimmte Aufgabe zu erledigen) und werden deshalb einfach ignoriert bzw. weggeklickt (Bullée & Junger, 2019, S. 15).

Menschen müssen ohne große mentale Anstrengung, aufwendiges Training und zeitliche Zusatzbelastung in der Lage sein, Informationssysteme sicher zu bedienen. Sie sollten in den Entwurf von Systemen und Sicherheitsmaßnahmen einbezogen werden (Lauer & Kuntze, 2022, S. 38; Sasse et al., 2023, S. 250; Zimmermann & Renaud, 2019, S. 17). Anwendende kennen sich in ihrem Fachgebiet am besten aus und wissen, welche Maßnahmen funktionieren und welche den Betrieb behindern könnten. Beispiel: Eine Zwei-Faktor-Authentifizierung soll nur bei den Anwendungen verlangt werden, welche hochsensible Daten verarbeiten. Als zweiten Faktor empfehlen die Anwendenden eine App auf dem Smartphone statt eines zusätzlichen Tokens. Das Smartphone hat die gesamte Belegschaft sowieso immer dabei.

Es ist wichtig, zu verstehen, was die Menschen bei der Benutzung von Informationssystemen antreibt, welche Ziele sie verfolgen und welche Werte sie haben. Nur so können Sicherheitsmaßnahmen vorgeschlagen werden, die nicht im Konflikt mit diesen Zielen und Werten stehen (Dodier-Lazaro et al., 2017). Sie sollten die Nutzenden unterstützen und nicht behindern. Sicherheitsmaßnahmen, die ineffizient sind oder nicht genutzt werden, sind im besten Fall nur eine Geldverschwendung, werden die Sicherheit in der Organisation aber nicht erhöhen.

Usability heißt also nicht nur, bestehende Systeme und Sicherheitsmaßnahmen „nutzbarer“ zu machen, sondern die Notwendigkeit von Maßnahmen grundsätzlich zu hinterfragen und andere Lösungen zu finden. Menschen sollen gar erst nicht in die Verlegenheit kommen, zwischen ihrer eigentlichen Arbeit und Informationssicherheit entscheiden zu müssen (Beautement et al., 2008).

2 Der Mensch als Bedrohung

Anwendende treffen tagtäglich Entscheidungen, welche einen Einfluss auf die Informationssicherheit haben. Sie entscheiden sich, sensible Informationen auf Social Media zu posten, ihr Smartphone oder Notebook unbeaufsichtigt zu lassen, sie nutzen unsichere Passwörter oder vergessen, den Bildschirm bei Abwesenheit zu sperren.

Dieses Kapitel beleuchtet die Rolle der Menschen als „Bedrohung" näher. Zunächst werden Szenarien vorgestellt, in welchen Menschen bewusst oder unbewusst mit ihren Entscheidungen die Informationssicherheit gefährden können. Die Gründe, Ursachen und Motive für dieses „falsche" Verhalten sind vielfältig. Deren Verständnis ist wichtig, um Menschen dabei zu unterstützen, zu Sicherheitsfaktoren zu werden. Der zweite Teil des Kapitels beschäftigt sich mit dem Phänomen der Malicious Insider und betrachtet speziell die Bedrohung, die von den eigenen Mitarbeitenden oder anderen Insidern für die Informationssicherheit ausgehen kann, wenn diese in böswilliger Absicht handeln.

2.1 It's me, hi, I'm the problem, it's me[1]

Menschen verhalten sich nicht immer „informationssicherheitskonform" (information security compliant). Anwendende, die unbewusst oder bewusst Richtlinien ignorieren, sich am Arbeitsplatz und außerhalb der Organisation unbedacht oder fahrlässig verhalten, können die Informationssicherheit der eigenen Organisation gefährden. Die Gründe für ein abweichendes (non-compliant) Verhalten sind sehr vielfältig, und in vielen Fällen kann den Anwendenden nicht einmal ein Vorwurf gemacht werden. Mitarbeitende konzentrieren sich auf die Erledigung ihrer primären Aufgaben, und das für die Einhaltung von Sicherheitsmaßnahmen erforderliche Verhalten stellt oft ein Hindernis auf diesem Weg dar. Dieser Konflikt zwischen Sicherheit und Produktivität ist ein häufiger Grund für Non-Compliance (Beautement et al., 2008).

Bild 2.1 zeigt aus einem anderen Kontext, wie leicht eine Sicherheitsmaßnahme als Hindernis gesehen werden kann. Sie versperrt wortwörtlich den Weg und hindert das Erreichen des eigentlichen Ziels. So wird sie einfach umgangen bzw. umfahren.

Dieser Abschnitt zeigt zunächst typische Beispiele und Szenarien aus dem Unternehmensalltag, in welchen Mitarbeitende mit ihrem Verhalten die Sicherheit von Unternehmensinformationen beeinflussen können. Im Anschluss werden mögliche Gründe oder Ursachen für

[1] Taylor Swift, Anti-Hero, 2022

unsicheres Verhalten aufgezeigt. Es ist wichtig, diese Gründe zu kennen und zu verstehen, um Menschen aus der Rolle „Bedrohung“ in die Rolle „Sicherheitsfaktor“ zu verwandeln.

Bild 2.1 Sicherheitsmaßnahme als Hindernis (Fotos: Kristin Weber)

2.1.1 Typische Szenarien – (un)sicheres Verhalten

Es ist Montagmorgen. Markus sitzt an seinem Rechner und checkt die E-Mail-Inbox. Da ist sie mal wieder – die vierteljährliche Mail mit der Aufforderung, das Passwort zu ändern. Sieben Tage Zeit, verbunden mit der Drohung, dass im Anschluss die IT-Dienste des Unternehmens nicht mehr nutzbar sind. Nervig, aber kein Problem, denkt sich Markus. Der Link zum Passwortändern ist in der Mail gleich mit drin. Dann ändert er „Roddy_8“ in „Roddy_9“. Geht nicht?! Es sollen mindestens zehn Zeichen sein. Mist. Da haben die aber die Passwortregeln geändert.

Stimmt, da war etwas im letzten IT-Newsletter. Okay, dann „Roddy2023_1“. Geht auch nicht? Das Passwort darf nicht ähnlich zum vorherigen sein. Echt jetzt?!? Dann ist die schöne Systematik dahin, mit der sich Markus in den letzten drei Jahren die ständige Passwortänderung vereinfacht hat. Und nun? Markus sucht nach der Mail mit den neuen Passwortregeln: Mindestens zehn Zeichen, Groß- und Kleinbuchstaben, mindestens eine Ziffer und ein Sonderzeichen, die letzten zehn Passwörter dürfen nicht verwendet werden, und das neue Passwort muss sich signifikant vom alten unterscheiden. Und auch keine Geburtsdaten oder der Name des Haustieres ... Dann ist „Roddy“ vielleicht ohnehin keine so gute Idee?

Markus sucht einen Passwortgenerator im Internet, der ein Passwort nach den oben genannten Kriterien erstellt. Super, aber wie merkt er sich das denn jetzt? Markus sucht sich ein Post-it, schreibt das Passwort auf und klebt es unter seine Tastatur. Mission accomplished!

Dieses Beispiel und auch die folgenden Szenarien zeigen, dass Anwendende eine große Verantwortung haben. Die Sicherheit der Informationen und Informationssysteme des Unternehmens hängt auch davon ab, dass sie sich richtig, also **informationssicherheitskonform** verhalten. Verhalten sich Mitarbeitende in diesen Szenarien falsch (unsicher), stellen sie eine Gefährdung oder Bedrohung für die Informationssicherheit dar. Halten sie Vorschriften nicht ein oder versuchen diese zu umgehen, schaffen sie neue Schwachstellen oder Sicherheitslücken (Beris et al., 2015).

Die dargestellten Verhaltensweisen (z. T. in Anlehnung an Weber et al., 2019) werden in den folgenden Kapiteln des Buches immer wieder als Beispiele herangezogen.

Passwort

Der Zugriff auf Informationssysteme wird immer noch am häufigsten über die richtige Kombination aus Benutzungsname und Passwort gewährt. Jede/r, der diese Kombination kennt, kann Zugriff auf das Informationssystem erhalten. Während der Benutzungsname häufig von den IT-Admins vorgegeben wird, ist das Passwort von den Anwendenden selbst wählbar. Es liegt in ihrer Verantwortung, ein Passwort zu wählen, welches niemandem bekannt ist und auch nicht leicht erraten werden kann. Meist gibt es technische Vorgaben oder Richtlinien, die ein gewisses Mindestmaß an Sicherheit erzwingen bzw. vorgeben.

Ist ein vermeintlich „sicheres" Passwort gefunden (also eines, das nicht leicht von anderen herausgefunden werden kann), müssen die Anwendenden es sich gut merken können oder zumindest sicher aufbewahren. Das Passwort darf auch nicht weitergegeben werden, weder wissentlich noch unwissentlich; also weder den Kolleg:innen, die vertretungsweise Zugriff auf das E-Mail-Postfach benötigen, noch der vermeintlichen IT-Administratorin, die am Telefon danach fragt, und auch nicht, indem es versehentlich in eine Phishing-Webseite eingegeben wird.

Besteht der Verdacht, dass das Passwort dennoch bekannt geworden ist, müssen die Anwendenden schnellstmöglich ihren Verdacht dem Helpdesk melden und das Passwort schnell ändern. Und sie sollten das gleiche Passwort auch nur in einem System verwenden und nicht für verschiedene Anwendungen.

Bildschirmsperre

Um den unberechtigten Zugriff auf den eigenen Rechner und damit auf die dort abgelegten Dokumente oder die verbundenen Netzlaufwerke und Informationssysteme zu verhindern, sollten die Anwendenden beim Verlassen des Arbeitsplatzes den Bildschirm ihres Rechners sperren. Auch Smartphones oder andere mobile Endgeräte, welche am Arbeitsplatz zurückgelassen werden, sollten gesperrt werden. Das Entsperren sollte natürlich nur durch die Anwendenden selbst möglich sein, z. B. mittels Passwort, PIN, Fingerprint oder Gesichtserkennung.

Die Anwendenden müssen also bei jedem Verlassen des Arbeitsplatzes zunächst daran denken, die Bildschirmsperre zu aktivieren – auch dann, wenn ihre Abwesenheit vermutlich nur sehr kurz sein wird. Dazu müssen sie wissen, wie sie die Sperre aktivieren können. Bei ihrer Rückkehr sollten sie sich an das Passwort oder die PIN zum Entsperren des Geräts erinnern.

Umgang mit sensiblen Informationen

Anwendende müssen sich bewusst sein, wie sensitiv und schützenswert die Informationen sind, mit denen sie arbeiten. Meist gibt es im Unternehmen verschiedene Schutzstufen von *öffentlich* über *intern* und *vertraulich* bis hin zu *geheim*. Je nach Einstufung gelten andere Schutzmaßnahmen. Beispielsweise sollten vertrauliche Informationen nur verschlüsselt per E-Mail versendet werden. Geheime Informationen dürfen nur nach ausdrücklicher Genehmigung an andere Personen über klar definierte Kanäle weitergegeben werden. Geschäftliche E-Mails dürfen generell nicht an private E-Mail-Accounts weitergeleitet werden.

Sensible Dokumente sollten am Arbeitsplatz nicht offen herumliegen. Sie müssen am Abend oder auch bei (längerer) Abwesenheit vom Arbeitsplatz weggeräumt und weggeschlossen werden. Zumindest sollten aber Fenster und Türen geschlossen werden, sodass keine unbefugten Personen Zutritt erhalten können. Durch offenstehende Fenster können auch Dokumente oder Geräte beschädigt werden, falls dort Regenwasser eindringt. Bei der Entsorgung von Datenträgern und Papierdokumenten ist ebenfalls einiges zu beachten. Je nach Schutzstufe gibt es unterschiedlich sichere Verfahren für die Vernichtung. Einfach wegwerfen ist meist nicht die richtige Lösung.

Häufig sind sich Mitarbeitende gar nicht bewusst, wie wertvoll eine bestimmte Information sein kann, und posten z. B. in ihrem Social Media Account, dass sie sich über ihren bevorstehenden Urlaub in Südfrankreich freuen, wie genial es ist, dass die Chefin gerade auf einer Weiterbildung in Hamburg ist oder dass der Kollege aus der IT (Herr Scheuer) heute besonders nett und hilfsbereit war. Diese vermeintlich harmlosen Informationen können Social Engineers aber bereits helfen, eine glaubwürdige Geschichte zu erfinden, mit deren Hilfe sie problemlos an weitere sensible Informationen kommen (vgl. Abschnitt 3.1).

Sicher unterwegs und zu Hause

Egal ob privat oder geschäftlich, wenn die Anwendenden außerhalb des Unternehmens unterwegs sind, ist weiterhin auf Informationssicherheit zu achten. Sie sollten sich bewusst sein, was sie in der Öffentlichkeit, z. B. im Zug oder im Café, erzählen und wer mithören kann, wenn geschäftliche Dinge am Telefon besprochen werden. Ebenso sollten sie beachten, ob der Bildschirminhalt eingesehen werden kann, besonders, wenn sie ihre Log-in-Daten eingeben.

Die Mitarbeitenden sollten das VPN aktivieren, um sich mit dem Unternehmensnetzwerk zu verbinden, und nicht über unsichere öffentliche WLAN-Netze ins Internet gehen. Endgeräte dürfen nicht liegen gelassen oder verloren werden. Und wenn es doch passieren sollte, dann sollten die darauf befindlichen Daten zumindest verschlüsselt und mit einem Passwort gesichert sein.

Schädliche E-Mails

E-Mails werden häufig genutzt, um Schadsoftware zu verbreiten und sie auf den Rechnern der Adressierten zu installieren. Über Phishing-Mails werden die Log-in-Daten oder Kreditkartennummern der Adressierten ausgespäht. Per E-Mail werden auch manipulierte Rechnungen versendet, um so das Opfer zu verleiten, Geld auf ein falsches Bankkonto zu überweisen.

Die Adressierten müssen sich zunächst dieser Missbrauchsversuche bewusst sein. Sie sollten wachsam und skeptisch sein und theoretisch alle eingehenden E-Mails auf ihre Glaubwürdigkeit hin untersuchen. Dazu müssen sie wissen, wie sie eine Phishing-E-Mail von einer legitimen E-Mail unterscheiden können.

Wird eine E-Mail als potenziell schädlich eingestuft, müssen die Adressierten richtig reagieren; also keine Links anklicken oder Anhänge öffnen, die E-Mail löschen oder besser an den

IT-Helpdesk weiterleiten. Eine telefonische Nachfrage bei der vermeintlichen absendenden Person kann ebenfalls Klarheit über die Authentizität der E-Mail bringen.

Verwenden von USB-Sticks

Um größere Datenmengen oder Dateien auszutauschen, werden häufig USB-Datenträger verwendet. Sie werden aber auch genutzt, um Schadsoftware zu verbreiten. Ein verseuchter USB-Stick, der an einen Rechner angeschlossen wird, kann unbemerkt Schadsoftware installieren oder Passwörter mitlesen. Anwendende sollten USB-Datenträger daher nur dann verwenden, wenn sie genau wissen, woher sie stammen, und wenn sie sich absolut sicher sind, dass sie keine Schadsoftware enthalten. Im Zweifelsfall sollten sie also lieber auf die Verwendung von USB-Sticks verzichten.

Gefundene USB-Sticks oder auch Werbegeschenke sollten zur Prüfung dem IT-Helpdesk übergeben werden. Gleiches gilt auch für sämtliche USB-Gadgets wie E-Zigaretten, Tassenwärmer, Lampen, Lautsprecher oder Aktenvernichter – und auch für Handy-Ladekabel.

Sicherheitsverstöße und -vorfälle melden

Werden potenzielle Gefährdungen für die Informationssicherheit schnell erkannt, ist es meist möglich, durch rasches Handeln und Einleiten von Gegenmaßnahmen einen Sicherheitsvorfall zu verhindern oder negative Konsequenzen abzumildern. Wachsame und skeptische Mitarbeitende tragen entscheidend dazu bei, dass ungewöhnliche Aktivitäten erkannt und an die Verantwortlichen gemeldet werden.

Das Weiterleiten von potenziellen Phishing-E-Mails an den IT-Helpdesk und das Abgeben von gefundenen Wechseldatenträgern gehören dazu. Anwendende können auch ungewöhnliches oder verdächtiges Verhalten ihres Rechners bemerken und melden. Dieses Verhalten könnte auf eine Infektion mit einer Schadsoftware hinweisen. Mitarbeitende können Personen ansprechen, die ohne sichtbaren Unternehmensausweis und/oder ohne Begleitung auf dem Firmengelände oder in den Gebäuden unterwegs sind. Bemerken sie, dass ihre Kolleg:innen sich immer wieder über Sicherheitsregeln hinwegsetzen, können sie sie darauf ansprechen. Haben sie den Verdacht, dass eine interne Person sogar absichtlich der eigenen Organisation schaden möchte, dann sollten sie dieses Verhalten melden (vgl. Abschnitt 2.2.4).

Gerätesicherheit

Immer wieder werden neue Sicherheitslücken oder Fehler in Hard- und Software entdeckt. Daher müssen die installierte Software und das Betriebssystem regelmäßig aktualisiert werden. Im Unternehmen geschieht dies meist automatisch. Dazu sollte der Rechner nach Feierabend heruntergefahren werden. Der Computer installiert selbstständig durch das Herunter- und wieder Hochfahren bzw. beim Neustart entsprechende Updates und aktualisiert auf diese Weise Software und Betriebssystem. Bekannte Schwachstellen werden somit geschlossen.

Einige Mitarbeitende neigen allerdings dazu, ihren Rechner am Abend in den Stand-by-Modus zu versetzen. Schließlich sind noch wichtige Programme, Webseiten, Dokumente und Präsentationen geöffnet, die am nächsten Morgen wieder gebraucht werden. Das Herunterfahren des Rechners würde bedeuten, dass alles geschlossen wird. Es ist also angenehmer, den Rechner am nächsten Morgen nur zu entsperren und dann direkt weiterzuarbeiten. Das Beispiel im Kasten zeigt, wie wichtig es ist, dass Anwendende ihre Rechner regelmäßig aktualisieren.

„2017 wurde von Hackern der Angriff *NotPetya* durchgeführt, welcher Gesamtschäden von bis zu zehn Milliarden US-Dollar verursachte. NotPetya nutzte eine Schwachstelle in Windows-Systemen aus. Microsoft beseitigte die Schwachstelle zwar und brachte entsprechende Updates heraus, allerdings wurden diese nicht bei allen Rechnern installiert – die Sicherheitslücke blieb also bestehen. Wären alle Computer auf dem gewünschten Stand gewesen, so hätte sich das Ausmaß des Schadens von NotPetya wahrscheinlich nicht vermeiden, wohl aber deutlich verringern lassen." (Metzger et al., 2022, S. 350) ■

Nicht nur wegen regelmäßiger und automatisch eingespielter Updates sollten Anwendende nur Software nutzen, die vom Unternehmen autorisiert ist. Aus unsicheren Quellen heruntergeladene Software kann Schadcode enthalten oder Daten sammeln und an unerwünschte Stellen weiterleiten. Gerade beliebte kostenlose Internet-Tools oder mobile Apps sind wahre Datenkraken. Auf diese Weise können sensible Unternehmensdaten in unbefugte Hände gelangen.

Mitarbeitende, die sich „informationssicherheitskonform" verhalten, schaden weder wissentlich noch unwissentlich der Sicherheit der Informationen und Informationssysteme ihres Unternehmens. Sie sind Teil des Sicherheitskonzepts und helfen, Informationen und Informationssysteme aktiv vor Bedrohungen zu schützen. „Falsches" oder „richtiges" Verhalten sind allerdings nicht fest definiert und auch nicht starr. Es gibt allgemeine Verhaltensweisen, die als richtig oder falsch gelten, im Detail können sich die Verhaltensweisen je nach Sicherheitsstrategie der Organisation unterscheiden und auch immer wieder im Laufe der Zeit ändern.

Beispielsweise sollen alle Anwendenden sichere Passwörter wählen oder den Bildschirm bei Abwesenheit vom Arbeitsplatz sperren. Wann aber ein Passwort als sicher gilt, kann unterschiedlich sein. Organisation A gibt eine Mindestlänge von acht Zeichen, Organisation B von 15 Zeichen vor. Organisation A hat vielleicht zusätzlich eine Zwei-Faktor-Authentifizierung, sodass die Sicherheit der Unternehmensaccounts nicht allein am Passwort hängt. Unternehmen C verlangt, dass der Bildschirm sofort gesperrt wird, Unternehmen D schreibt eine automatische Sperre nach fünf Minuten Abwesenheit vor. Bis vor ein paar Jahren galt das regelmäßige Ändern des Passworts als wichtige Sicherheitsmaßnahme. Inzwischen ist bekannt, dass dieses Ändern nicht notwendig ist und der Sicherheit sogar eher schadet.

Idealerweise schreibt jede Organisation ihren Mitgliedern in Form von Richtlinien vor, welches Verhalten als richtig (sicher) und welches als falsch (unsicher) angesehen wird.

2.1.2 Gründe für unsicheres Verhalten

Li-Ming ist genervt. Sie ist im Homeoffice und muss eine wichtige Vorstandspräsentation vorbereiten. Der Zugriff auf das Dokumentenmanagementsystem ist so langsam, dass sie ständig warten muss, bis ein Dokument geladen ist. Kurzerhand schaltet sie das VPN aus. Endlich kann sie die Daten herunterladen, die sie für die Präsentation benötigt.

Anwendende verhalten sich nicht immer informationssicherheitskonform. Die Gründe und Ursachen dafür sind vielfältig und manchmal gut nachvollziehbar.

In der Literatur werden u. a. folgende Gründe genannt: falsche Annahmen treffen, fehlende Alternativen, fehlendes Bewusstsein für Gefahren, Irrtum, Leichtsinn, mangelnde Erfahrung, Nachlässigkeit, Unachtsamkeit, unbeabsichtigte Fehler, Unkenntnis über die Folgen des eigenen Handelns, Unwissenheit, unzureichende Schulungen und Zeitmangel (Helisch, 2009, S. 16 f.; Kersten & Klett, 2015, S. 173; Weber et al., 2019, S. 5 f.; Whitman & Mattord, 2019, S. 23). Ein paar beispielhafte Aussagen von Betroffenen zu diesen Punkten zeigt der folgende Kasten.

Do you know what? I won't bother.

In ihrer Studie analysierten Beris et al. (2015) fast hundert Interviews, die in zwei Unternehmen durchgeführt wurden. Hier sind einige Beispiele für Aussagen zum Sicherheitsverhalten der befragten Personen:

- If it [data] was really sensitive I would keep it locally quite frankly ... it's my personal rule of thumb.
- We couldn't send databases, we couldn't email a database. Which is stupid, because you could just zip the database and send it as a zip file and get around it anyway.
- Do you lock your laptop every time you leave your desk? – Yeah I'd say most of the time, err but not all of the time I would say.
- Where do you put your laptop at home? ... You're not afraid of your kids doing something to it? ... – No, I'm more afraid of them doing something to my own laptop, which I'd have to pay to replace.
- I can do something with my own computer and do it very quickly, that I just can't do at all on my work one.
- I don't know what the guidance is on restoring passwords, no.
- Yeah post it [with password]. ... near my desk. It's not on the screen, it's near the screen.
- I would make them [passwords] as simple as the system would let me get away with and I would record them in a word document. ... I can't remember them all ...
- I mean, I read it [policy] when they, they send it to me, but ... I don't need to memorize it, so I don't memorize it.
- I think people can understand the rationale behind the policy, but if the thing doesn't work in practice every time, it gets abused.
- I'm going to come in and do what everyone else does.
- It makes something so difficult that you think, ‚Do you know what? I won't bother.'

■

Etwas eingehender haben Dodier-Lazaro et al. (2017) sowie Zimmermann und Renaud (2019, S. 7) in der Literatur nach Gründen für unsicheres Verhalten gesucht und folgende gefunden:

- Den Computernutzenden fehlt es an Wissen und an Bewusstsein für Fragen der Informationssicherheit und für das von ihnen erwartete sichere Verhalten.
- Sie treffen falsche Annahmen darüber, wie sicher ein System ist und welche potenziellen Bedrohungen bestehen.
- Die Nutzenden kümmern sich nicht um mögliche Konsequenzen, und sie sind nicht motiviert, Verantwortung zu übernehmen.
- Die Endnutzenden sind faul.
- Nutzende haben Angst um ihre Reputation: Sie wollen sich nicht blamieren, wenn sie im Umgang mit Sicherheitsmechanismen scheitern. Sie trauen sich ein neues, sicheres Verhalten nicht zu und vermeiden es dadurch gänzlich.
- Unsichere Verhaltensweisen, Fehler und der Einsatz von Umgehungsstrategien werden auch auf fehlende Usability von Informationssystemen zurückgeführt.

Als Lösung für fehlende Usability haben Forschende bisher häufig versucht bzw. gefordert, das Design der Sicherheitsmechanismen zu verbessern (Dodier-Lazaro et al., 2017). Gemeint ist, dass ein besseres Design – z. B. eine besser sichtbare Warnmeldung oder eine Rückmeldung zur Stärke des gewählten Passworts – dazu führt, dass Sicherheitsmaßnahmen eher beachtet oder verwendet werden.

Statt das Design der Maßnahmen zu hinterfragen, sollten auch die Maßnahmen selbst hinterfragt werden. Sicherheitsmechanismen werden häufig nicht aus Sicht der Nutzenden entwickelt. Sind diese Mechanismen und deren Wirkungsweise bzw. deren Nutzen für die Anwendenden nicht verständlich, werden die Anwendenden meist versuchen, die Maßnahmen zu umgehen oder zu ignorieren. Viele Nutzende haben bspw. gelernt, dass es kaum Konsequenzen hat, wenn sie Sicherheitswarnungen zu fehlenden Zertifikaten, unsicheren Webseiten oder möglicherweise infizierten Dateien ignorieren und „wegklicken“ (Pfleeger et al., 2014). In manchen Fällen sind Menschen schlicht nicht in der Lage, die Sicherheitsmaßnahmen umzusetzen. In einer frühen Studie fanden Adams und Sasse (1999, S. 42) u. a. heraus, dass 50 % der Teilnehmenden ihre Passwörter aufschreiben, weil sie sich diese nicht merken können. Andere wählten sehr einfache Passwörter, damit sie sich diese merken können.

Sicherheitsmaßnahmen werden besonders häufig umgangen, wenn diese Maßnahmen die Anwendenden bei ihrer eigentlichen Arbeit behindern oder zusätzlichen Aufwand bedeuten (vgl. fiktives Beispiel im Kasten) (s. Beautement et al., 2008).

Ursachen für gestohlene Log-in-Daten

Es konnte nicht ganz geklärt werden, wie es zu dem Datenabfluss kam, jedoch wurden folgende mögliche Ursachen aufgedeckt.

„... it became clear that many employees were using their work email address for private purposes as the organisation's firewall blocked other email service providers. This prevented employees from checking their private email at work.

USB sticks were being used to take organisational data home to work on. Allowing staff remotely and securely to access the organisation's intranet was not yet widely available. Organisational pressure to react to IT incidents quickly and after hours, however, required employees to be able to access data from home. While these practices enabled employees to fulfil their tasks (...), it also contributed to the leakage of data in one case." (Zimmermann & Renaud, 2019, S. 23)

Sicherheit hat für die Anwendenden meist nicht den Stellenwert, den sich die Verantwortlichen für Informationssicherheit wünschen würden. Funktionalität, Geschwindigkeit, Kompatibilität, Nutzbarkeit oder Produktivität haben bei Anwendenden eine höhere Priorität als Sicherheit (Dodier-Lazaro et al., 2017, S. 2 f.; Pfleeger et al., 2014). Sie umgehen Sicherheitsmaßnahmen, um Deadlines einzuhalten, die Ausführung von Aufgaben zu erleichtern oder schneller mit Kolleg:innen zu interagieren. Ein Verlust an Produktivität zugunsten von mehr Sicherheit wird nur in begrenztem Maße hingenommen (Beyer et al., 2015; Sasse et al., 2023).

Beautement et al. (2008) haben für dieses begrenzte Maß das „Compliance Budget" eingeführt. Dahinter steckt die Annahme, dass Anwendende häufig die Wahl haben, ob sie sich an eine Sicherheitsmaßnahme halten (to comply) oder nicht (not to comply). Dies ist zumindest der Fall, wenn die Organisation sie nicht permanent überwacht und es einen Workaround gibt. Die Entscheidung pro oder contra Sicherheit fällen sie anhand einer Kosten-Nutzen-Betrachtung, bei welcher sie die Vor- und Nachteile ihres Handelns abwägen. Grundsätzlich sind die Individuen bereit, sich an Sicherheitsvorgaben zu halten (Adams & Sasse, 1999) und gewisse Nachteile (oder Kosten, s. Kasten) in Kauf zu nehmen – so lange, bis ihr „Compliance Budget" erschöpft ist.[2] Die wahrgenommenen Nachteile sind umso höher, je mehr die Einhaltung einer Sicherheitsmaßnahme (eine sekundäre Tätigkeit) die Mitarbeitenden von der Ausführung ihrer eigentlichen (primären) Tätigkeit abhält oder sie dabei behindert. Sind die Sicherheitsmaßnahmen im Einklang mit den eigenen Zielen und Normen, der eigenen Wahrnehmung und Haltung, stellt sich die Frage der Compliance nicht. Individuen stellen Sicherheitsregeln nur infrage, wenn sie Nachteile, aber keinen unmittelbaren Nutzen darin sehen. Ist ihr Compliance Budget aufgebraucht, werden sich die Individuen nicht mehr an Vorgaben halten und versuchen, Sicherheitsmaßnahmen zu umgehen.

[2] Es gibt zwei Ausnahmen: 1. Einige Personen sind so risikofreudig, dass sie sich grundsätzlich nicht für Sicherheitsmaßnahmen interessieren. 2. Für Personen, die der Organisation nicht wohlgesonnen sind oder ihr sogar schaden wollen, ist das bewusste Umgehen von Sicherheitsmaßnahmen ein Ausdruck der Unzufriedenheit (vgl. Malicious Insider, Abschnitt 2.2). (Beautement et al., 2008, S. 52)

Beispiele für Compliance-Kosten (Beautement et al., 2008, S. 51)

1. Erhöhte physische Belastung: zusätzliche Aufgaben, die den Zeit- und Arbeitsaufwand für die Ausführung der primären Tätigkeit erhöhen (z. B. wenn der Computer aufgrund von Sicherheitsaktualisierungen langsamer ist), oder gänzlich neue Aufgaben (z. B. zusätzliche Authentifizierung für den Zugang zum Gebäude, Schulungen für Sicherheitsmaßnahmen).
2. Erhöhte kognitive Belastung: Zusätzliche Informationen müssen gemerkt und bei Bedarf abgerufen werden (z. B. ein Passwort zur Ver-/Entschlüsselung von Daten).
3. Verlegenheit: Sicherheitsmaßnahmen, die sich auf die primäre Tätigkeit auswirken, können für Einzelne peinlich sein (z. B. wenn sie eine verschlüsselte Datei nicht öffnen können, um sie den Kunden zu zeigen). Peinlich ist auch die Unfähigkeit, Sicherheitsmaßnahmen umzusetzen. Möglicherweise hat ein solches Ereignis langfristige negative Auswirkungen auf die Karriere.
4. Verpasste Gelegenheiten: Erhöhter Zeitaufwand oder Beschränkungen beim Zugriff auf Daten können dazu führen, dass Arbeitnehmende eine Gelegenheit für ein gutes Geschäft verpassen (z. B. wenn eine relevante Webseite durch Firewall-Regeln blockiert wird). Auch hier sorgen sich die Betroffenen über die langfristigen Auswirkungen auf ihre Karriere.
5. Der „Stressfaktor“: Die gefühlten Kosten, die mit der Einhaltung von Vorschriften verbunden sind, sind situationsbedingt oft höher als die tatsächlichen Kosten. Steht eine Person unter Termindruck, wird das Warten auf die Installation eines Patches als lästiger empfunden, als wenn dies während der Mittagspause geschieht. ■

Neben Produktivität punktet auch Funktionalität häufig gegenüber Sicherheit. Bei einem Kommunikationstool ist beispielsweise wichtig, wie viele Personen mit diesem Tool erreicht werden. Das sicherste Tool nutzt nichts, wenn nur ein Bruchteil der gewünschten Kontakte dieses auch nutzt. Der meistgenutzte Messenger 2021 in Deutschland war *WhatsApp* (benutzt von 84 % der Befragten), gefolgt von *Facebook* (61 %) und *Instagram* (54 %). Der hingegen für den Schutz der Privatsphäre bekannte Messenger *Signal* landet in dieser Statistik auf dem letzten angezeigten Platz Nr. 15 – mit etwas mehr als 11 % Nutzenden (GWI, 2021). Möchte man in Deutschland also möglichst sicher kommunizieren, so kann man das mit etwa einem Zehntel seiner Kontakte tun. Legt man nicht so viel Wert auf Datenschutz und Privatsphäre, ist Kommunikation per Messenger kein Problem.

Hilfsbereitschaft und das kollegiale Miteinander können ebenfalls Gründe für abweichendes Verhalten sein. In einer Studie (Dodier-Lazaro et al., 2017, S. 3) gaben Mitarbeitende an, dass sie anderen Mitarbeitenden Zugriff auf Systeme gewährten, damit sich die anfragenden Mitarbeitenden nicht dadurch schlecht fühlen, weil ihnen der Zugriff verweigert wird. Andere wiederum gewährten Zugang, weil sie sich davon eine bessere Beziehung zu den anfragenden Teams erhofften und vielleicht auch den ein oder anderen Gefallen in der Zukunft. Die eigenen Zugangsdaten werden weitergegeben, um Verzögerungen zu vermeiden, weil der Prozess der Beantragung neuer Berechtigungen zu lange dauert. Ebenfalls möchte man selbst nicht als inkompetent wahrgenommen werden und die Anfragenden nicht kränken, sondern ihnen signalisieren, dass man ihnen vertraut (Allen, 2006). Die Bildschirmsperre einzuschalten, kann auch als Zeichen mangelnden Vertrauens den Kolleg:innen gegenüber missverstanden werden (Pfleeger et al., 2014).

Die e-Crime-Studie von KPMG (2022) untersuchte u. a. begünstigende Faktoren für Computerkriminalität. Die Teilnehmenden der Studie sehen den Faktor Mensch hier als entscheidend an. 95 % der Teilnehmenden nennen „Unachtsamkeit" der Mitarbeitenden als eine mögliche Ursache. Auf den Plätzen 2 bis 5 folgen:

- mangelnde Sicherheitskultur bei Mitarbeitenden (86 %)
- Nichterkennen erster Anzeichen von Verdachtsfällen (84 %)
- unzureichend geschultes Personal (81 %)
- zunehmende Komplexität eingesetzter Technologie (78 %)

Auch wenn der letzte Faktor primär einen technischen Aspekt anspricht, spielt auch hier der Mensch eine Rolle. Den Mitarbeitenden fehlt möglicherweise aufgrund der Komplexität das Verständnis für die Technologie. Sicherheitsvorfälle können dadurch schwerer erkannt werden.

Eine Möglichkeit, herauszufinden, warum das gewünschte Verhalten von den Anwendenden nicht praktiziert wird, ist, sie einfach zu fragen (vgl. Abschnitt 4.2.2). Im Rahmen einer Studie wurde das 2017 an der Technischen Hochschule Würzburg-Schweinfurt (THWS) gemacht (s. Schütz et al., 2020b). In den Interviews wurde festgestellt, dass die Mitarbeitenden wussten, dass ein Passwort aus Sicherheitsgründen regelmäßig geändert werden sollte.[3] Der Großteil der Mitarbeitenden änderte das Passwort jedoch nie; häufig nicht einmal das Initialpasswort.

Mehrere Gründe wurden dafür genannt. Es war den Mitarbeitenden nicht bekannt, ob es eine hochschulweite Richtlinie oder Regelungen gibt, die eine Passwortänderung fordern.[4] Auch nahmen sie an, dass „sowieso niemand" das Passwort regelmäßig ändert. Sie waren somit überzeugt davon, dass eine Änderung des Passwortes nicht von ihnen erwartet wird. Zusätzlich empfanden sie, dass der IT-Service zum Ändern des Passwortes nicht leicht zugänglich ist. Einige wussten nicht, wo und wie sie ihr Passwort ändern können.

Die meisten Mitarbeitenden gaben an, dass sie sich ihr Passwort immer merken. Beim Ändern des Passworts hatten sie Angst, dass sie das neue Passwort dann vergessen würden. Einige sagten, dass sie das Passwort deshalb auf einen Zettel aufschreiben, den sie – ihrer Meinung nach sicher – in einer Schublade verstauten. Es gab aber auch Mitarbeitende, welche falsche Annahmen über die Bedeutung des Passworts trafen und daher keinen Wert auf die Sicherheit des Passworts legten: „Das Passwort für meine Arbeitsprogramme ist nicht so wichtig. Es kommt niemand an das Programm heran."

Aus welchen Gründen die Empfangenden einer Phishing-Mail auf den darin enthaltenen Link geklickt haben, zeigt Bild 2.2. Befragt wurden in dieser Untersuchung ca. 2.000 Mitarbeitende aus den USA und UK im April 2020, die zugegeben haben, auf Phishing hereingefallen zu sein (Statista, 2021, S. 12). Der dafür am häufigsten genannte Grund war Ablenkung. In eine ähnliche Richtung gehen die Gründe Müdigkeit und Unaufmerksamkeit. Aus den anderen genannten Gründen geht hervor, dass die Angreifenden einen guten Job gemacht haben.

[3] Die Empfehlungen lauteten damals noch, Passwörter in regelmäßigen Abständen zu ändern. Heute gelten an der THWS auch die Empfehlungen gemäß NIST (vgl. Grassi et al., 2017), reguläre Passwörter nur bei Verdacht auf Kompromittierung zu ändern.

[4] Zu diesem Zeitpunkt gab es diese Richtlinien tatsächlich nicht.

Sie konnten die Opfer davon überzeugen, dass die E-Mails legitim sind, weil sie z. B. von einer/m Vorgesetzten zu stammen schienen oder von einer vertrauenswürdigen Marke.

Die individuellen Gründe und Ursachen zu kennen, warum Menschen sich nicht an Sicherheitsmaßnahmen halten, ist die Voraussetzung, um passende Gegenmaßnahmen zu ergreifen. Statt einer „One-Size-Fits-All"-Mentalität soll gezielt da angesetzt werden, wo die Ursachen für ein potenzielles Fehlverhalten liegen.

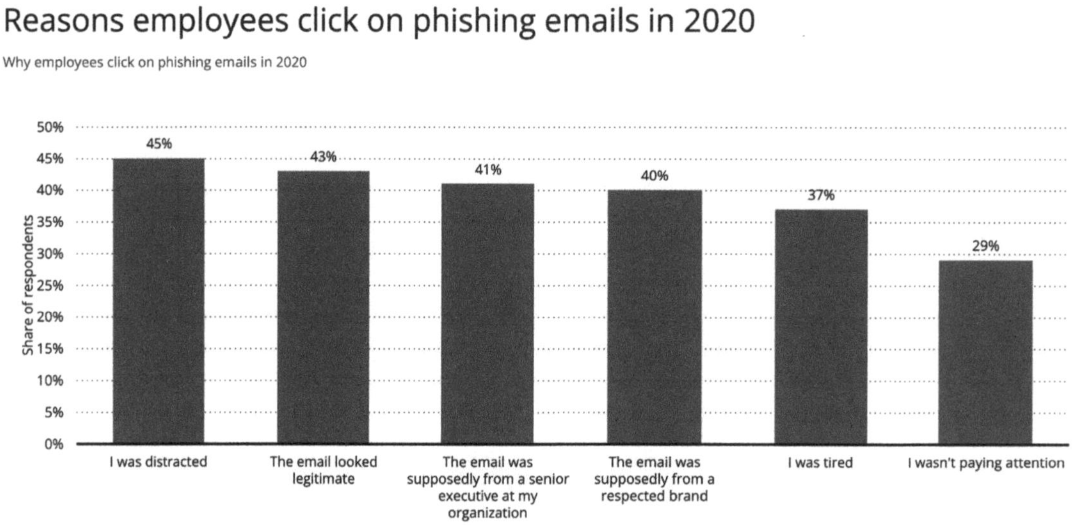

Bild 2.2 Die häufigsten Gründe, aus denen Mitarbeitende auf Links in Phishing-Mails klicken (Statista, 2021, S. 12)

2.2 Enemy Mine – Malicious Insider

Eine Bedrohung für die Informationssicherheit geht von Mitarbeitenden und anderen Unternehmens-Insidern aus, die der eigenen Organisation absichtlich schaden möchten. Insider besitzen Zugriffsrechte auf sensible Informationen und genießen das Vertrauen der Organisation. Die Gründe für absichtlich böswilliges Verhalten sind beispielsweise Gier, Rache, Egoismus, mangelnde Wertschätzung oder ideologische Überzeugungen. Im Folgenden[5] werden diese Malicious Insider vorgestellt und von den zwei anderen Typen von Insidern abgegrenzt. Accidental Insider verursachen durch ihr Fehlverhalten unabsichtlich Schaden. Negligent Insider missachten hingegen absichtlich geltende Richtlinien und Sicherheitsmaßnahmen. Beide handeln jedoch ohne böswilliges Motiv. Die Ursachen für diese beiden Insider Threats wurden bereits im vorangegangenen Abschnitt betrachtet.

[5] Dieser Abschnitt basiert größtenteils auf (Weber et al., 2022).

Damit Organisationen frühzeitig böswillige Insider entdecken und sich erfolgreich gegen diese schützen können, müssen mögliche Motive der Insider bekannt sein (Blankenship & O'Malley, 2019). Daher beschäftigt sich Abschnitt 2.2.3 mit der Beschreibung unterschiedlicher Typen von Malicious Insidern und deren Motiven für ihre schadhaften Handlungen. Zudem führt er konkrete Vorfälle als Beispiele an. Der letzte Teil zeigt, wie sich Organisationen mit erkennenden, präventiven und reaktiven Maßnahmen gegen Malicious Insider schützen können.

Zur Klarstellung: Der Großteil aller Mitarbeitenden hat gute Absichten der eigenen Organisation gegenüber. Nur ein sehr kleiner Teil (vgl. Zahlen in Abschnitt 2.2.2) der Belegschaft verhält sich aus unterschiedlichen Motiven heraus absichtlich und böswillig schadhaft. Die folgenden Überlegungen sollen also keineswegs dazu führen, dass in Organisationen eine Kultur des Misstrauens, der Kontrolle und des Überwachens entsteht. Im Gegenteil, eine positive Sicherheitskultur und Vertrauen können dazu beitragen, dass weniger interne Personen einen Grund finden, Schaden anrichten zu wollen.

2.2.1 Insider

Am 10. August 2023 war das Thema Spionage groß in den deutschen Schlagzeilen: „Festnahme wegen mutmaßlicher Spionage für Russland" titelt die Tagesschau (2023). Der Beschuldigte arbeitet für das Bundesamt für Ausrüstung, Informationstechnik und Nutzung der Bundeswehr (BAAINBw) in Koblenz. Er soll Informationen aus seiner Tätigkeit beim BAAINBw über Mittelspersonen an einen russischen Nachrichtendienst übermittelt haben. Der Bericht der Tagesschau greift auch drei weitere Fälle von Spionagetätigkeit für Russland aus den letzten zwei Jahren auf.

Ein anderer Fall vom 25. Februar 2021 zeigt ebenfalls deutlich, dass durch Insider eine Gefahr für Organisationen ausgehen kann: „Amazon-Whistleblower warnen vor mieser Sicherheit beim E-Commerce-Riesen" (Petereit, 2021). Ehemalige Mitarbeitende weisen hierin auf gravierende Mängel im Datenschutz und in der Informationssicherheit beim Handelsgeschäft von Amazon hin. Einer der Whistleblower war für die Einhaltung der DSGVO verantwortlich und berichtet, dass das Thema nicht ernst genommen wurde.

Die Beispiele zeigen, dass einzelne Personen Schaden in Organisationen anrichten können, wenn sie die eigene Organisation bewusst kompromittieren. Die Konsequenzen von Insider-Attacken reichen von Reputationsverlust und Datenschutzverletzungen über finanzielle Einbußen und Schäden an der IT-Infrastruktur bis zum Verlust geistigen Eigentums.

Insider befinden sich innerhalb einer bestimmten logischen oder physischen Begrenzung einer Organisation und kennen dadurch deren innere Umgebung. Insider können also beispielsweise Mitarbeitende, Personen im Praktikum, Rechtsvertretungen, Dienstleistungsunternehmen, Unternehmensberatungen oder generell geschäftliche Kontakte sein. Insidern wird meist erweiterter Zugang zu Informationen gewährt. Von diesen Agierenden wird nicht nur erwartet, dass sie sich in einer bestimmten Weise verhalten, es ist üblicherweise zusätzlich vertraglich geregelt. Ihnen wird im Umgang mit Informationen vertraut.

Auf ein IT-System bezogen, sind Insider Personen mit privilegiertem Zugang zu diesem System. Als Insider können demnach Personen bezeichnet werden, die Wissen über ein IT-System besitzen – also auch Personen, die am Design und an der Implementierung des Systems beteiligt waren, aber nicht mehr Teil der Organisation sind (Hunker & Probst, 2011).

Gemäß einem betriebswirtschaftlichen Ansatz definieren sich Insider dadurch, dass sie die Fähigkeit besitzen, eine Organisation gegenüber Außenstehenden zu repräsentieren. Insider haben auch das Recht, auf Vermögenswerte der Organisation zuzugreifen und diese entsprechend ihrer Tätigkeit einzusetzen.

Insider können in Bezug auf ihre Absicht, der eigenen Organisation Schaden zuzufügen, und anhand ihres Motivs unterschieden werden (Dupuis & Khadeer, 2016; Prabhu & Thompson, 2020; Van Den Bergh & Njenga, 2016) (vgl. Bild 2.3):

- Insider, die der Organisation ohne Absicht und unbewusst Schaden zufügen, sind **Accidental Insider**. Ein Praktikant fällt auf eine Phishing-Mail herein und gibt seine Log-in-Daten auf einer gefälschten Webseite ein.
- Insider, die sich ihres Fehlverhaltens bewusst sind, aber damit keinen Schaden verursachen wollen, heißen **Negligent Insider**. Eine Sachbearbeiterin findet es lästig, den Bildschirm zu sperren, wenn sie sich einen Kaffee holt. Was soll schon passieren, wenn sie sich fünf Minuten vom Arbeitsplatz entfernt?
- Insider, die ihrer Organisation mit ihrem abweichenden Verhalten bewusst und gewollt Schaden zufügen, sind **Malicious Insider**. Eine Ingenieurin verkauft Forschungsergebnisse an die Konkurrenz.

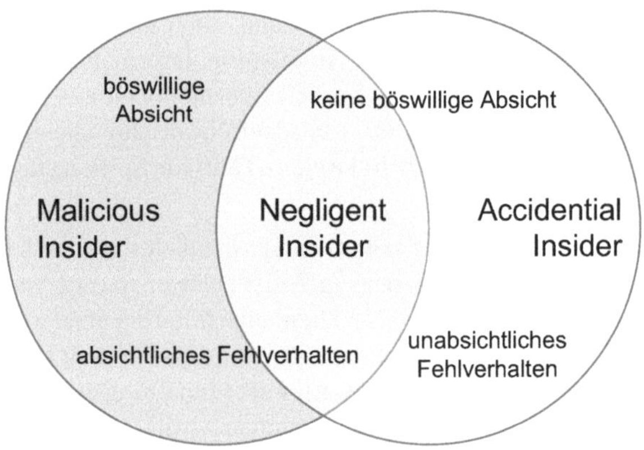

Bild 2.3 Typen von Insidern (Weber et al., 2022, S. 315)

Negligent und Accidental Insider können zusammen auch als Non-Malicious Insider bezeichnet werden, da beide nicht mit böswilliger Absicht handeln. Non-Malicious Insider waren Gegenstand des vorangegangenen Abschnitts 2.1. Malicious Insider hingegen handeln mit böswilliger Absicht. Es sind typischerweise aktuelle oder ehemalige Mitarbeitende, die erlaubten Zugriff auf das IT-Netzwerk, Anwendungssysteme oder Daten der Organisation haben oder hatten. Dieser Zugriff wird absichtlich missbraucht, um z. B. geheime Informationen zu stehlen oder Teile der IT-Infrastruktur zu sabotieren. Der Begriff **Insider Threat** bezieht sich auf Bedrohungen, die durch alle drei Typen von Insidern verursacht werden, unterscheidet also nicht nach dem Motiv und der Ansicht.

Das Erkennen und die Abwehr von Non-Malicious und Malicious Insidern unterscheiden sich erheblich. Das Abstellen von absichtlichem und unabsichtlichem Fehlverhalten ohne böswillige Absicht kann durch Sensibilisierungsmaßnahmen erreicht werden und fällt in den Bereich der Information Security Awareness (vgl. Kapitel 4). Mitarbeitende, die unbeabsichtigt, z. B. mangels besseren Wissens, der eigenen Organisation schaden, können über den richtigen, sicheren Umgang mit Informationen und Informationstechnik informiert und geschult oder regelmäßig an geltende Richtlinien erinnert werden. Negligent Insider können durch Sensibilisierungsmaßnahmen davon überzeugt werden, sich an die geltenden Richtlinien zu halten. Ihnen können beispielsweise die Konsequenzen ihres Fehlverhaltens für die Organisation und der persönliche Nutzen der Sicherheitsmaßnahmen aufgezeigt werden.

Malicious Insider sind sich bewusst, dass ihre Handlungen der eigenen Organisation Schaden zufügen, und nehmen das in Kauf bzw. wollen bewusst Schaden verursachen. Hiergegen sind Awareness-Maßnahmen machtlos. Böswillige Angriffe von Insidern zu erkennen kann schwierig sein, da Insider die Organisation gut kennen und ihre Spuren leicht entfernen können bzw. so agieren, dass keine Spuren entstehen.

2.2.2 Insider Threats

Insider erhalten das Vertrauen ihrer Organisation, das allerdings auch ausgenutzt werden kann. Missbrauchen Insider dieses Vertrauen absichtlich oder ermöglichen externen Parteien, Schutzmaßnahmen zu umgehen, kann das weitreichende Folgen für die Informationssicherheit der eigenen Organisation haben. Das genaue Ausmaß der Bedrohung durch Malicous Insider ist schwer zu ermitteln. Studien kommen aufgrund unterschiedlicher Definitionen von Insidern und Threats sowie verschiedener Datengrundlagen zu abweichenden Ergebnissen. Einig sind sich die Studien darin, dass Insider eine ernst zu nehmende Bedrohung für Organisationen darstellen.

Der Report von ISACA (2022) gibt an, dass Malicious Insider hinter Cyberkriminellen und Hackenden an dritter Stelle aller der für Angriffe verantwortlichen Akteure stehen. Check Point (2023) meldet, dass in 7 % der Fälle Insider für die untersuchten Security Incidents verantwortlich waren. Sie unterscheiden jedoch nicht zwischen Malicious und Non-Malicious Insidern. Laut verizons Report (2020) sind interne Akteure (wieder beide Gruppen) in ca. 30 % der Fälle für Breaches verantwortlich. Als „Breach“ werden Sicherheitsvorfälle bezeichnet, die nachweisbar zu einer ungewollten Offenlegung von Daten gegenüber einer unberechtigten Partei führten. Forrester (Shey, 2020) kommt auf noch höhere Werte und macht Insider (Mitarbeitende und Partner) für fast die Hälfte der Breaches verantwortlich. Auf das Konto der Mitarbeitenden gehen demnach ca. 25 % aller Incidents, wobei davon wiederum die Hälfte von Malicious Insidern verursacht wurde.

Der Bericht des Ponemon Institute (2022) gibt an, dass die durch böswillige Insider verursachten Incidents bei 6 % liegen. Mehr als ein Drittel der an der Studie teilnehmenden Unternehmen haben mehr als 30 Insider Incidents (malicious und non-malicious) pro Jahr zu verzeichnen. Darüber hinaus zeigt der Bericht, dass die durchschnittlichen Kosten pro Organisation pro Jahr für Insider Threats bei ca. 15,4 Mio. USD liegen. Der überwiegende Teil der Kosten entsteht für reaktive Maßnahmen, also Maßnahmen, die nach einem Incident getroffen werden. Nur knapp 5 % der Kosten werden von Maßnahmen verursacht, die Insider Threats erkennen sollen.

Die Gefahr durch böswillige Insider ist für Unternehmen deshalb so groß, weil viele Sicherheitsmaßnahmen keinen Schutz bieten. Selbst starke Verschlüsselungen oder Firewalls sind machtlos, wenn Insider aufgrund ihrer Position über legale Zugriffsrechte verfügen und diese missbräuchlich verwenden. Generell werden Insider als große Gefahr für die Informationssicherheit angesehen, weil sie (interne) Informationen und Möglichkeiten besitzen, die externen Angreifenden nicht zur Verfügung stehen. Der bewusste Umgang mit Malicious Insidern und die durch sie ausgehenden Gefahren sollte daher Bestandteil jedes Informationssicherheitskonzeptes sein.

In der e-Crime-Studie (KPMG, 2022) wurden Unternehmen befragt, von welchen Personengruppen ihrer Meinung nach die größte Gefahr ausgeht. Organisierte Kriminalität (81 %) und Einzeltäter:innen (71 %) wurden am häufigsten genannt. Dahinter folgen mit aktuellen Mitarbeitenden (53 %), geschäftlichen Kontaktpersonen mit Zugang zu Systemen oder Daten des Unternehmens (36 %), Leih- oder Teilzeitarbeitskräften (36 %) sowie ehemaligen Mitarbeitenden (32 %) einige Gruppen von Insidern. Abgesehen von der Kategorie „Verrat von Geschäfts- oder Betriebsgeheimnissen“ spielen Insider bei tatsächlichen e-Crime-Vorfällen aber kaum eine Rolle.

2.2.3 Typen von Malicious Insidern

Nicht alle Malicious Insider sind gleich. Sollen effektive Maßnahmen zum Erkennen von Insidern, zur Prävention von und zur Reaktion auf böswillige Angriffe eingesetzt werden, muss der Hintergrund für einen Angriff bekannt sein. Beispielsweise werden verärgerte Mitarbeitende gar nicht erst tätig, wenn deren Ärger ernst genommen wird und sie in der Organisation offen darüber sprechen können.

Dieser Abschnitt stellt verschiedene Typen von Malicious Insidern vor. Die Gliederung erfolgt anhand der Motivation der Insider, der eigenen Organisation Schaden zuzufügen. Tabelle 2.1 zeigt eine Zusammenfassung möglicher Motive (Allen, 2006; Blankenship & O'Malley, 2019; Murphy, 2019) und ordnet sie den Insidertypen zu.

Tabelle 2.1 Motive und Typen von Malicious Insidern (in Anlehnung an Weber et al., 2022, S. 316)

Motivation	Beschreibung	Insidertyp
Finanzielle Notlage	Insider versuchen aufgrund finanzieller Probleme, schnell an Geld zu kommen, z. B. weil sie Spielschulden haben.	Datendiebstahl, Betrug, Malicious Enabling
Anspruchsrecht/eigenes Interesse	Insider denken, sie haben berechtigten Anspruch auf sensible Informationen oder geistiges Eigentum.	Datendiebstahl
Frust/Rache	Insider, die sich schlecht behandelt fühlen, wollen sich am Kollegium, an ihrer Führungskraft oder der Organisation rächen.	Sabotage
Ideologie	Politische oder religiöse Ansichten können Insider motivieren, aus Sicht der Organisation böswillig zu handeln.	Whistleblowing, Spionage
Äußerer Einfluss	Kriminelle Organisationen oder Geheimdienste rekrutieren Insider, motivieren sie finanziell oder setzen sie mit Drohungen unter Druck. Oder Insider wollen jemandem außerhalb der Organisation einen Gefallen tun.	Spionage, Sabotage, Malicious Enabling

Whistleblowing

Whistleblower sind Personen, die geheime Dokumente oder aus ihrer Sicht unmoralische Praktiken der eigenen Organisation offenlegen. Aus Sicht der geschädigten Organisation ist Whistleblowing böswillig. In ihrer eigenen Wahrnehmung handeln Whistleblower mit guter Absicht, auch wenn sie sich bewusst sind, dass ihre Handlungen für die Organisation schlecht sind (McGough et al., 2015).

Den Whistleblowern fehlt häufig die Macht, die Prozesse ihrer Organisation selbst oder auf einem anerkannten Weg zu ändern. Sie ziehen deshalb andere Instanzen hinzu, meist die Öffentlichkeit. Die größte Motivation der Whistleblower besteht darin, Einfluss auf Prozesse oder Praktiken ihrer Organisation zu nehmen. Die ehemaligen Amazon-Mitarbeitenden aus dem Einstiegsbeispiel waren für Informationssicherheit und Datenschutz zuständig (Petereit, 2021). Sie haben laut eigenen Angaben im Unternehmen mehrfach versucht, an den aktuellen Praktiken im Umgang mit den Daten der Kundschaft etwas zu ändern, und scheiterten regelmäßig. Daher wandten sie sich an die Öffentlichkeit.

Edward Snowden ist einer der bekanntesten Whistleblower. Snowden war ein US-amerikanischer IT-Sicherheitstechniker, der zunächst als Subunternehmer für die National Security Agency (NSA) und die Central Intelligence Agency (CIA) tätig war. Später wurde Snowden als IT-Berater erneut in eine NSA-Einrichtung entsandt. Durch seine Tätigkeit erhielt Snowden Zugriff auf streng geheime Dokumente, welche er in großen Mengen kopierte. Seit 2013 veröffentlichte er über The Guardian und The Washington Post eine Flut von geheimen Dokumenten über geheimdienstliche Überwachungen. In einem Interview gab Snowden als seine Motivation an: „Ich will nicht in einer Gesellschaft leben, die solche Dinge tut. Ich will nicht in einer Welt leben, in der alles, was ich tue und sage, aufgezeichnet ist. Das ist nichts, was ich unterstützen oder mit dem ich leben will." (Greenwald et al., 2013) ■

Datendiebstahl

In der Regel wird Datendiebstahl von wissenschaftlichen oder technischen Fachkräften, Programmierenden oder Vertriebsmitarbeitenden durchgeführt (Kont et al., 2018). Datendiebstahl kann auf unterschiedliche Weisen erfolgen. Physische Dokumente können aus Unternehmensgebäuden entwendet oder Daten auf einem Datenträger an einen anderen Ort gebracht werden. Digitale Prozesse, wie das Versenden einer E-Mail oder der Upload von Daten auf Cloud-Speicher, erleichtern das unberechtigte Entwenden von Daten.

Beim Datendiebstahl sind sowohl Handlung als auch Absicht als böswillig einzustufen. Im Gegensatz zu Whistleblowern verfolgen diese Malicious Insider persönliche Ziele. Sie möchten zum Beispiel mit den Informationen und Daten, die sie gestohlen haben, eigene Unternehmen gründen, in einem neuen Job von den Daten profitieren, die Daten zum eigenen finanziellen Vorteil verkaufen oder sie gegen die ehemalige Organisation einsetzen (AO Kaspersky Lab, 2020). Auch die Daten, die gestohlen werden, sind sehr unterschiedlich. Häufig entwendet werden proprietärer Software- und Source-Code, strategische Unternehmenspläne oder Informationen über Produkte und Kundschaft (Cappelli et al., 2012).

Ein spektakulärer Datendiebstahl wurde von Anthony Levandowski begangen. Levandowski war Mitarbeiter bei Google und Mitbegründer von Otto, einer Firma, die selbstfahrende Trucks entwickelt und später von Uber übernommen wurde. Levandowski arbeitete in mehreren Projekten bei Google, unter anderem an fahrerlosen Autos (später Waymo). Levandowski wurde beschuldigt, wenige Wochen vor seinem Rücktritt bei Google mehr als 14.000 höchst vertrauliche Dateien gestohlen zu haben. Die Daten sollen Informationen über Techniken enthalten, die sowohl Waymo als auch Uber für ihre selbstfahrenden Testfahrzeuge verwenden (Mac et al., 2017). Im August 2020 wurde er wegen des Diebstahls von Geschäftsgeheimnissen zu 18 Monaten Gefängnis und einer hohen Geldstrafe verurteilt (Conger, 2020). ■

Spionage

Spionierende Personen möchten zugunsten einer anderen Organisation oder eines Staates bedeutsame Informationen oder geschütztes Wissen erbeuten, damit die Auftraggebenden diese für ihre Zwecke nutzen können. Spionage kann sowohl von technisch versierten als auch technisch nicht versierten Mitarbeitenden ausgeführt werden. In der Regel findet Spionage über einen längeren Zeitraum statt.

Im Gegensatz zu den meisten Whistleblowern zeichnen sich Spione dadurch aus, dass sie im Geheimen operieren (Kont et al., 2018). Der Unterschied zum Datendiebstahl besteht darin, dass Spione in der Regel im Auftrag anderer Personen handeln. Auch die Motive für Spionage lassen Unterschiede zum Datendiebstahl erkennen (K. B. Becker et al., 2014): Personen spionieren aus finanziellen Gründen, wegen ihrer Überzeugung oder einer Ideologie und um sich von anderen Personen abzuheben.

Ein aus China stammender Ingenieur wurde in den USA wegen Wirtschaftsspionage zu 15 Jahren Gefängnis verurteilt. In den späten 1970er-Jahren, nachdem er vom damals führenden Konzern für Luft- und Raumfahrt Rockwell International angeheuert wurde, begannen seine Spionage-Aktivitäten für die Volksrepublik China (Mail Foreign Service, 2009). Der Täter hielt Präsentationen in China, schickte Informationen über seine Arbeit per Diplomatengepäck nach China und sammelte über 300.000 geheime Dokumente über Raumfahrt- und Militärprogramme der USA in seinem Keller. Der Täter sah die Möglichkeit, durch seine Spionage-Aktivitäten einen Teil zum wirtschaftlichen Fortschritt seines Heimatlandes China zu leisten. 2006 entdeckten Staatsanwälte in den USA seine Spur. ■

Sabotage

Besonders technisch versierte Mitarbeitende können der eigenen Organisation durch die Sabotage der IT-Infrastruktur einen erheblichen Schaden zufügen (Kont et al., 2018). Im Gegensatz zu Spionen versuchen Saboteure, der Organisation aus persönlichen Gründen zu schaden. Studien belegen, dass die meisten Saboteure gerade die Systeme sabotieren, für die sie verantwortlich sind. Typische Motive für Sabotage sind Frust, Rache, mangelnde Wertschätzung und das Gefühl der Machtlosigkeit gegenüber einer vermeintlich ungerechten Behandlung (Kont et al., 2018; Noonan, 2018). Die meisten Sabotage-Aktionen werden vorbereitet, während die Mitarbeitenden noch Teil der Organisation sind. Die Ausführung erfolgt kurz bevor oder sobald die Insider die Organisation verlassen (Cappelli et al., 2012).

Ein ehemaliger Angestellter einer Sicherheitsfirma sabotierte nach seinem freiwilligen Ausscheiden seinen ehemaligen Arbeitgeber. Mithilfe einer Fernzugriffssoftware, die er während seiner aktiven Zeit installierte, verschaffte er sich nach seinem Austritt Zugriff auf den Computer des Betriebsleiters und erbeutete Passwörter sowie weitere Zugangsdaten. Er löschte Dateien, wie zum Beispiel Personalakten und Zeitpläne sowie Kundeninformationen, verschickte vom Account des Betriebsleiters böswillige E-Mails an Kunden der Firma und lenkte alle Besucher der Website der Firma auf die Website eines Konkurrenten um (Burgess, 2017). Als Grund für seine Taten konnten ein starkes Alkohol- und Drogenproblem und eine schwierige Kindheit ausgemacht werden (Murdock, 2017). Der Täter wurde zu sieben Jahren Haft verurteilt. ■

Betrug

Unter Betrug wird vorsätzliche Täuschung verstanden, um einen rechtswidrigen oder unberechtigten Nutzen zu erwirken (Noonan, 2018). Betrug nimmt viele Formen an, u. a. Identitätsdiebstahl, Wirtschaftskriminalität und Marktmanipulation. Betrug findet häufig über einen längeren Zeitraum statt und wird von finanziellen Anreizen oder Gier getrieben (Cappelli et al., 2012). Eine weitere Motivation besteht darin, die eigene Position innerhalb der Organisation auf Kosten anderer oder auf Kosten der Organisation zu verbessern. So könnten Mitarbeitenden ihre Personalakte ändern, um höhere Chancen auf eine Beförderung zu haben (McGough et al., 2015).

Malicious Enabling

Mitarbeitende führen Angriffe nicht immer selbst durch. Wenn sie die Voraussetzungen dafür schaffen, dass externe Parteien Attacken durchführen, wird diese Begünstigung eines Angriffs als Malicious Enabling bezeichnet. Neben der bewussten Weitergabe von Zugangsdaten oder der Offenlegung von Netzwerkarchitekturen kann auch das bewusste Implementieren einer Hintertür als Malicious Enabling angesehen werden. Diese Hintertür nutzen die Angreifenden, um die Zugangskontrollen der Organisation zu umgehen.

Ein Beweggrund für Enabling kann die grundsätzliche Bereitschaft, aber fehlendes technisches Know-how für einen Angriff sein. Somit nutzen die Insider ihre Stellung aus, um die Möglichkeit, Schaden anzurichten, an jemand anderen weiterzugeben. Gleichzeitig kann der Antrieb, als Malicious Enabler unentdeckt zu bleiben, eine wichtige Rolle spielen.

Ein Insider kann zudem von externen Personen (z. B. Freunde oder Familienmitglieder) oder Organisationen (z. B. organisiertes Verbrechen) dazu beauftragt worden sein, Enabling-Aktionen durchzuführen (Allen, 2006). Dies kann unfreiwillig sein, wenn Mitarbeitende erpresst oder gezwungen werden, Angriffe auf die eigene Organisation zu ermöglichen.

2.2.4 Maßnahmen gegen Malicious Insider

Maßnahmen gegen Malicious Insider unterscheiden sich nicht grundsätzlich von anderen Maßnahmen, welche die Organisation im Rahmen des Informationssicherheitsmanagements zum Schutz der eigenen Informationen und IT-Infrastruktur umsetzt. Daher soll im Folgenden nur kurz auf ein paar Besonderheiten eingegangen werden. Die Maßnahmen sollen vor allem die Wahrscheinlichkeit, durch Malicious Insider angegriffen zu werden, reduzieren. Der Fokus liegt daher auf erkennenden und präventiven Aktivitäten.

Erkennende Maßnahmen

Idealerweise sollten Malicious Insider identifiziert werden, bevor sie Schaden anrichten können. Potenzielle Indikatoren, um Malicious Insider zu erkennen, umfassen persönliche Eigenschaften, verdächtige Verhaltensweisen oder besondere berufliche Ereignisse. Um von diesen Indikatoren aber auf einen Malicious Insider zu schließen, sind leistungsfähige Computerprogramme, sensibilisierte Mitarbeitende und ein verantwortungsvoller Umgang mit Hinweisen notwendig.

Introvertiertheit, Gier, ethische Flexibilität, fehlende Loyalität, rebellisches und aggressives Verhalten, Narzissmus, fehlende Empathie, Kritikunfähigkeit, Frustration und Unzufriedenheit sind persönliche Eigenschaften, welche sich als Indikatoren zur Identifizierung von potenziellen Malicious Insidern eignen (NCCIC, 2014). Diese Merkmale sind insbesondere bei den durch Anspruchsrecht, Frust oder Ideologie motivierten Insider anzutreffen (vgl. Tabelle 2.1).

Malicious Insider können auch aufgrund von verdächtigem Verhalten identifiziert werden (Blankenship & O'Malley, 2019; NCCIC, 2014; Noonan, 2018). Außergewöhnliche Arbeitszeiten oder Netzwerkzugriffe zu auffälligen Zeiten (während des Urlaubs, nachts) können beispielsweise auf ein schädliches Verhalten hinweisen. Auffällig ist auch, wenn sich Personen plötzlich stark für Angelegenheiten außerhalb ihres Zuständigkeitsbereiches interessieren, unnötigerweise sensible Dokumente und Unterlagen kopieren oder häufig ihre Unzufriedenheit über Richtlinien äußern. Auch Mitarbeitende mit einem auffälligen Lebenswandel können als Malicious Insider aktiv werden. Drogen- oder Alkoholmissbrauch, finanzielle Probleme, illegale Aktivitäten, ungewöhnliche Reiseziele, plötzlicher Reichtum, unerwartete Abwesenheiten, psychische Probleme oder feindseliges Verhalten können Warnzeichen sein. Diese Verhaltensweisen treffen insbesondere auf Insider zu, die in finanzieller Notlage sind oder unter äußerem Einfluss stehen (vgl. Tabelle 2.1).

Bestimmte berufliche Ereignisse können Mitarbeitende in Malicious Insider verwandeln. Kündigung, schlechte Leistungsbewertungen oder Meinungsverschiedenheiten mit dem Kollegium können Menschen so verärgern, dass sie tätig werden (Blankenship and O'Malley 2019).

Es ist jedoch Vorsicht geboten: Die genannten Indikatoren weisen nicht zwingend auf Malicious Insider hin. Nur weil Mitarbeitende introvertiert sind, eine schwierige Zeit durchmachen oder unzufrieden sind, werden sie nicht zwangsläufig kriminell. Daher empfiehlt sich eine sensible Vorgehensweise im Umgang mit Insidern. Neben der Einhaltung von Datenschutz und Arbeitsrecht muss vor allem auch darauf geachtet werden, keine Kultur der Überwachung zu schaffen.

Dennoch sollten die Belegschaft und das Management dazu angehalten werden, wachsam zu sein und gegebenenfalls (anonym) Alarm zu schlagen. Das ist besonders hilfreich, um die

Kategorie der verärgerten Mitarbeitenden zu identifizieren. Dazu müssen die Mitarbeitenden für die Gefahren von Malicious Insidern sensibilisiert werden.

Bild 2.4 zeigt, welche Schritte Mitarbeitende auf einem kritischen Pfad gehen, um zu Malicious Insidern zu werden. Erkennbar sind die Zusammenhänge zwischen persönlicher Veranlagung (oder Eigenschaften), Stressfaktoren (beruflichen Ereignissen) und auffälligem Verhalten. Weitere Faktoren erhöhen die Wahrscheinlichkeit für böswilliges Verhalten, z. B. der politische Kontext (vgl. Spionage, Whistleblowing). Die gute Nachricht ist: Zu jedem Zeitpunkte auf diesem Pfad kann eine erfolgreiche Intervention stattfinden und der „Angriff" gestoppt werden (Noonan, 2018).

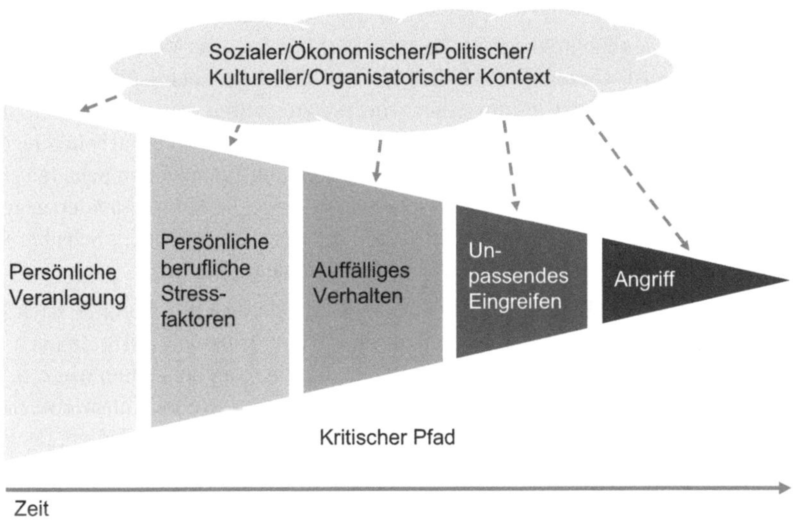

Bild 2.4 Der kritische Pfad zu böswilligem Verhalten (Weber et al., 2022, S. 322)

Präventive Maßnahmen

Vorbeugende Maßnahmen erschweren die Möglichkeit für einen Angriff von innen oder verhindern ihn gänzlich. Hierfür sind technische und organisatorische Maßnahmen gleichermaßen entscheidend. Präventive Maßnahmen werden in Unternehmen häufig in sogenannten Insider Threat-Programmen koordiniert. Dazu gehören folgende Maßnahmen (IS Decisions, 2015):

- Informationssicherheitstrainings und Awareness-Kampagnen für Mitarbeitende und Management durchführen,
- Richtlinien erstellen,
- Verantwortlichkeiten für die Behandlung von Sicherheitsvorfällen definieren,
- Mitarbeitende vor deren Einstellung überprüfen sowie
- Prozesse für das Ausscheiden von Mitarbeitenden aus der Organisation etablieren.

Viele der organisatorischen Schritte sollten generell Teil eines funktionierenden Informationssicherheitskonzepts sein und müssen nur speziell auf die Gefahren von Malicious Insidern angepasst werden.

Für die richtige Auswahl präventiver Maßnahmen müssen Organisationen zuerst verstehen, welche Daten für Malicious Insider überhaupt als potenzielles Angriffsziel interessant sind. Im Rahmen des Risikomanagements werden Daten anhand ihres Werts bzw. ihres Risikos bewertet. Das Risiko wird anhand der Auswirkungen bei ungewolltem Abfluss (Bsp. Spionage), Veränderung (Bsp. Betrug) oder Nichtverfügbarkeit (Bsp. Sabotage) eingestuft. Im Fokus stehen beispielsweise besonders schützenswerte personenbezogene Daten oder Daten, die anderen Organisationen einen Wettbewerbsvorteil verschaffen können. Je nach Wert bzw. Risiko der kritischen Vermögenswerte sind individuelle Schutzmaßnahmen im Rahmen eines Informationssicherheitsmanagementsystems (ISMS) zu definieren. Dabei sollte der Blick explizit nach innen gerichtet und überlegt werden, welchen Vorteil die verschiedenen Typen potenzieller Tatpersonen durch den Zugriff auf diese Daten haben können.

Zu den präventiven Maßnahmen gehört auch, zu verhindern, dass Mitarbeitende überhaupt zu Malicious Insidern werden (NCCIC, 2014). Den Mitarbeitenden sollte die Gelegenheit gegeben werden, ihren Frust loszuwerden. Vorgesetzte sollten sensibel mit persönlichen Problemen der Mitarbeitenden umgehen und das Gespräch suchen. Mitarbeitende, die sich als Teil des Teams und ernst genommen fühlen, wollen dem Team keinen Schaden zufügen. In der Organisation sollte eine Kultur herrschen, in der sich die Mitarbeitenden gegenseitig helfen und unterstützen sowie ein gemeinsames Interesse daran haben, Schaden von der eigenen Organisation abzuwenden (Zimmermann & Renaud, 2019).

Noch früher setzt die Maßnahme an, Mitarbeitende vor deren Einstellung, je nach Zugang zu kritischen Informationen, entsprechend zu überprüfen (Noonan, 2018). Je nach Art der Organisation gibt es dafür verschiedene rechtlich zulässige Möglichkeiten, wie z. B. Hintergrundüberprüfung, Sicherheitsüberprüfung, Kreditwürdigungsprüfung, Interviews, Sammeln und Auswerten von öffentlich verfügbaren Informationen aus sozialen Medien, Drogentests oder Lügendetektortests. Auch die ISO 27001 empfiehlt eine Sicherheitsüberprüfung für alle Beschäftigten bereits bei der Bewerbung sowie regelmäßig während der Beschäftigung (ISO/IEC, 2022). Diese Überprüfung würde insbesondere Insider enttarnen, die unter äußerem Einfluss stehen, in finanzieller Notlage sind oder unpassende ideologische Ansichten haben (vgl. Tabelle 2.1).

Reaktive Maßnahmen

Hat ein Angriff durch Malicious Insider stattgefunden, stehen Organisation vor der Aufgabe, den Angriff zu analysieren, aufzuklären und den angerichteten Schaden zu beheben. Wurden im Vorfeld geeignete Maßnahmen zur Wiederherstellung vorbereitet, können diese nach einem Angriff genutzt werden, um wieder zum Normalbetrieb zurückzukehren.

Die Antwort auf einen Angriff von innen muss sehr sorgfältig und wohlüberlegt durchgeführt werden. Falsche Anschuldigungen können viele schädliche Auswirkungen auf die Sicherheitskultur haben (Hunker & Probst, 2011). In einigen Fällen kann es sinnvoll sein, eine anhaltende Insider-Attacke zu dulden und zu beobachten. Oft ist es fataler, die Systeme wegen einer Insider-Attacke abzuschalten, als die Verluste zu akzeptieren und durch die gewonnenen Beweise den Angriff strafrechtlich zu verfolgen (Probst et al., 2010).

Die Gründe für den Angriff müssen reflektiert und der Schadensfall genau analysiert werden. Dabei werden auch die erkennenden, präventiven und reaktiven Maßnahmen überprüft und nach Verbesserungspotenzial gesucht. Gegebenenfalls muss der Vorfall gemäß DSGVO gegenüber den Aufsichtsbehörden und den Betroffenen gemeldet werden.

Die Identifikation von Malicious Insidern muss behutsam durchgeführt werden. Die einzelnen Maßnahmen können schnell für eine Überwachung der Mitarbeitenden missbraucht werden, weshalb diese gezielt und nur bei vorliegendem Verdacht eingesetzt werden sollten. Durch zielgerichtete Awareness-Kampagnen lässt sich die Aufmerksamkeit der Mitarbeitenden steigern, wodurch auffälliges Verhalten schneller bemerkt werden kann. Bevor dieses Verhalten dann zu einem Angriff führt, kann die Organisation gezielt auf die Probleme der Verdächtigen eingehen.

3 Der Mensch als Opfer

„Only amateurs attack machines; professionals target people.“

(Schneier, 2000)

Angreifende entscheiden sich häufig bewusst dafür, nicht die technische Infrastruktur anzugreifen. Sie versuchen, Sicherheitsmaßnahmen zu umgehen, indem sie gezielt den Menschen angreifen bzw. ausnutzen. Der Mensch ist ein lohnendes Angriffsziel, da er wertvolle Informationen besitzt oder Zugriff darauf hat (vgl. H. Lauer & Kuntze, 2022, S. 38). Als Social Engineering werden die meisten Angriffsformen bezeichnet, bei denen Menschen geschickt manipuliert werden. Phishing-Mails dienen beispielsweise dazu, Passwörter abzugreifen, oder Social Engineers geben sich als Technikpersonal aus, um Zugang zu einem Gebäude oder Raum zu erhalten.

Obwohl hier in der Rolle als „Opfer“ werden Mitarbeitende auch zur „Bedrohung“, wenn sie auf Angriffe und Manipulationsversuche falsch reagieren (vgl. Abschnitt 2.1). Wenn sie beispielsweise eine Phishing-Mail nicht an den Helpdesk melden, wenn sie eine unbekannte Person auf dem Firmengelände nicht ansprechen, wenn sie auf einen Link in einer Phishing-Mail klicken oder einen gefundenen USB-Stick mit ihrem Rechner verbinden. Häufig erkennen Menschen nicht, dass sie gerade Opfer eines Angriffs sind.

Dieses Kapitel erläutert das Phänomen Social Engineering näher und erklärt, warum Menschen so leicht Opfer von geschickter Manipulation werden. Prinzipien, Taktiken und Techniken des Social Engineerings werden vorgestellt. Der Social Engineering Attack Cycle zeigt den typischen Ablauf eines Social Engineering-Angriffs. Die Social Engineering-Ontologie dient dazu, Social Engineering-Angriffe systematisch zu beschreiben und zu analysieren.

Im Anschluss werden typische Formen von Social Engineering wie (Spear) Phishing, CEO Fraud, Impersonating und Watering Hole Attacks anhand von Beispielen erläutert. Social Engineers sind Meister der Manipulation und nutzen geschickt psychologische Prinzipien aus, um ihre Opfer auszutricksen, sodass sie im Sinne der Social Engineers handeln. Diese Tricks werden am Ende des Kapitels erklärt.

3.1 Die Kunst des No-Tech-Hackings

„Cracking the human firewall is often easy, requires no investment beyond the cost of a phone call, and involves minimal risk.“

(Mitnick & Simon, 2002, S. 13)

Social Engineering ist eine ernst zu nehmende Bedrohung für die Informationssicherheit. Diese raffinierte Angriffsmethode ist eine Kunst, die gezielt menschliche Schwächen und soziale Manipulation nutzt, um Zugang zu sensiblen Informationen oder Systemen zu erlangen. Die IT-Infrastruktur kann durch teure Maßnahmen noch so sicher sein, gegen neugierige Blicke und gezielte Angriffe auf den Menschen helfen diese Maßnahmen nicht.

Dieser Abschnitt erläutert das Phänomen Social Engineering näher. Um Social Engineering erfolgreich zu erkennen und abzuwehren, ist es wichtig, zu verstehen, wie Social Engineering funktioniert. Mit dem Social Engineering Attack Cycle wird der typische Ablauf eines Social Engineering-Angriffs in vier Phasen erläutert. Die erste und wichtigste Phase ist das Information Gathering, in welcher Social Engineers ihre Opfer ausspionieren. Wie Social Engineers dabei vorgehen und welche geschickten Techniken (z. B. Dumpster Diving, Tailgating) sie dabei einsetzen, zeigt die Social Engineering-Ontologie.

3.1.1 Social Engineering

Social Engineering kann verschiedene Formen annehmen. Eine Verkäuferin, die ihren Kunden überredet, einen Anzug zu kaufen, der weit über seinem Budget liegt. Ein Polizeibeamter, der die Wahrheit herausfindet, obwohl der Kriminelle nicht die Absicht hatte, diese preiszugeben. Eine Anwältin, welche die Richterin dazu bringt, eine Entscheidung zugunsten ihres Mandanten zu treffen. Oder einfach ein Kind, das seine Eltern dazu überredet, am Abend eine weitere Folge seiner Lieblingsserie schauen zu dürfen.

In all diesen Beispielen überzeugt – oder manipuliert – Person A die Person B, etwas zugunsten von Person A zu tun. Oft merkt Person B nicht einmal, dass sie etwas getan hat, was sie eigentlich nicht beabsichtigt hatte. Person A ist in der Regel darin geschult, Menschen zu überreden, und es ist Teil ihrer Arbeit. Manchmal – zum Beispiel bei Kindern – ist es einfach ein ganz natürliches Verhalten oder sogar ein besonderes Talent.

Social Engineering beschreibt die gezielte Manipulation von Menschen. Menschen sollen so beeinflusst werden, dass sie im Sinne der Social Engineers und nicht notwendigerweise in ihrem eigenen Interesse handeln (Hadnagy & Wilson, 2011). In den oben genannten Fällen handelt es sich um typische und legale Formen der Interaktion zwischen Menschen. Social Engineering kann sogar zum Wohle der Manipulierten eingesetzt werden. Beispielsweise, wenn die Ärztin ihren Patienten davon überzeugt, regelmäßig seine Medikamente zu nehmen. Oder wenn der Vater seine Tochter dazu bringt, jeden Tag ihre Hausaufgaben zu machen.

Im Zusammenhang mit Informationssicherheit wird Social Engineering meist in seiner bösartigen und illegalen Form eingesetzt. Das sogenannte Human Hacking ist die am meisten verwendete Angriffstechnik auf den Menschen. Die Konsequenzen eines solchen erfolgreichen Social Engineering-Angriffs sind schlimmer als der Kauf eines zu teuren Anzugs oder eine extra Stunde Fernsehen.

> *„Social Engineering uses influence and persuasion to deceive people by convincing them that the social engineer is someone he is not, or by manipulation. As a result, the social engineer is able to take advantage of people to obtain information with or without the use of technology."*
>
> (Mitnick & Simon, 2002, S. 2).

Manipulierte USB-Sticks oder Phishing-E-Mails sind typische Formen von Social Engineering. Ein gefundener USB-Stick soll bei den Findenden Neugier und Hilfsbereitschaft wecken. Sie verbinden den USB-Stick mit ihren Rechnern, um zu schauen, was sich darauf befindet – schon installiert sich eine Schadsoftware. Eine Phishing-E-Mail will die Adressierten dazu verleiten, ihre Log-in-Daten oder Kreditkartennummern auf einer Webseite der Angreifenden einzugeben. Beides sind Handlungen, die definitiv gegen die Interessen der Opfer verstoßen.

Aber auch gezielte Informationsbeschaffung zur Vorbereitung eines Angriffs ist Teil von Social Engineering. Schon scheinbar harmlose Fragen, eine gezielte Informationsrecherche über Organisationsstrukturen und Ansprechpersonen auf sozialen Netzwerken oder achtlos weggeworfene Dokumente helfen den Social Engineers, ihrem Ziel näher zu kommen.

Beim Social Engineering geben Angreifende häufig vor, jemand anders zu sein (sogenanntes Pretexting): die Chefin auf Dienstreise, der hilfsbereite IT-Administrator, ein interessierter Forschungspartner oder die Hilfe suchende Praktikantin. Die Angreifenden nehmen per E-Mail oder telefonisch Kontakt mit ihren Opfern auf und erzählen eine erfundene Geschichte. So braucht der angebliche IT-Admin ein Passwort oder einen Zugang zum PC, die erfundene Praktikantin ganz schnell einen Ausdruck oder die vermeintliche Chefin sofort eine Überweisung auf ein ausländisches Konto, um eine geheime geschäftliche Transaktion durchzuführen.

Die Social Engineers nutzen die auf diese Weise erlangten Informationen oder die unachtsamen Handlungen des Opfers in ihrem eigentlichen Angriff und erreichen so ihr beabsichtigtes Ziel. Sie erhalten beispielsweise Zugang zu vertraulichen Informationen oder stehlen Geld.

Human Hackers kennen sich gut mit Psychologie aus. Sie verstehen, wie Menschen „funktionieren", und sind in der Lage, sie zu ihren Gunsten zu beeinflussen. Beispielsweise vertrauen Menschen Autoritätspersonen fast blind und stellen deren Entscheidungen nicht unbedingt infrage. Social Engineers nutzen diese für Menschen typische angeborene oder antrainierte Verhaltensweisen gezielt zu ihrem Vorteil aus.

3.1.2 Social Engineering Attack Cycle

Ein wichtiger Schritt im Erkennen und Verhindern von Social Engineering-Angriffen ist, zu verstehen, wie Social Engineers arbeiten, wie sie ihre Angriffe vorbereiten und wie sie sie ausführen. Der Attack Cycle beschreibt das typische Muster eines Social Engineering-Angriffs (Allen, 2006; Mouton et al., 2016; Nyriak, o. D.). Der Angriffszyklus besteht aus vier Phasen. Ein typischer Social Engineering-Angriff zeigt alle vier Phasen in der genannten Reihenfolge (vgl. Bild 3.1). Er beginnt mit *Information Gathering*, gefolgt von *Establish Relationships and Rapport*, dann folgen *Exploitation* und schließlich *Execution*.

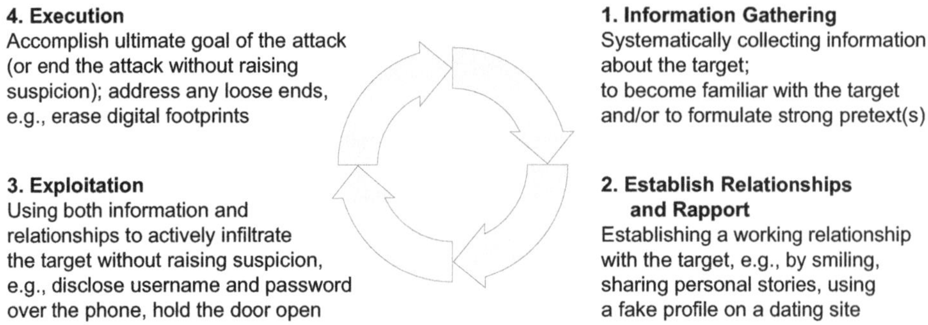

Bild 3.1 Die vier Phasen des Social Engineering Attack Cycle (in Anlehnung an Nyriak, o. D.)

Das „Sammeln von Informationen" über das potenzielle Opfer und seine Umgebung ist wahrscheinlich die wichtigste Phase von Social Engineering. Je mehr die Human Hacker über ihre Opfer wissen, desto besser können sie ihren Angriff planen und durchführen. Für das Sammeln von Informationen nutzen Social Engineers zunächst meist öffentlich verfügbare Informationen. Daher wird es auch als Open Source Intelligence, kurz **OSINT**, bezeichnet.

Social Engineers sammeln Informationen sowohl über das Unternehmen, welches sie angreifen wollen, als auch über die darin arbeitenden Personen. Relevante Informationen über Personen könnten sein (Hadnagy & Wozniak, 2018, S. 19):

- Welche Social-Media-Konten nutzt die Person?
- Welche Position hat die Person im Unternehmen?
- Arbeitet die Person von zu Hause aus, und wem ist sie unterstellt?
- Was und wo hat die Person studiert?
- Welche Hobbys hat sie, und wohin fährt sie in den Urlaub?
- Was sind die Lieblingsrestaurants der Person?
- Wie lauten die Namen der Familienmitglieder?

Die Informationen, die sie sammeln, betreffen auch das Unternehmen selbst. Zum Beispiel:

- Wie nutzt das Unternehmen das Internet und soziale Medien?
- Mit welchen Partnern und Dienstleistern arbeitet das Unternehmen zusammen?
- Wie nimmt das Unternehmen Zahlungen entgegen und bezahlt Rechnungen?
- Wo befinden sich der Hauptsitz, Callcenter oder andere Niederlassungen?
- Erlaubt das Unternehmen das Mitbringen eigener Geräte (BYOD)?
- Ist ein Organigramm verfügbar?
- Welche IT-Systeme nutzt das Unternehmen?

Als Quellen für die Informationssuche können zahlreiche Webseiten, Social-Media-Plattformen und Internettools verwendet werden[1]. Zudem nutzen Social Engineers nichttechnische Mittel, indem sie das Unternehmen, deren Partnerunternehmen oder Mitarbeitenden beobachten, auskundschaften, überwachen oder belauschen (ein sehr sehenswertes Video dazu (Long, 2007)).

Typische Mittel sind Shoulder Surfing, Dumpster Diving und Eavesdropping. **Shoulder Surfing** bedeutet, einer Person über die Schulter oder auf den Bildschirm bzw. die Tastatur zu schauen, während sie etwas in ihren Computer oder ihr Smartphone eingibt, mit dem Ziel, z. B. Log-in-Daten oder andere sensible Informationen abzulesen. Diese Technik funktioniert besonders gut in vollen und beengten Räumen oder öffentlichen Plätzen, wo die beobachtende Person ihrer Zielperson unbeobachtet oder unauffällig ganz nahekommen kann, z. B. im Zug, Flugzeug oder Café. Unter **Dumpster Diving** versteht man das Herumwühlen im Müll. Social Engineers versuchen so über mehr oder weniger öffentlich aufgestellte Müllcontainer an unachtsam und unsachgemäß entsorgte Informationen oder Datenträger des Unternehmens zu kommen, beispielsweise an alte Rechnungen. So eine alte Rechnung liefert unglaublich viele wertvolle Informationen: Mit wem macht das Unternehmen Geschäfte; wie sehen Briefkopf, Logo und Fußbereich einer Rechnung aus; welche Kontoverbindungen werden genutzt; wer arbeitet in der Buchhaltung; wie sehen typische Zahlungsziele aus usw. **Eavesdropping** bedeutet nichts anderes, als Personen zu belauschen, z. B. bei öffentlich geführten Gesprächen, Telefonaten oder Videokonferenzen. Auch durch geöffnete Fenster hindurch können sensible Informationen aus Gesprächen herausgehört werden. Sind Videokonferenzsysteme nicht richtig konfiguriert, kann sich jede Person, welche den richtigen Link hat, unbemerkt einklinken. Je nach Größe oder Anonymität der Veranstaltung werden ungewünschte Zuhörende nicht auffallen.

Ausgestattet mit den gesammelten Informationen bereiten die Social Engineers in der Regel einen sogenannten **Pretext** (deutsch in etwa „Vorwand“) vor. Das sind eine gefälschte Person und Geschichte, die sie benutzen, um ihre Ziele zu erreichen; sei es die nette IT-Admin, der hilflose Praktikant, der verzweifelte Inspektor, die drängelnde Chefin oder die geistesabwesende Putzkraft. Je besser die gesammelten Informationen, desto besser passt der Pretext. Wenn er authentisch und plausibel ist, wird das Opfer wahrscheinlich darauf hereinfallen.

Annika, die sich über die verfrühte Einladung zur Faschingsparty freut, ist seit Jahren sehr fleißig auf Social Media unterwegs und postet Fotos von Partys, ihren Outfits und auch von ihren Fußballerfolgen im Verein. Ab und zu freut sie sich auch mit ihren Kolleg:innen über deren berufliche Erfolge. Für Pascal reichen diese Informationen schon aus, um eine passende Phishing-Mail zu generieren. Er hat Annikas Namen und den des Unternehmens, für das sie arbeitet. Somit kann Pascal ihre E-Mail-Adresse erraten oder auf der Webseite des Unternehmens recherchieren. Er weiß, dass Annika Fußball spielt und bei welchem Verein. Auf dessen Homepage wiederum finden sich bereits die Infos zur bevorstehenden Faschingsparty, die Kontaktdaten des Vereins und auch ein entsprechendes Logo. Und dass Annika immer auf den Faschingspartys unterwegs ist, ist für Pascal ebenfalls offensichtlich.

[1] Für eine ausführliche Beschreibung mit zahlreichen Beispielen sei auf (Hadnagy & Wozniak, 2018, S. 32 ff.) verwiesen.

In der nächsten Phase „Aufbauen einer Beziehung“ versuchen die Social Engineers, getarnt mit ihrem Vorwand eine Verbindung zu ihrem Opfer herzustellen. Das kann bereits durch ein freundliches Lächeln und durch Augenkontakt passieren, wenn der Human Hacker zur Tür eilt, damit die Zielperson ihm die Tür offenhält. Eine persönliche Beziehung kann auch am Telefon aufgebaut werden, wenn über angeblich gemeinsame Hobbys, das letzte Urlaubsziel oder vermeintliche Bekanntschaften gesprochen wird. Oder die Empfangsdame in der Lobby wird in ein Gespräch über die Familie verwickelt, welches durch das Zeigen von Fotos oder nette Anekdoten untermauert wird. Es kann auch so weit gehen, dass eine Online-Beziehung mit der Zielperson über ein gefälschtes Profil auf einer Datingseite oder Social-Media-Plattform aufgebaut wird. An diesen Beispielen sieht man, wie wichtig es ist, möglichst viele nützliche Informationen über das Opfer gesammelt zu haben. Je mehr man über das Opfer weiß, umso eher gelingt es, eine Beziehung über angebliche Gemeinsamkeiten aufzubauen oder indem man bestimmte Anreize setzt, wie Hilfsbereitschaft, Neugier oder Anerkennung (vgl. Haucke et al., 2018). Mehr zu den beim Social Engineering eingesetzten psychologischen Prinzipien zeigt Abschnitt 3.3. Idealerweise ist die Verbindung so stark, dass das Opfer den Social Engineers vertraut.

Die von Pascal erstellte Phishing-Mail ist auf Basis der gesammelten Informationen so gestaltet, dass sie auf den ersten Blick legitim aussieht. Mit der vermeintlich richtigen Absendeadresse des Vereins, persönlicher Anrede, den richtigen Informationen zur Faschingsparty und einem passenden Footer mit Adresse und Logo baut die E-Mail Vertrauen auf. Zudem baut die Mail Druck auf Annika auf, schnell auf den Link zu klicken und sich anzumelden, weil die Karten immer begrenzt und schnell ausverkauft sind.

In der dritten Phase „Ausnutzung“ wird die zum Opfer aufgebaute Beziehung zum Vorteil der Social Engineers ausgenutzt. Ziel ist es, das Opfer zu manipulieren und Sicherheitsmechanismen zu unterwandern, ohne dass es bemerkt wird. Die Ausbeutung kann auf unterschiedliche Weise erfolgen, Beispiele sind (Nyriak, o. D.):

- die Social Engineers anderen Mitarbeitenden im Unternehmen (als vertrauenswürdige Person) vorstellen
- Passwort und Log-in über das Telefon verraten
- einen manipulierten USB-Sticks in einen Firmencomputer einstecken
- Geschäftsgeheimnisse in einer Diskussion mit einer vermeintlichen „Kollegin“ offenlegen
- einen infizierten E-Mail-Anhangs öffnen
- Zugang zu einem abgeschlossenen Bereich gewähren

Für Annika sieht die Mail wie die Einladung zur diesjährigen Faschingsparty im Vereinsheim aus. Sie klickt auf den darin enthaltenen Link, um sich anzumelden.

In der letzten Phase „Ausführung“ erreichen die Social Engineers das eigentliche Ziel ihres Angriffs. Wenn Social Engineers erfolgreich sind, haben sie möglicherweise Zugang zum gesamten Unternehmensnetzwerk, zu allen Datenbanken mit allen Kundendaten oder zu vertraulichen Informationen über das geistige Eigentum des Unternehmens. Sie wissen über die noch geheime Marketingkampagne oder die Pläne für die zukünftige Entwicklung des Unternehmens Bescheid und können diese Informationen an die Konkurrenz verkaufen.

Oder sie spionieren die Firma über Webcams aus. Sie können Daten verschlüsseln, sodass niemand mehr darauf zugreifen kann, und Lösegeld fürs Entschlüsseln verlangen. Sie sind in der Lage, Daten und Systeme zu manipulieren, z. B. die Zusammensetzung von Medikamenten, Produktions- oder Versandpläne, Finanztransaktionen, die Temperatur im Lager, die Webseite des Unternehmens oder den Webshop.

Durch den Klick auf den Link und den Besuch der gefälschten Webseite wird Pascals Code ausgelöst. Annikas Computer wird mit einer bösartigen Datei infiziert und verbindet sich mit dem System von Pascal. Sobald Annikas Computer verbunden ist, versucht Pascal, Informationen zu stehlen oder eine Ausweitung der Berechtigungen (Privilege Escalation) vorzunehmen. Ist er damit erfolgreich, kann Pascal Daten stehlen, in vertrauliche Bereiche vordringen oder Schlimmeres. Seine Social Engineering-Attacke war erfolgreich.

Häufig endet die Attacke, bevor das Opfer anfängt, sich Fragen darüber zu stellen, was eigentlich gerade passiert. Stattdessen schaffen es geschickte Social Engineers, ihre Opfer mit einem guten Gefühl zurückzulassen, z. B. weil das Opfer jemandem geholfen, eine (noch geheime) Neuigkeit erfahren oder einen neuen Freund gewonnen hat. Idealerweise wissen die Opfer somit gar nicht, dass sie ausgenutzt wurden und zu einem erfolgreichen Angriff beigetragen haben. Die oder der Social Engineer bleibt im Verborgenen und kann die zum Opfer etablierte Beziehung gegebenenfalls sogar erneut ausnutzen.

3.1.3 Social Engineering-Ontologie

Der typische Ablauf eines Social Engineering-Angriffs erfolgt in vier Phasen. Welche Arten von Angriffen es gibt, welche Methoden und Techniken Social Engineers dabei einsetzen und welche Motive sie verfolgen, beschreibt eine Ontologie für Social Engineering. Das von Mouton et al. (2014) vorgeschlagene ontologische Modell ermöglicht die systematische Beschreibung und Analyse von Social Engineering-Angriffen. Ein erweitertes und detaillierteres ontologisches Modell findet sich in (Wang et al., 2021).

Gemäß Mouton et al. (2014) besteht ein Social Engineering-Angriff aus folgenden Komponenten: „A Social Engineering attack employs either direct communication or indirect communication, and has a social engineer, a target, a medium, a goal, one or more compliance principles and one or more techniques." (Vgl. Bild 3.2) Einige der Komponenten sind selbsterklärend, z. B. dass es sich beim Ziel oder Opfer um ein Individuum oder um eine Organisation handeln kann. Daher soll im Folgenden nur kurz auf einige Komponenten der Ontologie eingegangen werden. Beispiele für die Anwendung der Ontologie auf konkrete Angriffe finden sich in Abschnitt 3.2. Die „Compliance Principles" werden ausführlich in Abschnitt 3.3 dargestellt.

Von direkter Kommunikation spricht man, wenn angreifende Person und Opfer direkt miteinander kommunizieren. Direkte Kommunikation kann entweder bidirektional (z. B. per E-Mail, im Gespräch, per Telefon) oder unidirektional erfolgen. Einseitige Kommunikation erfolgt meist von der angreifenden Person zum Opfer, z. B. beim Phishing. Indirekte Kommunikation erfolgt über ein Medium, z. B. einen USB-Stick oder eine Webseite, ohne direkte Interaktion zwischen den Beteiligten.

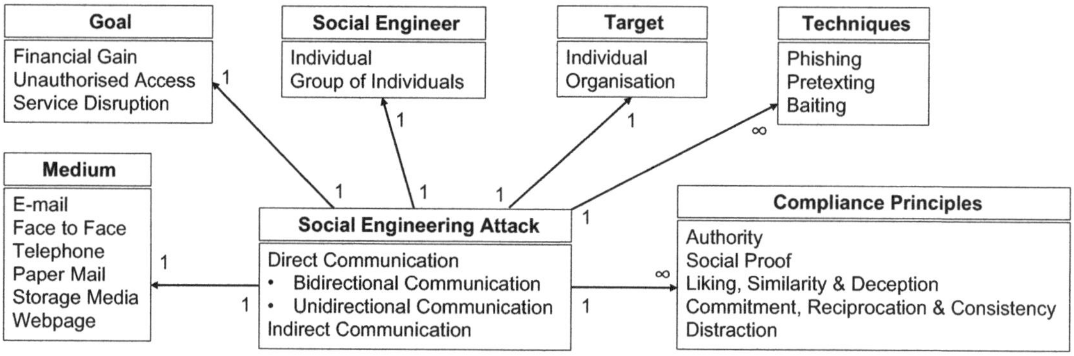

Bild 3.2 Ontologisches Modell eines Social Engineering-Angriffs (in Anlehnung an Mouton et al., 2014)

Die Liste der Techniken, welche Social Engineers nutzen, ist nahezu endlos und wird stetig erweitert. Die Techniken kommen in den verschiedenen Phasen eines Angriffs vor und werden auch miteinander kombiniert. Beim **Impersonating** (auf Deutsch etwa „jemanden imitieren oder nachahmen") täuscht die angreifende Person vor, jemand anderes zu sein (s. Hadnagy & Wozniak, 2018, S. 241 ff.). Bei physischen Interaktionen, z. B. mit dem Ziel, in einen abgesperrten Bereich vorzudringen, sind Verkleidungen als Technikpersonal, IT-Dienstleister, Support für Verkaufsautomaten, Polizei oder Lieferdienst üblich. Impersonating wird in allen Formen des Phishings eingesetzt, weil die absendende Person immer vorgibt, eine andere Person (Chefin, Kollege, Freundin, nigerianischer Prinz ...) oder Institution (Bank, Kunde, Verein ...) zu sein. Diese Technik ist eng mit Pretexting verbunden.

Beim **Tailgating** oder **Piggybacking** (deutsch in etwa „sich an jemanden dranhängen") lässt eine berechtigte Person die nicht autorisierte Person in einen nicht öffentlich zugänglichen Bereich hinein. Das Opfer hält z. B. einem sehr freundlich lächelnden vermeintlichen Kollegen aus Höflichkeit die Tür zum Bürogebäude offen. Vor allem in größeren Organisationen kennen sich nicht alle untereinander, und wenn das Erscheinungsbild des Social Engineers passend ist (auch hier wieder Impersonating), besteht eine große Wahrscheinlichkeit, dass diese Technik funktioniert.

Die Technik **Baiting** (deutsch „ködern") wird beim Trick mit dem USB-Stick eingesetzt. Die angreifende Person hinterlässt einen manipulierten USB-Stick an einem Ort, an dem er von den Opfern wahrscheinlich gefunden wird, z. B. auf dem Parkplatz. Der USB-Stick ist mit dem Logo des Zielunternehmens oder anderen attraktiven Elementen versehen, um die Opfer dazu zu verleiten, den Stick mitzunehmen und in den Computer zu stecken. Nach dem Einstecken wird der bösartige Code automatisch ausgeführt. Andere typische Techniken wie Shoulder Surfing, Dumpster Diving und Pretexting wurden bereits erläutert. In Abschnitt 3.2 wird auf weitere Social Engineering-Techniken eingegangen, wie z. B. Phishing.

Das Modell von (Wang et al., 2021) unterscheidet präziser zwischen dem Ziel des Angriffs und der Motivation der Social Engineers (vgl. Bild 3.3). Mögliche Ziele eines Angriffs sind: Unterbrechung von IT-Dienstleistungen, Denial of Service, unerlaubter Zugriff auf Daten oder Systeme oder das Zerstören von Daten. Die dahinter liegenden Motive der Social Engineers können zahlreich sein: z. B. finanzielle oder Wettbewerbsvorteile erlangen, der Spaß an der intellektuellen Herausforderung, jemandem einen Streich spielen, Rache, externer Druck (z. B. durch Familienmitglieder oder das organisierte Verbrechen), politische oder religiöse

Hintergründe (Terrorismus, Fanatismus, Krieg, Spionage ...) oder das Image des Opfers beschädigen. Die Social Engineers können auch im eigenen Interesse handeln, um eigene Daten oder die von Bekannten zu ändern (vgl. Allen, 2006). Beispielsweise könnten Studierende versuchen, auf diesem Wege ihre Noten zu verbessern. Einige dieser Motive werden im Zusammenhang mit Insider Threats näher erläutert (vgl. Abschnitt 2.2.3).

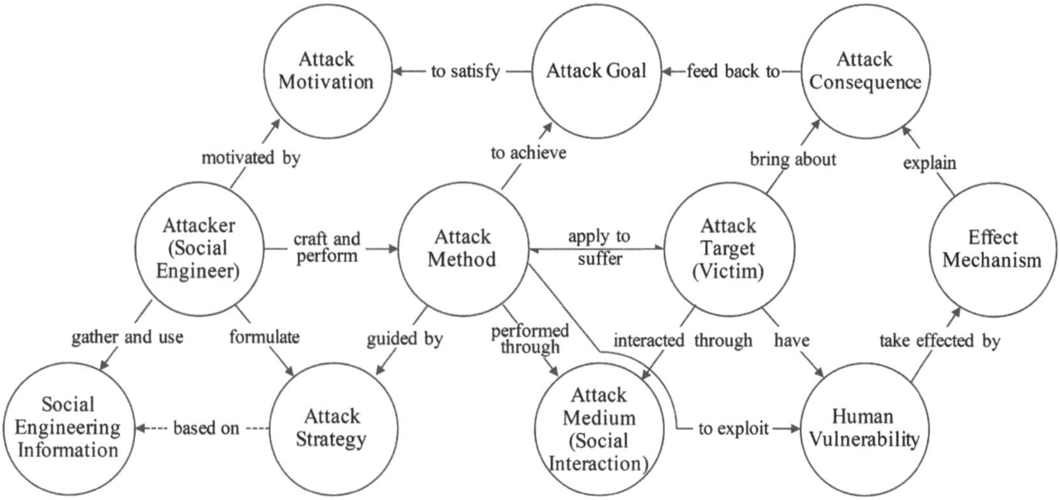

Bild 3.3 Die Social Engineering-Domänen-Ontologie (Wang et al., 2021, S. 11)

3.2 Die Methoden der Social Engineers

Social Engineers nutzen zahlreiche Instrumente, Techniken und Methoden in den verschiedenen Phasen ihrer Angriffe. Phishing, also das „Angeln" nach sensiblen Informationen wie Passwörtern, ist die Technik, die beim Social Engineering am häufigsten eingesetzt wird. Phishing gibt es in verschiedenen Formen – neben dem klassischen E-Mail-Phishing auch per Telefon oder SMS – und in verschiedenen Schwierigkeitsstufen. Zahlreiche weitere Angriffsszenarien und Methoden wie Pretexting, Reverse Social Engineering und Watering Hole Attacks, können dem Social Engineering zugeordnet werden. Diese und weitere Instrumente sollen im Folgenden vorgestellt werden.

3.2.1 Phishing

Die bekannteste und erfolgreichste Social Engineering-Technik ist Phishing. Phishing ist ein Versuch, unbefugten Zugang zu sensiblen Informationen zu erhalten. Oder die Phishing-Opfer sollen Handlungen durchführen, welche die Sicherheit ihrer Systeme gefährden, wie z. B. Dateien öffnen, um Schadsoftware zu installieren.

Ein gängiger Ansatz für Phishing-Angriffe ist das Versenden von E-Mails an mehr oder weniger zufällige E-Mail-Adressen. Die betrügerische E-Mail enthält einen Link zu einer gefälschten Webseite und einen Text, in dem die Opfer aufgefordert werden, dem Link zu folgen. Geben die Opfer ihre persönlichen Daten in das Formular auf der Webseite ein, haben die Angreifenden Zugriff auf die eingegebenen Informationen. Handelt es sich bei der gefälschten Webseite um eine exakte Kopie des Originals, wird die Person niemals vermuten, dass sie Opfer von Phishing geworden ist. Bei einer weiteren typischen Phishing-Variante enthält die E-Mail ein Dokument im Anhang, welches einen Schadcode enthält. Beim Öffnen des Dokuments installiert sich die Schadsoftware auf dem Rechner des Opfers. Es kann sich beispielsweise um einen Keylogger handeln, der alle auf dem Rechner eingegebenen Daten protokolliert und an die Angreifenden sendet.

Phishing-Nachrichten unterscheiden sich hinsichtlich ihrer Erkennbarkeit (vgl. Volkamer et al., 2020). Sehr einfach zu erkennende Phishing-Nachrichten enthalten meist einen eher kurzen Text mit Rechtschreib- und Grammatikfehlern und keine oder eine unpersönliche Anrede (vgl. Bild 3.4). Diese Nachrichten adressieren eine unbekannte Masse an Personen und werden in großer Anzahl verschickt. Schwer zu erkennende Nachrichten können inhaltlich, in ihrer Darstellung und aufgrund der Absendeadresse plausibel sein. Sehr schwer zu erkennende Phishing-Nachrichten werden von gehackten E-Mail-Konten aus verschickt und beziehen sich auf reale frühere Konversation, was sie fast ununterscheidbar von legitimen Nachrichten macht. Die letzten beiden Formen werden gezielt an eine kleine Anzahl von Personen geschickt.

[EXT] Angebotsanfrage

Timo Schrüfer <Zimmerei-Hoepfler@outlook.com> Montag, 26. Juni 2023 um 04:43
An: Weber, Kristin

Meine Damen und Herren

Wir haben ein neues Projekt vor uns und bauen derzeit 13 Reihenmittelhäuser. Wir bitten um Angebote fur einige Ihrer von Ihrem Unternehmen verkauften Artikel gemaß den Vorgaben der Auftragnehmer

Dies sollte einen uberblick uber die finanzielle Großenordnung sowie verschiedene Optionen einschließlich aller anderen Prozesse geben.

Ich fuge die Höhenplane, aktuelle Fotos und Zeichnungen bei.

Wir wurden uns freuen, uns spater im nachsten Monat zu einem personlichen Treffen zu treffen.

Mit freundlichen Grußen
Timo Schrüfer

Bild 3.4 Beispiel für einfache Phishing-Mail mit vielen Rechtschreibfehlern und falschem Kontext

Phishing-Nachrichten werden nicht nur klassisch per E-Mail, sondern auch über andere Kanäle verschickt, z. B. Social Media, Messenger-Dienste und SMS. Daneben gibt es Phishing auch per Telefon. Je nach Kanal und/oder verwendeter Strategie – eher breit angelegt oder eher gezielt – nimmt Phishing verschiedene Formen an, die im Folgenden kurz vorgestellt werden.

Spear Phishing & Whaling

Spear Phishing nimmt gezielt bestimmte Personen oder eine bestimmte Organisation ins Visier (vgl. das Beispiel im Kasten und in Abschnitt 3.1.2). Für die Vorbereitung eines solchen Angriffs ist intensives Information Gathering notwendig. Die Angreifenden nutzen in der Phishing-Nachricht dann die gefundenen Informationen, wie z. B. Anrede, Absendeadresse, Kontext, hierarchische Beziehungen, vermeintliche Insiderinformationen. Dadurch werden die Nachrichten deutlich glaubhafter und sind schwerer zu erkennen. Bild 3.5 zeigt eine Spear Phishing-Nachricht mit (fast) richtiger Anrede und mit der Einladung zu einer Cyber-Sicherheitskonferenz auch in passendem Kontext.

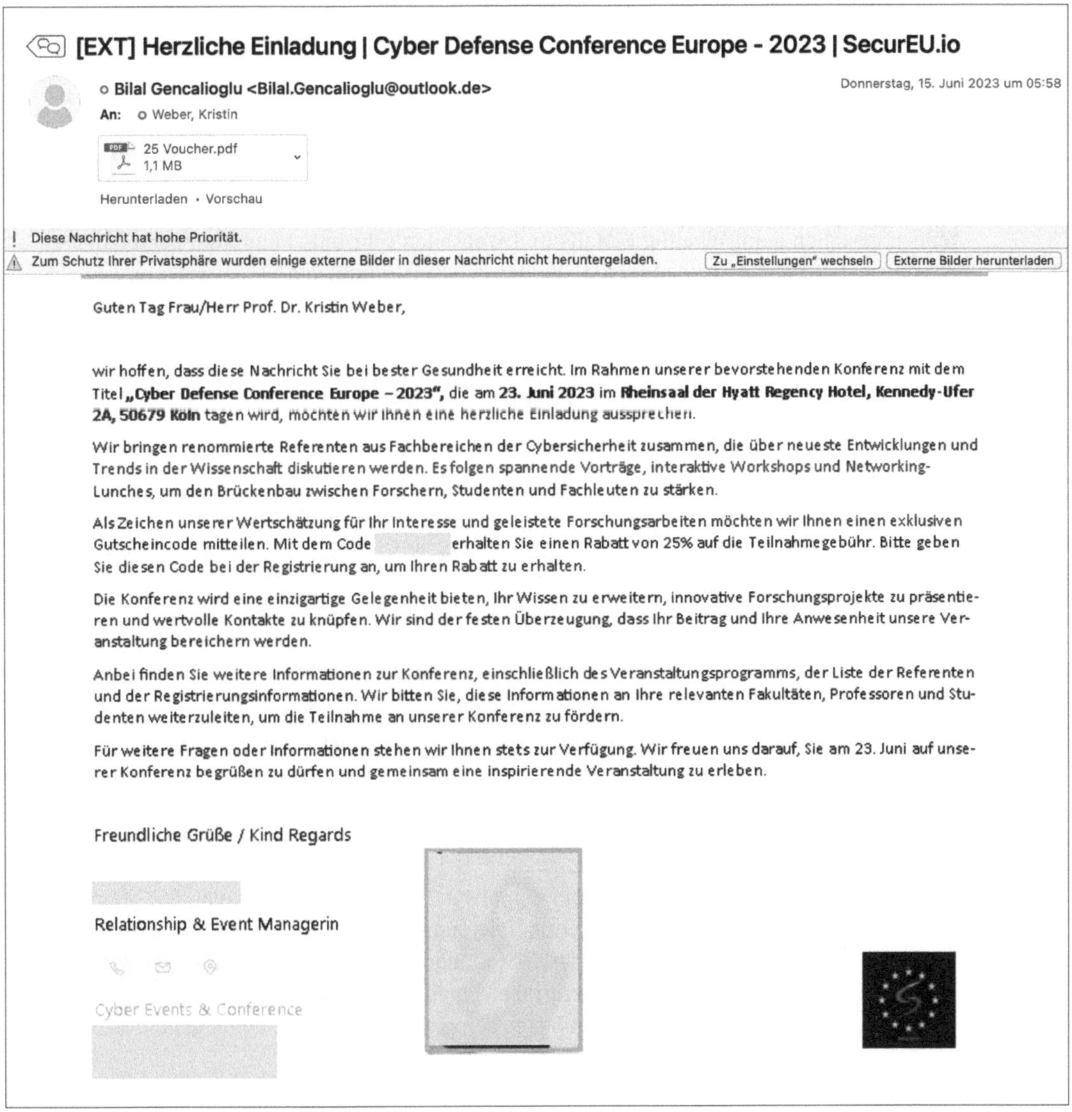

[EXT] Herzliche Einladung | Cyber Defense Conference Europe - 2023 | SecurEU.io

o Bilal Gencalioglu <Bilal.Gencalioglu@outlook.de> — Donnerstag, 15. Juni 2023 um 05:58

An: o Weber, Kristin

25 Voucher.pdf 1,1 MB

Herunterladen · Vorschau

! Diese Nachricht hat hohe Priorität.

Zum Schutz Ihrer Privatsphäre wurden einige externe Bilder in dieser Nachricht nicht heruntergeladen. Zu „Einstellungen" wechseln | Externe Bilder herunterladen

Guten Tag Frau/Herr Prof. Dr. Kristin Weber,

wir hoffen, dass diese Nachricht Sie bei bester Gesundheit erreicht. Im Rahmen unserer bevorstehenden Konferenz mit dem Titel **„Cyber Defense Conference Europe – 2023"**, die am **23. Juni 2023** im **Rheinsaal der Hyatt Regency Hotel, Kennedy-Ufer 2A, 50679 Köln** tagen wird, möchten wir Ihnen eine herzliche Einladung aussprechen.

Wir bringen renommierte Referenten aus Fachbereichen der Cybersicherheit zusammen, die über neueste Entwicklungen und Trends in der Wissenschaft diskutieren werden. Es folgen spannende Vorträge, interaktive Workshops und Networking-Lunches, um den Brückenbau zwischen Forschern, Studenten und Fachleuten zu stärken.

Als Zeichen unserer Wertschätzung für Ihr Interesse und geleistete Forschungsarbeiten möchten wir Ihnen einen exklusiven Gutscheincode mitteilen. Mit dem Code erhalten Sie einen Rabatt von 25% auf die Teilnahmegebühr. Bitte geben Sie diesen Code bei der Registrierung an, um Ihren Rabatt zu erhalten.

Die Konferenz wird eine einzigartige Gelegenheit bieten, Ihr Wissen zu erweitern, innovative Forschungsprojekte zu präsentieren und wertvolle Kontakte zu knüpfen. Wir sind der festen Überzeugung, dass Ihr Beitrag und Ihre Anwesenheit unsere Veranstaltung bereichern werden.

Anbei finden Sie weitere Informationen zur Konferenz, einschließlich des Veranstaltungsprogramms, der Liste der Referenten und der Registrierungsinformationen. Wir bitten Sie, diese Informationen an Ihre relevanten Fakultäten, Professoren und Studenten weiterzuleiten, um die Teilnahme an unserer Konferenz zu fördern.

Für weitere Fragen oder Informationen stehen wir Ihnen stets zur Verfügung. Wir freuen uns darauf, Sie am 23. Juni auf unserer Konferenz begrüßen zu dürfen und gemeinsam eine inspirierende Veranstaltung zu erleben.

Freundliche Grüße / Kind Regards

Relationship & Event Managerin

Cyber Events & Conference

Bild 3.5 Beispiel für eine Spear Phishing-E-Mail

Noch plausibler wird Spear Phishing, wenn die Angreifenden Zugang zu einem gehackten Konto innerhalb der Organisation haben und die Nachrichten als Antworten auf frühere legitime Nachrichten versenden. Bei der Mail in Bild 3.5 handelt es sich vermutlich sogar um eine Original-E-Mail, die hier allerdings als Bild in die Nachricht eingefügt wurde.

Spear Phishing-Beispiel

Der (entlassene) Angreifer findet über Texte, Bilder oder Videos in Social Media heraus, dass zwischen den Mitarbeitenden des Zielunternehmens ein gewisser Unmut herrscht. Er sendet über Social-Media-Plattformen Nachrichten oder E-Mails mit eingebettetem Schadcode an ausgewählte Ziele. Er behauptet, es handele sich um einen Hoax-Virus, der anonym an jemanden weitergeleitet werden kann, den man nicht mag. Dieses Vorgehen kann eine große Gruppe von Personen in der Zielorganisation gefährden. (Wang et al., 2021)

Ein Spear Phishing-Angriff, der speziell auf hochrangige Ziele einer Organisation wie leitende Angestellte, CEO oder CFO abzielt, wird **Whaling** genannt (von Whale-Phishing). Die Angreifenden gestalten beim Whaling E-Mails und Webseiten sehr individuell und personalisiert, indem sie den Namen der Zielperson, die Berufsbezeichnung, den Verantwortungsbereich, interne Telefonnummern, Logos, den E-Mail-Footer und andere richtige Informationen einbauen. Der Angriff ist in der Regel kontextabhängig, z. B. „... für die in Ihrem Terminkalender vorgesehene xxx-Geschäftsbesprechung müssen Sie sich anmelden und die Anmeldung mit der beigefügten Software bestätigen". (Wang et al., 2021)

CEO Fraud

Beim CEO Fraud (auch Business E-Mail Compromise/Fake-President-Betrug) erhalten gezielt ausgewählte Mitarbeitende aus der Finanzabteilung eine E-Mail. Vermeintlich stammt diese Mail von einer hochrangigen Führungsperson. Die Nachricht fordert sie dazu auf, einen hohen Geldbetrag auf ein (angebliches) Bankkonto des Unternehmens, das sich typischerweise im Ausland befindet, zu überweisen. Aufgrund vorheriger Informationsbeschaffung sieht die Nachricht tatsächlich aus, als stamme sie von der Geschäftsleitung. Wird die darin enthaltene Anweisung ausgeführt, ist das Geld weg.

Mittels CEO Fraud können auch geheime Informationen angefordert werden (vgl. Beispiel im Kasten).

CEO Fraud per SMS

Der Angreifer blockiert das Handysignal der Ziel-CEO und sendet eine SMS-Nachricht an ihre Assistenz, indem er die Telefonnummer der CEO fälscht: „Ich bin in einer Besprechung in einer anderen Stadt und kann nicht telefonieren. Verschlüsseln Sie die Organisationsstrukturtabelle und eine Vertragsdatei zu einem Zip mit dem Schlüssel *** und senden Sie es sofort an xxx@xxx.xxx! Sonst geht uns ein wichtiges Geschäft durch die Lappen." (Wang et al., 2021)

Smishing & Social Media Phishing & Vishing

Immer häufiger werden Kurznachrichten auf Mobilgeräten für Angriffe von Social Engineers genutzt. Die sogenannten Smishing-Nachrichten (kurz für SMS-Phishing) sollen die Empfangenden zum Aufrufen eines schädlichen Links bewegen. Die Nachrichten verwenden oft Köder wie beispielsweise eine Sendungsverfolgung für ein bestelltes Paket oder ein Sonderangebot (vgl. Bild 3.6).

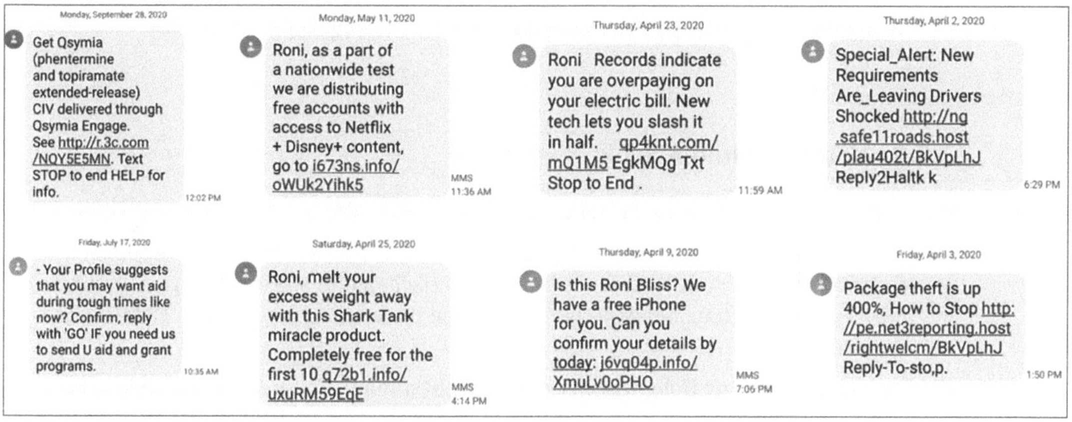

Bild 3.6 Beispiele für Smishing-Nachrichten (Crane, 2020)

Beim Öffnen der Links werden die Opfer aufgefordert, ein Sicherheitsupdate oder eine App herunterzuladen. In Wirklichkeit wird allerdings diverse Schadsoftware auf dem Smartphone installiert. Neben der Infektion des Geräts ist es häufig das Ziel des Angriffs, persönliche Daten zu stehlen. Hierfür werden die Opfer auf eine scheinbar legitime Internetseite weitergeleitet, auf der persönliche Angaben (z. B. Handynummer, Anschrift, Kontodaten) gemacht werden sollen.

Social-Media-Plattformen erleichtern Social Engineers die Arbeit erheblich. Viele User geben wissentlich oder unwissentlich persönliche Informationen auf Social Media weiter. Beim Social Media Phishing verwenden Angreifende Social-Media-Webseiten wie Facebook, Twitter und Instagram anstelle von E-Mails, um an persönliche Daten zu gelangen oder die User dazu zu bewegen, auf bösartige Links zu klicken (Chanti & Chithralekha, 2022, S. 454). Social Engineering in sozialen Medien kann auf folgende Weise erfolgen: durch verdächtige URLs oder Anhänge, über ein Bot-Konto, ein kompromittiertes Konto oder ein Spam-Konto.

Beim **Vishing** (von Phone Phishing) werden Social Engineering-Techniken eingesetzt, um per Telefon unbefugten Zugriff auf Daten zu erhalten (Chanti & Chithralekha, 2022, S. 454). Die Angreifenden nutzen Techniken wie Voice-over-IP, Spoofing der Anrufer-ID oder Interactive Voice Response, um das Opfer anzurufen. Die anrufende Person gibt sich als vertrauenswürdig aus, um persönliche Daten des Opfers zu erfragen, z. B. Kontonummern oder Log-in-Daten. Zwei Beispiele von Vishing finden sich im Kasten.

Die Angreiferin gibt sich als neue Mitarbeiterin aus und überzeugt die Zielperson davon, einer Bitte nachzukommen. Sie bittet z. B. den technischen Support (Paul), das Passwort ihres Kontos zurückzusetzen, damit sie eine sehr dringende Aufgabe erledigen kann, und bittet außerdem um einen VPN-Zugang von außen.

Die Angreiferin ruft einen Mitarbeiter des technischen Supports an, um ihm zu sagen, dass die CEO ihr erlaubt hat, einen VPN-Kanal für eine dringende virtuelle Projektpräsentation anzufordern, und erzählt ihm weiter, dass ein anderer Mitarbeiter (Paul) ihr früher bereits geholfen haben. (Wang et al., 2021)

3.2.2 Watering Hole Attack

Ein Watering Hole-Angriff ist ein einfacher, aber sehr erfolgreicher Social Engineering-Angriff. Der Name leitet sich vom Wasserloch ab, welches die Tiere der Savanne oder Wüste am Morgen aufsuchen, um Wasser zu trinken. Tierische Jäger warten dort gezielt auf die in großen Gruppen auftauchenden Tiere und haben unter ihren potenziellen Opfern quasi freie Auswahl.

Die Opfer eines Watering Hole-Angriffs sind meist bestimmte Gruppen mit ähnlichem Surfverhalten, wie Unternehmen, Branchen oder Regionen. Die Angreifenden ermitteln, welche Webseiten die Zielpersonen regelmäßig besuchen oder besuchen werden. Sie infizieren diese Webseiten dann mit bösartigem Code. Die Ziele werden kompromittiert, wenn sie die Webseite aufrufen, Software (Malware) herunterladen oder auf (bösartige) Links klicken.

Beispielsweise stellen die Angreifenden eine Software über eine Webseite zur Verfügung und geben vor, dass die Software das kostenlose Herunterladen und Anschauen von Pornobildern oder -videos ermöglicht (Wang et al., 2021). Sobald die Zielpersonen die Software installiert haben, ist ihr Computer kompromittiert.

Ein Hacker (oder eine Hacking-Organisation) namens **Harioboy** griff Hunderttausende von Privatrechnern an, indem er einen Watering Hole-Angriff durchführte (Zheng et al., 2019).

Harioboy stellte Anleitungsvideos auf Video-Webseiten (z. B. YouTube), die erklärten, wie man mit einem Hacker-Tool RC7 und Discord knackt. Das Tool, welches Schadcode enthielt, stellte er kostenlos zum Download bereit. Einige Gamer, Hacker und Cracker fanden die Videos und das Tool über Suchmaschinen. Sie luden das Tool herunter. Sobald das Hacker-Tool auf dem Computer des Opfers ausgeführt wurde, führte es den eingebetteten Schadcode von Harioboy aus und lud einen Trojaner herunter. Harioboy nutzte den Trojaner dann, um die Computer der Opfer zu überwachen, zu kontrollieren und sensible Daten wie Bankdaten, Spielkonten oder Bitcoins zu stehlen.

3.2.3 Impersonating/Pretexting

Social Engineers, die ihre Opfer vor Ort besuchen und mit ihnen direkt von Angesicht zu Angesicht interagieren, nutzen häufig die Technik Impersonating. Die angreifende Person gibt dabei vor, jemand anderes zu sein, und nutzt dazu eine passende Verkleidung. Beispielsweise gibt sich eine kriminelle Person als jemand aus, der die Identität des Opfers prüft. Unter dem Vorwand, sie benötige für die Überprüfung weitere persönliche Informationen, nennt das Opfer ihm diese (Bishnoi et al., 2023).

Allen (2006) zeigt zwei weitere typische Beispiele (vgl. auch Beispiel im Kasten):

- Der Angreifer gibt vor, ein Mitglied des Führungskreises mit einem wichtigen Termin zu sein. Er setzt die Mitarbeitenden im Helpdesk unter Druck, hilfreiche Informationen preiszugeben, wie z. B. die Art der verwendeten Fernzugriffssoftware, deren Konfigurationsmöglichkeiten, die zu wählenden Telefonnummern des Fernzugriffsservers und die Anmeldedaten für den Server. Mit diesen Informationen kann der Angreifer dann den Fernzugriff auf das Netz des Unternehmens einrichten. Er kann später anrufen, um zu erklären, dass er sein Passwort vergessen hat, und darum bitten, dass es zurückgesetzt wird.
- Die Angreiferin kann sich beispielsweise als IT-Administratorin ausgeben, die versucht, dem Benutzer bei einem Problem zu helfen. Dazu benötigt sie die Log-in-Daten inklusive Passwort des Benutzers, welches sie durch eine passende Geschichte und entsprechendes Auftreten eher erhält. Oder sie kann ihn überzeugen, eine als nützliches Tool getarnte Schadsoftware zu installieren.

Impersonating

Beispiel für die Anwendung der Social Engineering-Ontologie (vgl. Tabelle 3.1)

Der Social Engineer gibt vor, Teil der Organisation zu sein, kleidet sich entsprechend und schleicht sich dann hinter anderen Mitarbeitenden in das Gebäude. Im Gebäude versucht er, Zugang zu einem Computerterminal zu erhalten. Hat der Angreifer Zugang, installiert er eine Hintertür auf dem Computerterminal, über die er sich künftig von außen Zugang verschaffen kann. (Mouton et al., 2016, S. 190) ■

Tabelle 3.1 Merkmale des Social Engineering-Angriffs „Impersonating“

Communication Model and Medium	**Technik**
Bidirektional, von Angesicht zu Angesicht	Impersonating, Pretexting
Ziel/Opfer	
Das Ziel des Angriffs ist es, unbefugten Zugang zu einem Computerterminal innerhalb der Organisation zu erhalten.	
Social Engineer	
Einzelperson	
Compliance Principles	
Authority; Liking, Similarity & Deception; Commitment, Reciprocation & Consistency	

In der ersten Hype-Phase von Kryptowährungen (2017/2018) kam es zu einigen sehr erfolgreichen Social Engineering-Angriffen, die zu Verlusten in Millionenhöhe führten. So reagierten beispielsweise im November 2017 mehrere potenzielle Kaufenden des Red Pulse-Tokens auf über Twitter-Konten verbreitete Fake News und gaben ihre Zugangsdaten auf einer Phishing-Website ein. Die verlorenen Token hatten einen Wert von mehr als 3 Millionen US-Dollar. Für viele User war die Blockchain-Technologie noch neu und das Verständnis für ihre Funktionsweise und vor allem ihre Sicherheitsmechanismen gering (Krombholz et al., 2017). Die User wollten die Technologie ausprobieren oder wurden angelockt von schnellen und hohen Gewinnen. In (Weber et al., 2020) haben wir fünf dieser Angriffe auf Basis der Ontologie von (Mouton et al., 2014) analysiert. Ein Beispiel, in dem Pretexting verwendet wurde, findet sich im Kasten.

Falsche Twitter-Konten (Morse, 2018)

Twitter (heutiger Name „X") ist eine beliebte Social-Media-Plattform innerhalb der Kryptowährungs-Community, wenn es um die Bekanntgabe von Neuigkeiten und den Austausch von Ideen geht. Alle wichtigen Blockchain-Akteure haben ein Twitter-Konto. Anfang 2018 kopierten die Betrügenden das Konto des berühmten Unternehmers und Investors Elon Musk, indem sie „Elon Musk" als Anzeigename wählten und sein Profilbild verwendeten. Als Benutzungsnamen wählten sie „@elonlmusk", ähnlich dem eigentlichen Namen „@elonmusk". Die Betrügenden erlangten die Aufmerksamkeit der Twitter-Nutzenden, indem sie einen Beitrag des ursprünglichen Elon Musk kommentierten. In ihrem Kommentar gaben sie an, dass sie 5.000 ETH an Elons Follower verschenken. Um teilzunehmen, sollten die Follower 0,5 bis 1 ETH an seine Adresse schicken und würden 5 bis 10 ETH zurückbekommen. Die Betrügenden nutzten auch andere gefälschte Konten, um das Angebot scheinbar zu bestätigen. Sie kommentierten über die Konten, dass sie die angebotenen ETH erhalten hätten. Mehrere Follower überwiesen einen Teil ihrer ETH an die gefälschten Adressen. Die Betrügenden erhielten 172,57 ETH aus 282 verschiedenen Wallets. Diese Betrugsmasche wurde danach vielfach angewandt mit unberechenbaren Folgen.

Tabelle 3.2 beschreibt die Merkmale dieses Angriffs gemäß dem ontologischen Modell. ■

Tabelle 3.2 Merkmale des Social Engineering-Angriffs „Falsche Twitter-Konten"

Communication Model and Medium	**Technik**
Indirekte Kommunikation via Twitter	Pretexting
Ziel/Opfer	
User mit Interesse an Kryptowährungen, die einer Blockchain-Berühmtheit auf Twitter folgen	
Social Engineer	
unbekannt; jeder könnte ein gefälschtes Konto einrichten, um sich als prominente Person auszugeben, und den richtigen Moment abwarten, um einen Twitter-Beitrag zu kommentieren	
Compliance Principles	
Authority; Social Proof; Liking, Similarity & Deception; Commitment, Reciprocation & Consistency; Distraction	

3.2.4 Reverse Social Engineering

Beim Reverse Social Engineering wird das Opfer dazu verleitet, von sich aus Kontakt mit den Angreifenden aufzunehmen. Die Social Engineers bieten beispielsweise Unterstützung bei der Behebung eines Problems an, die das Opfer dankbar annimmt. Die Support-Funktion gibt den Social Engineers einen scheinbar legitimen Grund, dem Opfer alle möglichen Fragen zu stellen. Diese Art von Angriff ist besonders glaubhaft, weil das Opfer kaum Anlass hat, an der Legitimität der Angreifenden zu zweifeln, da es selbst den Kontakt gesucht hat (Bishnoi et al., 2023). Ebenfalls wird ein psychologischer Trick namens **Quidproquo** ausgenutzt (vgl. Abschnitt 3.3.5). Die Angreifenden bieten ihre Hilfe an, und die Opfer fühlen sich verpflichtet, eine Gegenleistung anzubieten. In diesem Fall sind es sensible Informationen (s. auch Beispiel im Kasten).

Ein typischer Reverse Social Engineering-Angriff läuft in drei Schritten ab (Allen, 2006), wobei die Reihenfolge der Schritte 1 und 2 abweichen kann. Zunächst bieten die Social Engineers ihre Hilfe an, falls es zu Problemen kommen sollte. Das tun sie z. B., indem sie ihre Visitenkarte beim Opfer hinterlassen oder ihre Kontaktdaten in der Fehlermeldung angeben. Dann verursachen sie absichtlich die bereits angekündigten Probleme, indem sie beispielsweise den Anschein erwecken, dass ein System beschädigt ist und nicht richtig funktioniert. Das Opfer entdeckt das Problem. Im letzten Schritt meldet sich das Opfer bei den Social Engineers, die dann bei der Behebung des vermeintlichen Problems helfen. Dabei installieren sie eine Schadsoftware auf dem Rechner des Opfers oder erfragen vertrauliche Informationen. Ein konkretes Beispiel beschreibt der folgende Kasten.

Beispiel für einen Reverse Social Engineering-Angriff

Die Angreiferin sendet eine E-Mail mit einer gefälschten Adresse vom IT-Support an einen neuen Mitarbeiter. Die E-Mail informiert ihn darüber, dass „in Kürze ein Netzwerktest durchgeführt wird und er sich bei einem Netzausfall bitte an xxx wenden soll“. Die Angreiferin verursacht nun eine Netzwerkstörung und wartet auf die Anfrage des neuen Mitarbeiters. Nachdem sie dem Opfer geholfen hat, das Problem zu beheben, entwickelt sich folgender Dialog:

„Würden Sie uns einen Gefallen tun, nur eine Minute, und eine Umfrage ausfüllen, die für die Entwicklung eines Schulungsprogramms zur Security Awareness für neue Mitarbeitende verwendet wird? Fast 80 % der Mitarbeitenden haben dies bereits getan.“

„Okay, mit Vergnügen.“

„Sind Sie eigentlich mit unseren E-Mail-Richtlinien vertraut? ... Es kann gefährlich sein, unaufgeforderte Anhänge zu öffnen ... Wir müssen Ihr Passwort wissen, um die Security Awareness neuer Mitarbeitender zu bewerten. Es ist eine Angelegenheit der Unternehmenssicherheit.“

„Okay, es ist ...“ (Wang et al., 2021) ■

Nach einem ähnlichen Prinzip funktioniert **Scareware**. Den Nutzenden wird beim Surfen im Internet suggeriert, dass ein Problem mit ihren Computern besteht, beispielsweise eine

Schadsoftware-Infektion oder eine Fehlfunktion des Betriebssystems. Oder es wird mit einem wichtigen Sicherheits-Update geworben. Vertrauen die Anwendenden diesen Meldungen, installieren sie die angebotene Software und infizieren dadurch selbst das System mit einer Schadsoftware.

3.3 Menschen manipulieren

„In general, it is difficult for people to recognize a lie. ... humans are predisposed to trust others."

(Bullée & Junger, 2019, S. 13)

Gute Social Engineers sind - ob es ihnen bewusst ist oder nicht - Spezialist:innen in Psychologie. Sie verstehen, wie Menschen „funktionieren", und sind in der Lage, sie zu ihren Gunsten zu beeinflussen.

Menschen zeigen typische Verhaltensweisen, die sich im Laufe der Evolution als vorteilhaft herausgebildet haben und die in der Vergangenheit das Überleben der Menschheit sicherten. Dazu gehört, dass Menschen Autoritätspersonen fast blind vertrauen und deren Entscheidungen nicht hinterfragen. Social Engineers nutzen diese antrainierten Verhaltensweisen gezielt aus. Die Opfer bemerken diese Manipulation meist nicht und haben während und nach der Manipulation auch kein schlechtes Gefühl dabei.

Der folgende Abschnitt beschreibt fünf typische „Compliance Principles" oder psychologische Tricks, die Social Engineers bei ihren Angriffen einsetzen. Zuvor wird noch kurz erklärt, warum diese Prinzipien so gut funktionieren.

3.3.1 Thinking, Fast and Slow

Cialdini (2007) erklärt am Anfang seines Buches „Influence", warum wir Menschen so leicht zu manipulieren sind, anhand eines Experiments (in sehr anschaulicher und humorvoller Form auch von Brushwood (2011) präsentiert). In dem Experiment wurde untersucht, wie hilfsbereit Personen sind, wenn sie um einen Gefallen gebeten werden. Wesentliches Ergebnis: Wenn die bittende Person einen Grund nennen kann, warum sie den Gefallen benötigt, lag die Hilfsbereitschaft bei fast 100 %. Erstaunlich war, dass es egal war, was für einen Grund die bittende Person nannte. Auch wenn dieser Grund völliger Nonsens war, wurde ihrer Bitte stattgegeben. Als Erklärung gab die Autorin des Experiments an, dass es nur auf das Wörtchen „weil" ankommt und nicht auf den konkret danach genannten Grund. Sie erklärt, dass „weil" eine Art Trigger ist, der ein vorbestimmtes Muster - hilfsbereites Verhalten - auslöst.

Von diesen Triggern, die bei Menschen ein bestimmtes Verhalten auslösen, gibt es einige. Sie haben sich im Laufe der Evolution gebildet, weil sie sich in unserer Historie als vorteilhaft erwiesen haben und z. B. das soziale Miteinander regeln und dadurch erleichtern. Auch heute noch reagieren wir in bestimmten Situationen ganz automatisch. Beispielsweise erwidern wir gerne Gefallen oder sind eben hilfsbereit. Diese Trigger sind also grundsätzlich etwas Gutes.

Social Engineers nutzen die typischen menschlichen Verhaltensmuster jedoch als Schwachstellen aus, neben dem Wunsch, zu helfen, auch die Tendenz, anderen Menschen zu vertrauen, und die Angst, in Schwierigkeiten zu geraten. In ihrer Studie, in der untersucht wurde, ob Personen USB-Sticks, die sie finden, wirklich in ihre Computer einstecken, fanden Tischer et al. (2016) heraus, dass mindestens 45 % der von ihnen „verlorenen" USB-Sticks tatsächlich benutzt worden waren. Die Opfer gaben zwei Gründe an: die altruistische Absicht, den USB-Stick der besitzenden Person zurückzugeben, und Neugierde.

Nobelpreisträger Kahnemann (2011) erklärt dieses automatische Verhalten damit, dass wir in zwei verschiedenen Systemen denken. System 1 arbeitet automatisch und schnell, weitgehend mühelos und ohne willentliche Steuerung („thinking fast"). System 2 lenkt die Aufmerksamkeit auf die anstrengenden mentalen Aktivitäten, die auf bewusstes Denken angewiesen sind, z. B. komplexe Berechnungen („thinking slow"). Der Großteil unseres Denkens findet in System 1 statt. Alles andere wäre zu anstrengend. Beispiele sind das Wahrnehmen von Größenunterschieden, einfache Berechnungen wie 1 + 1 oder das Lesen einer Werbebotschaft. In System 2 hingegen konzentrieren wir uns nicht nur, wir können auch bewusst (und frei) entscheiden.

Social Engineers versuchen, Menschen zu manipulieren, indem sie die bestimmten Trigger setzen und damit automatische Handlungen und Reaktionen auslösen. Sie verknüpfen ihre Botschaft mit fest verankerten menschlichen Beweggründen und nutzen damit das System 1 aus. Die Opfer können nicht willentlich entscheiden und denken nicht rational. Gegen Social Engineering-Angriffe hilft demnach bereits, zu wissen, dass es diese Trigger gibt, und deren gezielten Einsatz durch Social Engineers zu erkennen. Wird der Manipulationsversuch erkannt, wird System 2 eingeschaltet und hilft beim besonnenen Reagieren.

Im Folgenden sollen fünf dieser psychologischen Prinzipien näher vorgestellt werden: Autorität (Authority), Soziale Bewährtheit (Social Proof), Sympathie, Ähnlichkeit und Täuschung (Liking, Similarity & Deception), Verpflichtung, Gegenseitigkeit & Konsistenz (Commitment, Reciprocation & Consistency) sowie Ablenkung (Distraction). Die Auswahl der Prinzipien basiert auf (Cialdini, 2007; Ferreira et al., 2015; Stajano & Wilson, 2011; Weber et al., 2020).

3.3.2 Autorität

Das Prinzip Autorität ist einfach: Menschen folgen Anweisungen von Autoritäten und stellen diese nicht infrage. Als Autoritätspersonen gelten bestimmte Personengruppen wie z. B. Lehrer:innen, Eltern, Polizist:innen, Ärzt:innen, Richter:innen, prominente Persönlichkeiten oder Führungskräfte. Das Prinzip ist in allen hierarchischen Beziehungen sichtbar. Autorität kann bei Personen aber auch durch Titel, Kleidung (vor allem Uniformen) oder Statussymbole wie teure Autos und Uhren ausgedrückt werden. In Werbung für Gesundheitsprodukte werden beispielsweise gerne Doktor:innen oder Professor:innen gezeigt – mit Namensschildern, die sie als „Prof. Dr. XXX" benennen. Gewisse Institutionen werden auch als Autorität gesehen, wie Regierungsinstitutionen, Kirchen, Banken, Fernsehsender, aber auch bekannte Unternehmen wie Apple, Amazon etc. Bei Institutionen kann Autorität z. B. auch durch wichtig aussehende Logos oder Zertifikate hergestellt werden.

Autorität kann also leicht gefälscht werden, indem die Symbole für Autorität verwendet werden. In einem Experiment beobachteten Forschende das Verhalten von wartenden Personen an einer Ampelkreuzung (zitiert in Cialdini, 2007, S. 227). Sie ließen einen Mann mehrfach bei Rot die Ampel überqueren. In der Hälfte der Fälle trug er dabei normale Straßenkleidung (T-Shirt und Hose). Bei den anderen Fällen war er sehr ordentlich mit Anzug und Krawatte gekleidet. Wenn der Mann einen Anzug trug, liefen mehr als dreimal so viele Personen hinter ihm bei Rot über die Straße als in den Fällen, in denen er normal gekleidet war. Die gleiche Person wurde also durch den Anzug als Autorität wahrgenommen und ihr wurde gefolgt, obwohl sie eine Ordnungswidrigkeit beging.

Auch durch „Name Dropping“ kann Autorität hergestellt werden. Eine Person gibt vor, eine andere Autoritätsperson (z. B. eine prominente Person) gut zu kennen, und wird dadurch selbst auch als Autorität wahrgenommen. Damit das Prinzip Autorität funktioniert, reicht es, dass die Opfer glauben, dass es sich bei der anfragenden Person oder Institution um eine Autorität handelt.

Im Social Engineering wird dieses Prinzip auf verschiedene Arten ausgenutzt (vgl. Tabelle 3.3). Ganz deutlich ist es beim CEO Fraud. Die Angestellten in der Finanzabteilung bekommen vermeintlich von einem hochrangigen Mitglied des Führungskreises (= Autorität) eine E-Mail und sollen eine hohe Summe Geld überweisen. Das Prinzip besagt, dass sie die Anweisung nicht hinterfragen, sondern das Geld überweisen. Eine Anfrage von ganz oben hat mehr Aussicht auf Erfolg, weshalb sich Social Engineers als Pretext gerne eine Führungskraft aussuchen. Informationsanfragen, die von oben und nicht von unten kommen, erregen weniger Aufsehen.

Tabelle 3.3 Zusammenfassung des Prinzips „Autorität“

Prinzip	Menschen sind darauf trainiert, Autoritäten nicht zu hinterfragen. In der Regel folgen sie den Aufforderungen oder Befehlen von jemandem, den sie für eine Autorität halten.
Techniken/Instrumente	Titel, Logos, Namedropping, Kleidung (Uniformen), Statussymbole
Anwendung	CEO Fraud, (Spear) Phishing, Pretext/Impersonating, Vishing

Auch Phishing-E-Mails, in denen die Adressierten von ihrer Bank aufgefordert werden, zur Legitimationsprüfung auf einer Webseite ihre Log-in-Daten einzugeben, nutzen dieses Prinzip (vgl. Bild 3.7). In Phishing-Mails ist Autorität das am meisten genutzte Prinzip von allen (Ferreira et al., 2015). Hierin wird Autorität auch häufig durch die Art und Weise der Ansprache der Opfer hergestellt, indem die Imperativform in Aufforderungen oder Befehlen verwendet wird.

Bei Anwendung des Autoritätsprinzips ist es weniger wahrscheinlich, dass die Opfer die Gültigkeit einer Anfrage (oder eines Angebots) infrage stellen. Einen starken Effekt zeigte das Autoritätsprinzip bei dem Beispiel mit den gefälschten Twitter-Konten (vgl. Abschnitt 3.2.3). Die Kriminellen kopierten den Online-Auftritt und den Namen des Prominenten Elon Musk und boten der Community in seinem Namen kostenlose Token an. Die Nachahmung eines Prominenten ließ die Kriminellen vertrauenswürdig erscheinen, wodurch die Wahrscheinlichkeit groß war, dass ihre Opfer dem Angebot folgen und auf den Trick hereinfallen würden.

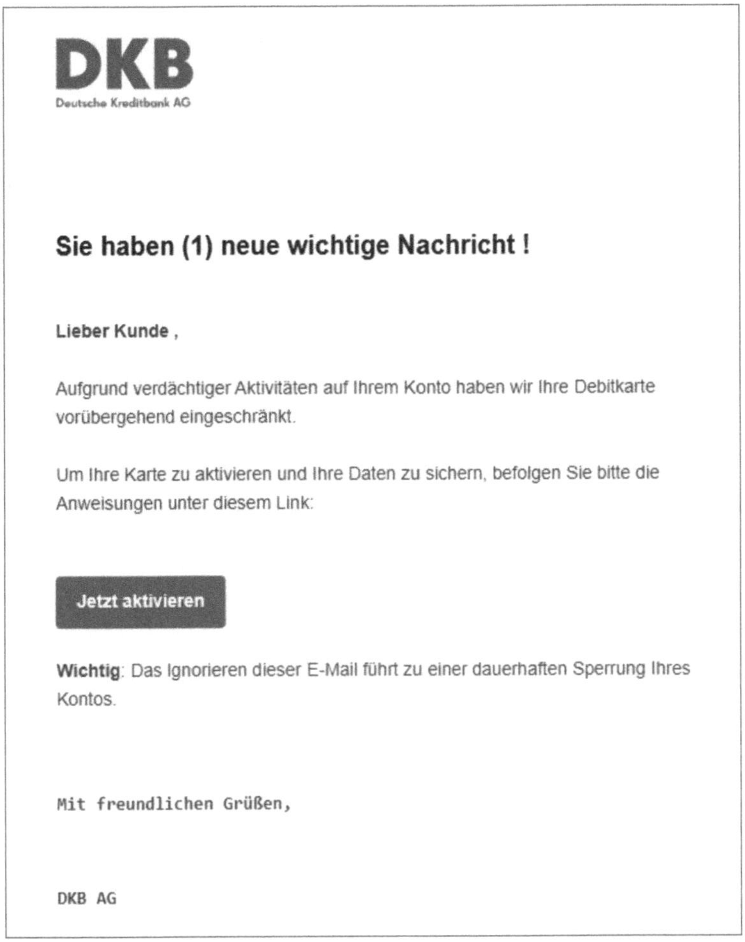

DKB
Deutsche Kreditbank AG

Sie haben (1) neue wichtige Nachricht !

Lieber Kunde ,

Aufgrund verdächtiger Aktivitäten auf Ihrem Konto haben wir Ihre Debitkarte vorübergehend eingeschränkt.

Um Ihre Karte zu aktivieren und Ihre Daten zu sichern, befolgen Sie bitte die Anweisungen unter diesem Link:

Jetzt aktivieren

Wichtig: Das Ignorieren dieser E-Mail führt zu einer dauerhaften Sperrung Ihres Kontos.

Mit freundlichen Grüßen,

DKB AG

Bild 3.7 Phishing-Nachricht von einer Bank

3.3.3 Soziale Bewährtheit

Besonders in unbekannten Situationen tendieren Menschen dazu, das Verhalten von anderen zu imitieren. Auf diese Weise reduzieren sie das Risiko, durch unangemessenes Verhalten (unangenehm) aufzufallen. Zudem fühlen sie sich so nicht allein verantwortlich für ihre Taten. Sie tun nur das, was die anderen auch tun.

Im Alltag kann man dieses Prinzip vielerorts beobachten. In ein leeres Geschäft oder in ein leeres Restaurant geht niemand gern als Erste/r hinein. In Restaurants, wo schon fast alle Tische besetzt sind, muss das Essen gut sein. Auch wenn irgendwo eine Schlange ist, stellen wir uns an – da muss es doch etwas Gutes geben. In Cafés liegen im Glas für das Trinkgeld immer schon ein paar Münzen drin. Die Mützen oder Gitarrenkoffer von Straßenmusizierenden sind auch nie leer. Dies suggeriert, dass schon anderen die Musik gefallen hat und sie etwas Geld gegeben haben. Somit steigt die Wahrscheinlichkeit, dass weitere Vorübergehende ebenfalls spenden werden. Auch das künstliche Lachen in Comedyserien funktioniert. Obwohl alle wissen, dass die Lacher nur eingespielt werden, um die Zuschauenden zum Lachen zu animieren, werden Serien mit Lachkonserven als lustiger empfunden und führen dazu, dass die Zuschauenden tatsächlich mehr lachen (Cialdini, 2007, S. 114 f.).

Das folgende kleine Experiment kann jede/r selbst ausprobieren. In einer Gruppe von mindestens zwei Personen bleibt man z. B. in einer belebten Fußgängerzone stehen und schaut nach oben. Sofort werden andere ebenfalls stehen bleiben und dem Blick folgen.

Es gibt auch sehr negative Konsequenzen von sozialer Bewährtheit. In dem Moment, in dem sich viele Menschen eigentlich falsch verhalten, trauen sich andere nicht, richtig zu handeln. Beispielsweise bei unterlassener Hilfeleistung lässt sich dieses Phänomen immer wieder beobachten. Viele Personen beobachten ein Verbrechen oder einen Unfall, aber keiner unternimmt etwas. Auch die Personen nicht, die sich vielleicht trauen würden, dazwischenzugehen, tun es nicht, weil alle anderen nur herumstehen oder vorbeifahren. Sie würden aus der Masse herausstechen und auffallen, oder sie sind sich nicht mehr sicher, ob sie wirklich ein Verbrechen beobachten. Denn sonst würde doch jemand anderes auch eingreifen. Tailgating funktioniert u. a. nach diesem Prinzip. Da niemand die unbekannte Person anspricht, kann sie in das Gebäude problemlos eindringen, selbst wenn sie einigen Angestellten auffällt. Solange niemand den ersten Schritt tut und sich traut, etwas anderes als die Masse zu tun, bleibt die Person unbehelligt.

Soziale Bewährtheit (englisch Social Proof) zeigt sich nicht nur im Verhalten, sondern auch im Aussehen. Auf der Arbeit, in Schulen und Hochschulen, in einem Konzert o. Ä. imitieren sich die Anwesenden gegenseitig und tragen ähnliche Kleidung, Frisuren, Schmuck etc. Es fällt Menschen sehr schwer, dieser Erwartung oder diesem Druck zu widerstehen und beispielsweise als einzige Person jeden Tag im Anzug mit Krawatte zur Arbeit zu erscheinen, wenn alle anderen eher leger gekleidet sind.

In der Online-Welt gibt es viele Möglichkeiten, Social Proof herzustellen. Ratings, Empfehlungen, Likes, Follower, Ranglisten oder Rezensionen zeigen, dass etwas gut ist oder eben nicht, weil andere es als gut oder nicht gut empfunden haben. Aufgrund der Vielzahl an vergleichbaren Produkten, Urlaubszielen, Dienstleistungen oder Angeboten entscheiden sich viele für das, was andere auch gekauft haben.

Social Engineers nutzen soziale Bewährtheit, z. B. beim Phishing, insbesondere Social Media Phishing, um ihre Opfer von der Legitimität ihrer Anfrage zu überzeugen (vgl. Tabelle 3.4). Sie tun so, als ob bereits viele andere Personen, vor allem Freunde oder Kollegen, ihrem Anliegen bereits gefolgt sind. Beim Vishing-Beispiel in Abschnitt 3.2.1 erklärt die Angreiferin den Mitarbeitenden im IT-Support, dass ein Kollege von ihnen - Paul - ihr bereits früher geholfen hat. Dies lässt ihr Anliegen rechtmäßig erscheinen.

Tabelle 3.4 Zusammenfassung des Prinzips „Soziale Bewährtheit“

Prinzip	Menschen neigen dazu, sich so wie andere zu verhalten
Techniken/Instrumente	(gefälschte) Referenzen, Ratings, Empfehlungen, Social-Media-Profile
Anwendung	(Social Media) Phishing, Onlineshopping-Betrug, Pretext/Impersonating, Information Gathering, Tailgating

Oder Social Engineers nutzen soziale Bewährtheit, um Druck aufzubauen. Sie wissen, dass niemand gerne unangenehm auffallen möchte, und ermutigen ihre Opfer, „mit der Herde mitzugehen". Mit einer Aussage wie „Alle anderen haben das Update schon installiert - Sie sind einer der Letzten, die noch die alte, unsichere Version nutzen, also handeln Sie noch heute." setzen sie sie zudem unter Zeitdruck (vgl. Abschnitt 3.3.6).

Der Betrug mit gefälschten Twitter-Konten nutzt ebenfalls das Prinzip Social Proof (vgl. Abschnitt 3.2.3). Die Social Engineers haben nicht nur das Konto von Elon Musk gefälscht, sondern auch weitere Twitter-Konten erstellt. Diese gefälschten Twitter-Konten reagierten auf das Angebot und „bestätigten", dass sie tatsächlich einige der versprochenen kostenlosen Token erhalten haben. Nach dem Social Proof-Prinzip überzeugt dieser Trick einige bis dahin unsichere Follower. Sie imitierten das Verhalten der gefälschten Follower und überwiesen ihre ETH an die gefälschte Adresse.

3.3.4 Sympathie, Ähnlichkeit und Täuschung

Menschen gewähren Bitten, die von Bekannten und Freund:innen kommen, bereitwilliger als Bitten von fremden Personen. Wenn Annika die Mail mit der Einladung zur Faschingsparty nicht direkt vom Verein, sondern von einer angeblichen Freundin bekommen hätte, wäre die Aussicht auf Erfolg der Phishing-Mail vermutlich sogar noch höher gewesen (vgl. Beispiel in Kapitel 1).

Das Prinzip von Sympathie, Ähnlichkeit und Täuschung funktioniert aber auch, wenn die bittstellende Person den Opfern sympathisch, attraktiv oder ähnlich ist. Am Anfang des Kapitels wurde das Experiment erwähnt, in welchem Personen um einen Gefallen gebeten wurden und die Hilfsbereitschaft bei fast 100 % lag. In diesem Experiment war die Bittstellerin den Personen zwar unbekannt, aber sie wirkte sehr attraktiv auf viele Beteiligte.

Vor allem Ähnlichkeit lässt sich sehr schnell und bewusst herstellen. Es reichen oft kleine Gemeinsamkeiten, wie ein Lieblings-Urlaubsziel, das gleiche Hobby, ähnliche Interessen und der Geburts- oder Studienort, den man mit der anderen Person teilt. Auch ein bewusst gewählter Kleidungsstil kann Ähnlichkeit suggerieren. Sympathisch wird man anderen Personen eventuell schon, wenn man sie offen anlächelt, ihnen Komplimente macht, einen kleinen Gefallen tut oder versucht, attraktiv auf sie zu wirken.

Social Engineers versuchen, ihre Opfer so zu manipulieren, dass sie sie mögen und sich bei ihnen wohlfühlen (vgl. Tabelle 3.5). So ist es sehr viel wahrscheinlicher, dass sie mit ihren Forderungen erfolgreich sind. Im Fall der gefälschten Twitter-Konten folgen die Opfer dem berühmten Elon Musk, weil sie ihn wahrscheinlich mögen oder respektieren. Als sie die Chance bekamen, von ihrem Idol kostenlose Token zu erhalten, haben sie diese genutzt.

Tabelle 3.5 Zusammenfassung des Prinzips „Sympathie, Ähnlichkeit und Täuschung"

Prinzip	Menschen kommen Bitten von Bekannten eher nach.
Techniken/Instrumente	Komplimente, gemeinsame Interessen
Anwendung	Spear Phishing, Tailgating, Vishing, Information Gathering, um kleine Gefallen bitten

Ein Social Engineer kann ein Gespräch damit beginnen, dass er auf derselben Konferenz, demselben Musikkonzert oder demselben Restaurant wie seine Zielperson war. Derartige Anknüpfungspunkte sind über die vorherige Informationsrecherche z. B. in sozialen Netzwerken leicht herauszufinden. Die Informationen werden auch bei der Erstellung eines Pretexts entsprechend berücksichtigt. Vor allem in der Phase „Establish Relationship and Rapport" ist bei einigen Social Engineering-Angriffen entscheidend, dass die Angreifenden durch das Opfer als sympathisch und vertrauenswürdig wahrgenommen werden.

Astrid stellt sich in der Zigaretten- und Kaffeepause zu den anderen Angestellten. Sie tut so, als ob sie ebenfalls Beraterin für das Unternehmen ist, und beginnt ein Gespräch. Indem sie vermeintliche Insiderinformationen einflicht und über den furchtbaren Chef herzieht, wird sie sehr leicht wertvolle Informationen erhalten.

Das Prinzip der Täuschung funktioniert deswegen so gut, weil Menschen per se anderen Menschen vertrauen (Bullée & Junger, 2019, S. 13). Grundsätzlich ist Vertrauen etwas Positives und sicherte evolutionär das Überleben, indem Kinder den Erwachsenen vertrauen und von ihnen lernen. Deswegen fällt es Menschen aber unglaublich schwer, Lügen und Lügende zu entlarven.

Ist die Beziehung zum Opfer hergestellt, können die Social Engineers nach Informationen fragen oder das Opfer um einen kleinen Gefallen bitten. Das Prinzip wird häufig nicht allein, sondern in Kombination mit anderen Prinzipien eingesetzt (vgl. Beispiel in Abschnitt 3.3.5).

3.3.5 Verpflichtung, Gegenseitigkeit & Konsistenz

Mögen Sie Tiere? Ist Ihnen die Gesundheit Ihrer Kinder wichtig? Finden Sie nicht auch, dass heute ein schöner Tag ist? - Personen, die auf diese oder ähnliche Fragen mit „Ja" antworten, haben eigentlich schon verloren. (Und wer würde bei diesen Fragen nicht mit „Ja" antworten?)

Das Problem ist das Prinzip der Konsistenz. Haben sich Menschen einmal für etwas entschieden, fühlen sie sich - sich selbst gegenüber - verpflichtet, ihre Entscheidung bis zum (bitteren) Ende zu folgen. Wird mit einer Person aufgrund der oben genannten Fragen ein Gespräch begonnen, und das auch noch mit dem positiven „Ja", so sagt die Konsistenz, dass weiter mit dieser Person gesprochen wird und auch mögliche Anfragen eher mit „Ja" beantwortet werden. Viele Verkaufsgespräche funktionieren so. Anfragen, die zu der ursprünglichen Entscheidung passen, wird bereitwillig gefolgt.

Ist es den Social Engineers also erst einmal gelungen, ihren Opfern eine noch so kleine Information zu entlocken, werden die Opfer auf weitere Nachfragen noch bereitwilliger antworten. Ein schönes Beispiel der Anwendung dieses Prinzips zeigt (Kimmel, 2015). Ein Interviewteam vom Fernsehen (= Autorität) fragt hier Personen nach ihren Passwörtern. Einige sind im ersten Moment nicht bereit, ihr Passwort zu nennen. Nach einigen scheinbar harmlosen Fragen geben sie dann aber ohne zu zögern Auskunft. Aus diesem Muster auszubrechen, erfordert enorme Willenskraft und mentale Anstrengung.

Ein anderes Verhaltensmuster ist die Reziprozität oder Gegenseitigkeit, die sich auf das Gefühl bezieht, einen Gefallen erwidern zu müssen. In einer Gesellschaft wird erwartet, dass man sich für etwas revanchiert, was man von einer anderen Person bekommen hat.

Wenn wir zum Beispiel von unserem Kollegen ein Geschenk zum Geburtstag bekommen, fühlen wir uns verpflichtet, ihm ebenfalls ein Geschenk zu seinem Geburtstag zu machen. Auch dieses Prinzip wird häufig im Verkauf angewendet. Durch kleine kostenlose Proben oder kleine Geschenke, die an die Kinder verteilt werden, fühlen sich die Kund:innen eher verpflichtet, etwas oder etwas mehr zu kaufen.

Reziprozität funktioniert aber auch beim Austausch von Information und Wissen. Ein Geschenk oder eine Gefälligkeit kann also auch mit einer Auskunft erwidert werden (vgl. Beispiel im Kasten).

Passwort gegen Schokolade

Happ et al. (2016) zeigen in ihrer Studie die Macht der Reziprozität. Sie führten kurze Interviews zum IT-Verhalten mit mehr als 1.100 Teilnehmenden. Während der Interviews wurden die Teilnehmenden gebeten, eines ihrer Passwörter preiszugeben. Insgesamt gaben 30 % der Teilnehmenden ihr Passwort preis. Einem Drittel der Teilnehmenden wurde direkt vor der Passwortfrage ein Stück Schokolade angeboten. Von diesen Teilnehmenden nannten sogar 48 % ihr Passwort. Aufgrund des Reziprozitätseffekts führte das kleine Geschenk (ein Stück Schokolade) dazu, dass sie den Gefallen erwiderten, indem sie einige persönliche Daten (das Passwort) preisgaben.

Das Ähnlichkeits- und Sympathieprinzip könnten beim Erfolg dieser Studie ebenfalls eine Rolle gespielt haben. Die Interviewenden waren alle zwischen 20 und 25 Jahre alt und trugen auf ihrer Tasche sichtbar das Logo der örtlichen Universität. Teilnehmende in ähnlichem Alter verrieten ihr Passwort häufiger als der Durchschnitt. Generell kann angenommen werden, dass die befragten Personen mit der örtlichen Universität sympathisieren, weil sie z. B. selbst dorthin gehen oder gegangen sind.

Beim Phishing wird häufig das Prinzip der Konsistenz ausgenutzt. Hat sich das Opfer dazu entschieden, auf den in der E-Mail enthaltenen Link zu klicken, wird es weitere konsistente Handlungen durchführen, wie die Eingabe von Log-in-Daten auf der gefälschten Webseite. Für Annika ist es konsistent, Karten für die jährliche Faschingsparty des Fußballvereins zu kaufen, da sie das seit vielen Jahren tut (vgl. Beispiel in Kapitel 1). Selbst wenn sie sich vielleicht wundert, warum die Anmeldeseite anders aussieht als in den letzten Jahren oder warum dieses Mal mehr Informationen abgefragt werden, die der Verein doch eigentlich haben müsste, wird sie die Angaben eintragen und abschicken.

Tabelle 3.6 Zusammenfassung des Prinzips „Verpflichtung, Gegenseitigkeit & Konsistenz“

Prinzip	Wer einmal eine Entscheidung getroffen hat, zieht sie bis zum Ende durch; Menschen fühlen sich verpflichtet, Gefälligkeiten zu erwidern.
Techniken/Instrumente	Geschenke, Zugeständnisse, harmlose Fragen
Anwendung	Quidproquo, Phishing, Information Gathering

3.3.6 Ablenkung

Menschen können nur begrenzt eingehende Informationen verarbeiten. Sie versuchen daher, sich auf die vermeintlich wichtigsten Fakten zu konzentrieren, und ignorieren alles andere. Ablenkung kann auf viele verschiedene Arten erfolgen: durch Zeitdruck, Angst, Gier, Neugier, Überraschungen, Sehnsüchte und Wünsche, zu viele Informationen oder Knappheit.

Durch die Konzentration auf die Ablenkung rutschen Menschen bei allen anderen Denkprozessen in System 1 (automatisch, ohne Nachdenken). Sie werden quasi blind für alles andere, was um sie herum passiert, und können nicht mehr logisch denken. Social Engineers nutzen das aus, indem sie ihre Opfer gezielt von ihrem eigentlichen Vorhaben ablenken. Typische Mittel zur Ablenkung sind vermeintliche Preisausschreiben oder Wettbewerbe, bei denen schnell reagiert werden muss, um etwas zu gewinnen, sowie generell zeitlich limitierte Angebote.

Ablenkung wird häufig in Kombination mit den anderen Prinzipien eingesetzt und ist häufig der Hauptgrund, warum die Anfragen der Social Engineers funktionieren (vgl. Tabelle 3.7). Die von den Social Engineers „verlorenen" USB-Sticks machen die Findenden neugierig. Sie wollen wissen, was sich darauf befindet. Oder sie wollen helfen und den Stick der besitzenden Person zurückgeben. Beim Baiting (USB-Stick als Köder) wird dieses Prinzip also besonders ausgenutzt.

Tabelle 3.7 Zusammenfassung des Prinzips „Ablenkung" (eigene Darstellung)

Prinzip	Menschen konzentrieren sich auf scheinbar wichtige Fakten oder Handlungen und ignorieren alles andere.
Techniken/Instrumente	Gewinnspiele, zeitlich begrenzte Angebote, Spendenaktionen, Hilferufe
Anwendung	Baiting, Nigerian Scam, Phishing, Vishing, CEO Fraud, Watering Hole

Bei vielen Phishing-Versuchen wird zeitlicher Druck auf die Opfer ausgeübt. Sie sollen z. B. schnell reagieren und ihr Passwort ändern, weil sie sonst nicht mehr auf ihr Nutzungskonto zugreifen können. Annika soll zügig ihre Tickets für die Faschingsparty kaufen, weil diese immer schnell ausverkauft sind. Auch beim CEO Fraud wird Zeitdruck aufgebaut. Das Geld muss unverzüglich überwiesen werden, sonst kann das wichtige Geschäft nicht zustande kommen. Der Betrug mit den gefälschten Twitter-Konten kombiniert den Wunsch der Opfer nach kostenlosen Token mit einem gefälschten Wettbewerb, bei dem nur die schnellsten Teilnehmer gewinnen konnten.

In Bild 3.8 wird sowohl zeitlich Druck aufgebaut als auch das Autoritätsprinzip genutzt, da der Footer suggeriert, dass die E-Mail von einer Regierungsorganisation kommt.

Beim Vishing kann Ablenkung sehr erfolgreich unterstützen, wie der Selbstversuch von Roose (2017) zeigt. In diesem Beispiel wird ein schreiendes Baby als Ablenkung eingesetzt und „zwingt" die Person am anderen Ende des Telefons, der verzweifelten Mutter schnell zu helfen, ohne groß nachzudenken.

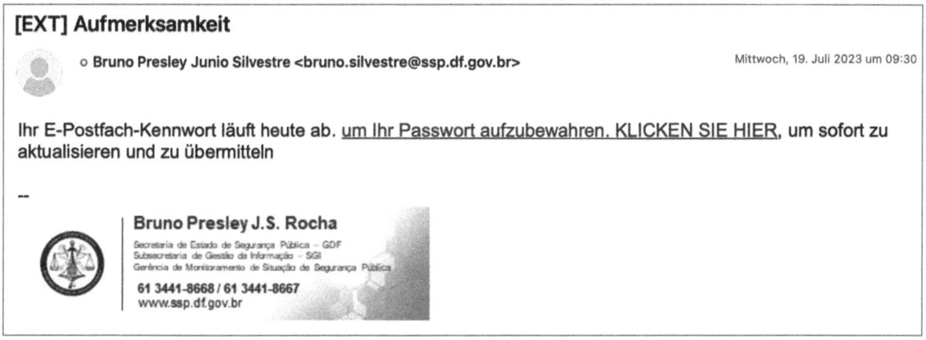

[EXT] Aufmerksamkeit

o Bruno Presley Junio Silvestre <bruno.silvestre@ssp.df.gov.br> Mittwoch, 19. Juli 2023 um 09:30

Ihr E-Postfach-Kennwort läuft heute ab. um Ihr Passwort aufzubewahren. KLICKEN SIE HIER, um sofort zu aktualisieren und zu übermitteln

--

Bruno Presley J.S. Rocha
Secretaria de Estado de Segurança Pública – GDF
Subsecretaria de Gestão da Informação – SGI
Gerência de Monitoramento de Situação de Segurança Pública
61 3441-8668 / 61 3441-8667
www.ssp.df.gov.br

Bild 3.8 Phishing-E-Mail mit Ablenkung und Autorität

Die vorhergehende Informationsbeschaffung ist bei der Wahl der richtigen Ablenkung ein Schlüssel zum Erfolg. Menschen lassen sich durch unterschiedliche Dinge ablenken, vor allem, wenn Sehnsüchte oder Wünsche angesprochen werden sollen (vgl. Haucke et al., 2018). Anfragen für ein Interview, einen Vortrag oder die Teilnahme an einer exklusiven Studie schmeicheln dem Ego von denen, die nach Anerkennung streben. Smishing-Nachrichten enthalten vermeintliche Hilferufe der eigenen Kinder, deren Handy angeblich gestohlen wurde oder verloren gegangen ist, und lösen bei vielen Eltern Angst und Hilfsbereitschaft aus. Bild 3.9 zeigt eine Phishing-Mail, welche die Gier im Menschen anspricht oder Menschen in finanzieller Notlage.

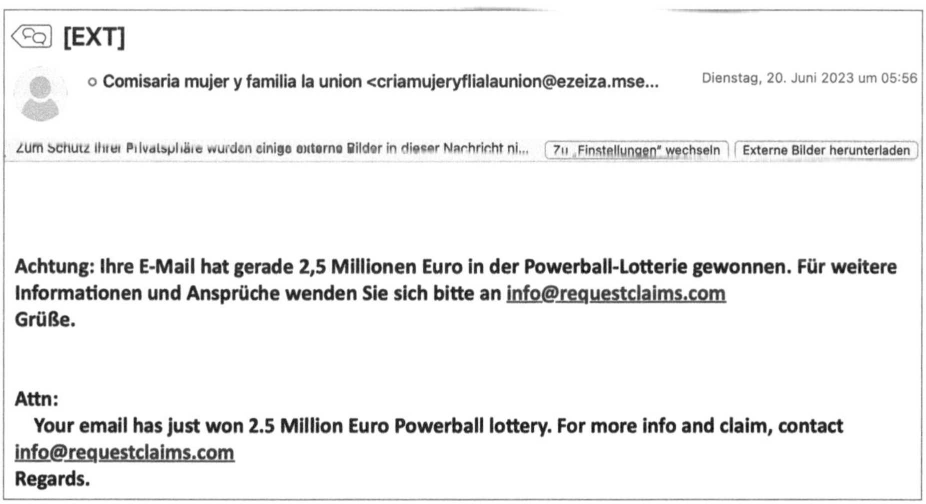

[EXT]

o Comisaria mujer y familia la union <criamujeryflialaunion@ezeiza.mse... Dienstag, 20. Juni 2023 um 05:56

Zum Schutz Ihrer Privatsphäre wurden einige externe Bilder in dieser Nachricht ni... Zu „Einstellungen" wechseln | Externe Bilder herunterladen

Achtung: Ihre E-Mail hat gerade 2,5 Millionen Euro in der Powerball-Lotterie gewonnen. Für weitere Informationen und Ansprüche wenden Sie sich bitte an info@requestclaims.com
Grüße.

Attn:
Your email has just won 2.5 Million Euro Powerball lottery. For more info and claim, contact info@requestclaims.com
Regards.

Bild 3.9 Phishing-E-Mail mit angeblichem Gewinn

4 Information Security Awareness

Als Sicherheitsfaktoren sind Mitarbeitende ein wichtiger Bestandteil des Informationssicherheitskonzepts jeder Organisation. Ihre Information Security Awareness entscheidet darüber, wie gut sie dieser Verantwortung gerecht werden können. Information Security Awareness (ISA) beschreibt den Grad der Sensibilisierung einer Person für Informationssicherheit. Sensibilisierte Menschen kennen Bedrohungen für die Informationssicherheit und entsprechende Gegenmaßnahmen. Sie wissen, wie sie sich richtig im Umgang mit Informationen und Informationssystemen verhalten, und verhalten sich auch tatsächlich so.

Das Konzept „Information Security Awareness" zu verstehen ist wichtig, wenn Mitarbeitende effektiv sensibilisiert werden sollen. Awareness besteht aus vier verschiedenen Faktoren und ist ein kognitives und affektives Konstrukt. Der Faktor Wissen bedeutet, dass Mitarbeitende Bedrohungen für die Informationssicherheit kennen und erkennen und dass sie die Organisation vor Gefahren schützen können. Der Faktor Verhaltensabsicht beinhaltet, was Mitarbeitende über Informationssicherheit denken, welche Einstellungen, Emotionen und Meinungen sie dazu haben, und beeinflusst, ob sie ihr Wissen auch tatsächlich in ihr Verhalten einfließen lassen wollen. Der Faktor Salienz umschreibt, ob Informationssicherheit im Alltag der Mitarbeitenden wahrnehmbar ist. Der Faktor Gewohnheit sagt aus, ob informationssicheres Verhalten mehr oder weniger automatisch durch bestimmte Trigger ausgelöst ausgeführt wird.

Dieses Kapitel beschreibt das Konzept Awareness detailliert und erklärt die zugrunde liegenden psychologischen Modelle. Die Modelle erklären nicht nur, was Awareness ist, sondern wie sie das Verhalten der Menschen beeinflusst. Soll also das Verhalten verändert oder beeinflusst werden, führt der Weg über die Awareness. Da diese sehr individuell ist, müssen auch Maßnahmen zur Steigerung oder Förderung der Awareness individuell sein. Das Konzept der Individualisierung wird in Abschnitt 4.1.3 erläutert.

Ein grundsätzliches Vorgehen zur individuellen und zielgerichteten Sensibilisierung – also der Förderung der Awareness – beschreibt Abschnitt 4.2. Das Vorgehensmodell besteht aus einer Analysephase und einer Umsetzungsphase mit insgesamt neun Schritten. Ist das Vorgehensmodell durchlaufen, sind die Mitarbeitenden für Informationssicherheit sensibilisiert, und die Informationssicherheit im Unternehmen wird verbessert.

4.1 Grundlagen Information Security Awareness

Je höher die Awareness einer Person in Bezug auf die Informationssicherheit, desto wahrscheinlicher ist es, dass sie sich „richtig“ - also informationssicher - verhält und nicht zu einer Bedrohung für die Informationssicherheit der eigenen Organisation wird. Im Gegenteil, Personen mit einer hohen Awareness sind ein Sicherheitsfaktor. Dieses Kapitel widmet sich dem Begriff der Information Security Awareness und erläutert einige für das Verständnis der folgenden Kapitel notwendigen grundlegenden (psychologischen) Konzepte.

Abschnitt 4.1.1 zeigt, welcher Zusammenhang zwischen Awareness-Maßnahmen, Awareness, Verhalten und Informationssicherheit besteht. Er stellt verschiedene Auffassungen des Konzepts Information Security Awareness vor. Diese Auffassungen zeigen, dass Awareness mehr ist als nur das Wissen in Bezug auf Informationssicherheit. Vielmehr wird das kognitive und affektive Konstrukt Awareness aus verschiedenen Faktoren gebildet, die neben Wissen/Fähigkeiten auch die Verhaltensabsicht, Salienz und Gewohnheit beinhalten. Dieses Verständnis beruht auf Erkenntnissen der Sozialpsychologie, welche sich u. a. mit der Frage beschäftigt, wie sich das Verhalten von Menschen bildet und welche Faktoren dafür verantwortlich sind, dass sich Menschen so oder so verhalten. Die vier Faktoren erläutert anhand von Beispielen Abschnitt 4.1.2. Insbesondere hinter dem Konstrukt Verhaltensabsicht stecken zahlreiche weitere Faktoren, deren Verständnis zur Auswahl passender Awareness-Maßnahmen wichtig ist.

Weil dieses kognitive Konstrukt Awareness so individuell und u. a. von den Emotionen, Überzeugungen, Vorwissen und Erfahrungen der Menschen geprägt ist, sollten Maßnahmen zur Erhöhung der Awareness auch individuell sein und die Menschen da abholen, wo sie stehen. Dem Thema Individualisierung von Awareness-Maßnahmen widmet sich der letzte Abschnitt 4.1.3. Aufgrund begrenzter Ressourcen sollten sich Awareness-Maßnahmen in der Praxis zumindest an den Anforderungen und Bedürfnissen verschiedener Zielgruppen ausrichten. Diese Zielgruppen können anhand von Kriterien wie Rolle im Unternehmen, Risikoprofil oder Vorwissen gebildet werden. Auch an die Individualität der betrachteten Organisation sollten die Maßnahmen angepasst werden, z. B. an die Sprache und kulturelle Besonderheiten. Individualisierung der Maßnahmen bezieht sich beispielsweise auf den Inhalt, die Darstellung und die verwendeten Medien.

4.1.1 Awareness im Kontext Informationssicherheit

„Immer wieder hören wir von versuchten oder erfolgreichen Cyberangriffen und erstaunlich gut gemachten Phishing-Mails ... Nicht selten wird geklickt.

Konsequenzen eines erfolgreicher Cyberangriffs sind erheblich: mehrere Tage Ausfallzeit, ein finanzieller Schaden von durchschnittlich mehr als 100.000 EUR ... Mediale Aufmerksamkeit kommt meist dazu.

Mit unserem lernpsychologischen Ansatz haben wir eine Awareness-Training-Plattform entwickelt, die Mitarbeitende für das ‚trockene‘ Thema IT-Sicherheit begeistert und ihr Verhalten im Umgang mit potenziellen Cybergefahren nachhaltig verändert.“

Das ist eine typische (leicht abgeänderte) Werbe-E-Mail, die Verantwortliche für Informationssicherheit erhalten. Sie schürt erst Angst und verspricht dann die Lösung in Form eines begeisternden „Awareness Trainings“. Aber – ist denn Awareness trainierbar? Nein, ist sie nicht. Um zu verstehen, wieso, widmen sich die folgenden Ausführungen dem Verständnis des Begriffs Awareness.

Information Security Awareness hat sich auch im Deutschen als Begriff etabliert und wird nicht übersetzt. Information Security Awareness, auch abgekürzt Security Awareness oder einfach nur Awareness, beschreibt den Zustand des „Für-Informationssicherheit-Sensibilisiert-Seins“. „Grad der Sensibilisierung“ ist ebenfalls eine treffende Umschreibung. Für Informationssicherheit sensibilisierte Menschen treffen richtige Entscheidungen. Sie sperren ihren Bildschirm, wenn sie den Arbeitsplatz verlassen, geben einen gefundenen USB-Stick beim IT-Helpdesk ab und sprechen die unbekannte Person an, die sich hinter ihnen ins Gebäude schmuggeln möchte, ohne einen Ausweis zu zeigen.

Information Security Awareness bezieht sich nicht nur auf die Awareness gegenüber digital verarbeiteten Informationen in IT-Systemen. Sie schließt alle Arten von Informationen ein, auch nicht digital vorliegende Informationen, wie Papierdokumente, das Wissen in den Köpfen der Mitarbeitenden oder ein Telefonat. Information Security Awareness ist der – bezüglich der Sicherheitsgefahren – bewusste Umgang mit Informationen, unabhängig vom Medium (Richter et al., 2018, S. 8).

Eine hohe Awareness mag aus gesellschaftspolitischer Sicht grundsätzlich wünschenswert sein, aus betriebswirtschaftlicher Sicht ist sie nicht per se das Ziel, sondern nur Mittel zum Zweck (vgl. Bild 4.1). Unternehmen wollen ihren Geschäftszweck erfüllen und ihre Ziele erreichen. Information Security Awareness (2) führt (hoffentlich) zu informationssicherem Verhalten (3) der Mitarbeitenden. Dieses trägt zur Sicherheit der Informationen und Informationssysteme (4) des Unternehmens bei. Und eine hohe Informationssicherheit unterstützt und ermöglicht den geregelten Ablauf der Geschäftsprozesse im Unternehmen, sodass dieses seine Ziele (5) verfolgen und erreichen kann.

Awareness-Maßnahmen (1) wie Schulungen, Informationsveranstaltungen, Newsletter, Videos oder Flyer sollen dazu beitragen, den Grad der Sensibilisierung bei den Mitarbeitenden zu erhöhen, also die Awareness zu steigen oder zu fördern. In Normen und Rahmenwerken zur Informationssicherheit, wie z. B. der ISO 27001, werden Sensibilisierung und Schulung gleichberechtigt nebeneinandergestellt. Gemäß dem Verständnis in Bild 4.1 sind Schulungen *eine* mögliche Awareness-Maßnahme. Sie können also zur Sensibilisierung und Erhöhung der Awareness beitragen. Streng genommen ist also jede Schulungsmaßnahme auch eine Sensibilisierungsmaßnahme.

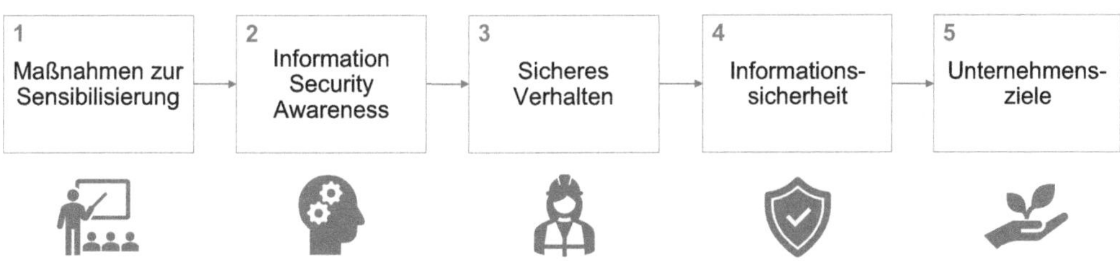

Bild 4.1 Zusammenhang zwischen Maßnahmen zur Steigerung der Awareness und Informationssicherheit (eigene Darstellung)

Da Information Security Awareness also ein Zustand ist, kann sie nicht trainiert werden. Was die Werbe-E-Mail also eigentlich verspricht, ist eine Sensibilisierungs- oder Awareness-Maßnahme in Form von Informationssicherheitstrainings. Die Mitarbeitenden sollen „trainiert“ werden, damit sie sich sicher verhalten. Der Frage, ob das so einfach möglich ist, widmet sich Kapitel 5.

In der Praxis werden Awareness-Maßnahmen häufig zu Awareness-Kampagnen gebündelt. Ähnlich einer Marketing-Kampagne hat eine Awareness-Kampagne einen begrenzten Zeithorizont – meist zwischen einem Monat und einem Jahr – und fokussiert auf wenige, vorab definierte Themen. In der Kampagnenplanung wird festgelegt, welche Themen zu welchen Zeitpunkten über welche Kanäle an welche Zielgruppe vermittelt werden. Die Maßnahmen einer Kampagne verfügen meist über gemeinsame Elemente (z. B. Logo, Slogan, Figur) und das gleiche Design, sodass leicht erkennbar ist, dass die Maßnahmen zusammengehören.

Was nun dieser Zustand „Awareness“ genau bedeutet, darüber gibt es unterschiedliche Auffassungen (vgl. Weber et al., 2019, S. 10 f.). Gemäß Hänsch und Benenson (2014) besteht Awareness aus drei voneinander unabhängigen Dimensionen:

1. Perception: Die Anwendenden wissen, welche Bedrohungen es für die Informationssicherheit gibt und wie sie diese Bedrohungen erkennen können.
2. Protection: Die Anwendenden wissen, wie sie sich vor Bedrohungen schützen können.
3. Behavior: Die Anwendenden verhalten sich informationssicherheitskonform.

Nach Helisch (2009) ist Security Awareness ein Zusammenspiel der drei Faktoren Wissen, Wollen und Können. Der Faktor *Wissen* (Kognition) entspricht den Dimensionen 1 und 2 im vorher genannten Modell, also ein Verständnis des Problems und das Wissen zu dessen Lösung. Der Faktor *Wollen* (Handlungsabsicht) entspricht Behavior – der Wille zu informationssicherheitskonformem Verhalten. Mit *Können* (Organisation) kommt in diesem Modell ein neuer Faktor hinzu. Er bedeutet, dass das Unternehmen sicherstellt, dass sich die Mitarbeitenden überhaupt informationssicherheitskonform verhalten können. Dem gewünschten Verhalten dürfen keine Hindernisse oder Beschränkungen entgegenstehen.

Der Unterschied zwischen *Wissen* (Perception + Protection) und *Wollen* (Behavior) ist für die Wirkung von Awareness auf die Informationssicherheit in den Unternehmen entscheidend (Pfeil zwischen 2 und 3 in Bild 4.1). Wissen ist eine Grundvoraussetzung für informationssicherheitskonformes Handeln. Ist kein oder wenig Wissen vorhanden, können die Menschen nicht gezielt, aber zufällig richtig handeln. Das richtige Wissen alleine reicht aber auch noch nicht für richtiges Handeln: „The expectation that behavior will improve if users know the facts is not correct.“ (Beyer et al., 2015, S. 5) Nur das Wollen bzw. das Umsetzen dieses Wissens in richtiges Verhalten erhöht die Informationssicherheit in Unternehmen (4 in Bild 4.1).

> *Petra weiß, dass sie ihren Rechner jeden Abend herunterfahren, alle Unterlagen wegsperren und die Fenster und Türen schließen soll, bevor sie nach Hause fährt. Das Herunterfahren des Rechners ist ihr zu unbequem, da sie sonst am nächsten Morgen zu lange warten muss, bis er wieder hochgefahren ist. Sie vergisst, die Unterlagen in den Schrank zu legen und abzuschließen, da sie es heute eilig hat. Das Fenster lässt Petra eigentlich im Sommer immer gekippt, damit nachts etwas kühle Luft ins Büro kommt. Die Tür schließt sie nicht ab, da später ohnehin noch die Putzkraft ins Büro kommt, um sauber zu machen.*

Der dritte Faktor *Können* ist ebenfalls nicht zu unterschätzen. Sind im Büro keine abschließbaren Schränke vorhanden, können die Mitarbeitenden als vertraulich gekennzeichnete Dokumente nicht wegsperren. Nutzen mehrere Personen gleichzeitig einen Schrank und dieser hat nur einen Schlüssel, wird er nicht abgeschlossen werden. Hat das Büro eine Brandschutztür, dann darf diese gar nicht abgeschlossen werden. Das Office-System erlaubt nur Passwörter mit maximal zwölf Zeichen oder akzeptiert keine Ziffern und Sonderzeichen. Vor dem Aufstellen von Regeln sollte daher ein „Machbarkeitscheck" durchgeführt werden, in dem überprüft wird, ob die Regeln überhaupt befolgt werden können (Sasse et al., 2023, S. 249).

> *Wenn Petra für den Schrank keinen Schlüssel hat, dann kann sie ihn nicht abschließen, auch wenn sie darin eine Gefahr sieht und es beim Verlassen des Büros gerne tun würde.*

Generell muss das Unternehmen sicherstellen, dass das gewünschte Verhalten eingehalten werden kann, ohne die Produktivität der Mitarbeitenden einzuschränken. Dieser Schritt wird auch als „Security Hygiene" bezeichnet (Beyer et al., 2015; Kirlappos & Sasse, 2014). Unternehmen können von den Mitarbeitenden kein Verhalten verlangen, welches für sie in ihrem Arbeitsalltag nicht umsetzbar ist.

Auf diesen Modellen und Gedanken aufbauend, ist ein weiteres Verständnis von Information Security Awareness entstanden (vgl. Schütz & Fertig, 2023; Weber et al., 2019). Demnach ist Information Security Awareness ein mentales Konstrukt, welches zu einem informationssicherheitskonformen Verhalten führt (vgl. Bild 4.2). Gemäß dem aus der Sozialpsychologie stammenden Integrierten Verhaltensmodell von Montaño und Kasprzyk (2008) beeinflussen fünf Faktoren das Verhalten. Neben den bereits bekannten Faktoren Wissen, Verhaltensabsicht (Wollen) und Können, sind es die beiden Faktoren Salienz und Gewohnheit. *Salienz* beschreibt, wie sichtbar oder herausstechend das Verhalten ist und wie viel Aufmerksamkeit dieses Verhalten hat. Wird ein Verhalten regelmäßig ausgeführt, kann es zur *Gewohnheit* werden und wird zukünftig aufgrund eines Auslösers automatisch, ohne großes Nachdenken, ausgeführt.

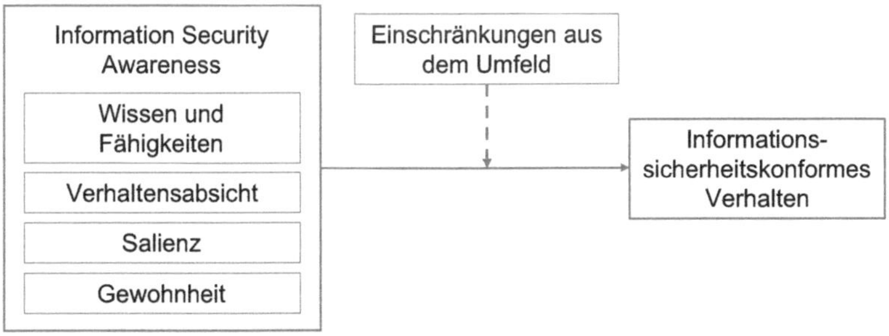

Bild 4.2 Faktoren der Information Security Awareness
(in Anlehnung an Schütz & Fertig, 2023, S. 6848; Weber et al., 2019, S. 12)

Der Faktor *Können* aus dem Modell von Helisch (2009) kann beeinflussen, ob sich ein Individuum informationssicher verhält oder nicht. Der Faktor bezieht sich aber nicht auf die individuellen Fähigkeiten einer Person, sondern auf deren Umfeld oder Organisation. Können ist daher kein mentales Konstrukt und deswegen nach diesem Verständnis nicht Teil von

Information Security Awareness. In Bild 4.2 wird der Faktor Können als *Einschränkungen aus dem Umfeld* als moderierender Faktor zwischen Awareness und Verhalten dargestellt. Diese Einschränkungen können dazu führen, dass trotz vorhandener Information Security Awareness ein bestimmtes Verhalten nicht oder nur unzureichend ausgeführt werden kann.

Um Menschen fit für Informationssicherheit zu machen, muss ihre Awareness mittels Awareness- oder Sensibilisierungs-Maßnahmen gesteigert werden. Diese Maßnahmen sollen die Faktoren Wissen und Fähigkeiten, Verhaltensabsicht, Salienz und/oder Gewohnheit positiv beeinflussen, fördern bzw. erhöhen. Eine gesteigerte Awareness sollte dann zu einem informationssicherheitskonformen Verhalten führen. Gleichzeitig müssen Einschränkungen beseitigt werden, die das gewünschte Verhalten behindern können. Es ist nicht das Ziel von Awareness-Maßnahmen, das Verhalten der Menschen direkt zu beeinflussen. Dies wäre letztendlich nur durch Zwang möglich.

Um die passenden Awareness-Maßnahmen auszuwählen, ist ein genaues Verständnis von Information Security Awareness wichtig. Wissen Mitarbeitende nicht, woran sie eine Phishing-E-Mail erkennen oder welche Gefahren von USB-Sticks ausgehen, dann kann eine Schulung das fehlende Wissen vermitteln. Sind die Mitarbeitenden nicht davon überzeugt, dass es wichtig ist, E-Mails auf Anzeichen von Phishing zu untersuchen, wird eine reine Wissensvermittlung zu keiner Steigerung der Awareness führen. Dann müssen Awareness-Maßnahmen die Verhaltensabsicht (Wollen) beeinflussen. Verhalten sich Mitarbeitende aus Gewohnheit „falsch“, dann müssen diese Gewohnheiten geändert werden. Vergessen Mitarbeitende manchmal, den Bildschirm zu sperren oder Türen zu schließen, dann kann dieses Verhalten salient gemacht werden.

Alle Modelle gehen davon aus, dass sich Awareness immer auf eine Person und ein bestimmtes (vorher definiertes, bekanntes) Verhalten bezieht: beispielsweise „ich wähle ein sicheres Passwort“, „ich schließe die Tür, bevor ich nach Hause fahre“ oder „ich sperre meinen Bildschirm, wenn ich den Raum verlasse“. Die vier Faktoren sind individuell bei jeder Person und bei jedem Verhalten anders ausgeprägt.

> *Petra ist davon überzeugt, dass es wichtig ist, keine sensiblen Dokumente herumliegen zu lassen - nur denkt sie beim Verlassen des Büros nicht immer daran. Hingegen sieht sie kein Problem damit, die Tür für die Putzkraft offen zu lassen (sie hat ja alle sensiblen Dokumente weggesperrt). Schließlich möchte sie nur hilfsbereit sein. Und warum sie die Fenster schließen soll, versteht sie nicht. Zu Hause hat sie auch im Sommer immer alle Fenster gekippt und sieht darin keine Gefahr. Warum sollte das im Büro anders sein?*

Awareness-Maßnahmen beziehen sich auf erwünschte Verhaltensweisen, die häufig über Richtlinien und Regeln definiert werden. Richtlinien und Regeln können sich immer nur auf bekannte Gefahren und Bedrohungen beziehen. Die Polizei kann auch nur vor bekannten Betrugsmaschen warnen - nimmt man die sehr allgemeine Warnung „Bleiben Sie wachsam!“ einmal aus. Wünschenswert wäre es jedoch, wenn Mitarbeitende sich auch in unbekannten Situationen „aware“, also intuitiv richtig verhalten; wenn Unternehmen hinter den neuesten Techniken und Tricks der Kriminellen oder den Möglichkeiten bzw. Gefahren neuer Technologien nicht immer mindestens einen Schritt zurück sind.

Awareness-Maßnahmen erfüllen also idealerweise zwei Ziele. Zum einen klären sie über bekannte Gefahren bzw. erlassene Richtlinien auf und überzeugen die Zielpersonen, sich danach zu richten (gezielte Awareness für eine bestimmte Verhaltensweise). Zum anderen schaffen sie ein Art Grundawareness, also ein grundsätzliches Verständnis über mögliche Gefahren, (un)sicheres Verhalten und potenziell geeignete Gegenmaßnahmen. In Anlehnung an Pfleeger et al. (2014) soll diese Grundawareness als „Mindfulness" bezeichnet werden. Aufmerksame („mindful") Menschen haben ein Bewusstsein dafür, wo Gefahren entstehen können, und verstehen, mit welchen Handlungen sie diese Gefahren abwenden oder abschwächen können.

Beyer et al. (2015) benennen diesen Zustand „Unconscious Competence" und testieren, dass dies die höchste Stufe von Awareness ist. Individuen sind in diesem Zustand in der Lage, Elemente von erlernten Verhaltensweisen und persönliche Erfahrungen auf neue Sicherheitsprobleme anzuwenden. In Anlehnung an die Widerstandsfähigkeit von Systemen, auch bei unerwarteten Bedingungen zu funktionieren, bezeichnen Zimmermann und Renaud (2019) mit „Resilienz" die Flexibilität von Menschen, in jeder Situation angemessen zu reagieren.

4.1.2 Erkenntnisse aus der Verhaltenspsychologie

Security managers typically only consider lack of knowledge ... Thus, their current efforts in „security education" consist of repeating all policies and rules to everyone. This is the equivalent of shouting louder at someone who does not understand your language; we need a smarter, targeted approach if we want to meaningfully change behavior ...

(Beris et al., 2015)

Um das Verhalten von Menschen zu verstehen, lohnt sich ein Blick in die Sozialpsychologie. Seit vielen Jahrzehnten untersucht die Sozialpsychologie die komplexen Zusammenhänge der menschlichen Verhaltensbildung. Das Integrierte Verhaltensmodell (IBM) vereint die wichtigsten Konstrukte von gängigen sozialpsychologischen Theorien in einem einzigen Modell. Es beschreibt fünf Faktoren, welche einen Einfluss auf das gezeigte Verhalten eines Menschen haben (Montaño & Kasprzyk, 2008): Wissen/Fähigkeiten, Verhaltensabsicht, Salienz, Einschränkungen aus dem Umfeld und Gewohnheit. Soll das Verhalten eines Individuums beeinflusst werden, reicht es also nicht, nur den Faktor Wissen zu adressieren.

Wie Schütz und Fertig (2023) zeigen, kann das Integrierte Verhaltensmodell im Kontext der Information Security Awareness eingesetzt werden. Das Modell hilft zu verstehen, wie sich das Verhalten eines Menschen bildet und warum er sich eventuell nicht sicherheitskonform verhält. Da *Einschränkungen aus dem Umfeld* nicht von den handelnden Personen kontrolliert werden können, wird dieser Faktor aus dem Verständnis der Information Security Awareness herausgenommen (vgl. Schütz, 2018). Die vier relevanten Faktoren (vgl. Bild 4.2) werden im Folgenden näher erläutert.

Wissen und Fähigkeiten

Wissen in Bezug auf Informationssicherheit und die Fähigkeit, dieses Wissen umzusetzen, sind wichtige Voraussetzungen für sicherheitskonformes Handeln (z. B. Khan et al., 2011).

Peter weiß nicht, wie ein sicheres Passwort aussieht. Er kann nur zufällig ein sicheres Passwort wählen. Clara wurde nicht erklärt und gezeigt, wie sie sich sicher mittels VPN mit dem Unternehmensnetzwerk von zu Hause aus verbinden kann. Demnach wird sie dies vermutlich auch nicht tun.

Zum Wissen gehört die Wahrnehmung (Perception, vgl. Hänsch & Benenson, 2014). Anwendende sollen wissen, welche Gefahren es für die Informationssicherheit gibt, und sie sollen in der Lage sein, diese Gefahren zu erkennen. Sie wissen auch, welche Konsequenzen ihnen und der Organisation durch diese Gefahren drohen können.

Peter weiß, was Phishing-E-Mails sind und dass durch solche Mails Log-in-Daten abgegriffen werden können, mit denen Kriminelle dann Zugriff auf interne Anwendungen haben. Er kennt die Merkmale von solchen Mails und kann eingehende E-Mails aufgrund dieser Merkmale als Phishing identifizieren.

Die zweite Dimension ist der Schutz (Protection, vgl. Hänsch & Benenson, 2014). Die Anwendenden wissen, wie sie sich vor den Gefahren für die Informationssicherheit schützen können, also welche Gegenmaßnahmen es gibt bzw. wie sie sich sicher verhalten sollen. Zu dieser Dimension zählt auch, dass Anwendende wissen, welche Rolle sie selbst haben. Sie wissen, wie sie mit ihrem Verhalten zur Sicherheit der Organisation beitragen.

Peter weiß, dass er eingehende E-Mails auf die Merkmale von Phishing hin untersuchen soll und dass er insbesondere bei Verdacht keine Anhänge öffnen oder auf Links klicken darf. Er weiß, dass er verdächtige E-Mails sofort an den IT-Helpdesk melden soll.

Häufig wird Awareness in der Praxis noch immer mit Training oder Schulungen gleichgesetzt. Um die Awareness der Angestellten zu erhöhen (gemeint ist allerdings, das Verhalten der Angestellten sicherer zu machen), müssen sie in Fragen der Informationssicherheit geschult werden. Wenn man Wissen und Wollen als zwei Faktoren von Awareness betrachtet, ist dies nicht korrekt. Schulungen bieten selbstverständlich die Möglichkeit, die Awareness zu steigern. Hauptsächlich bezieht sich dies aber auf den Faktor Wissen (z. B. Helisch, 2009, S. 10; Khan et al., 2011). Scheitert das derzeitige Verhalten am Wollen, führen (weitere) Schulungen nicht zu einer Erhöhung der Awareness und auch nicht zu einer Verhaltensänderung. Das Absolvieren eines generischen webbasierten Trainings mit einem Multiple Choice-Quiz am Ende bedeutet nicht, dass die Angestellten in ihrem täglichen Doing etwas ändern werden (Beris et al., 2015; Beyer et al., 2015).

Verhaltensabsicht

Der Faktor Wollen bzw. Verhaltensabsicht hat den größten Einfluss auf das informationssicherheitskonforme Verhalten. Um effektiv die Informationssicherheit zu verbessern, müssen die Menschen ihr Wissen über Bedrohungen und wie man sie bekämpft in Handeln umsetzen.

Die Verhaltensabsicht ist ein komplexes Konstrukt, welches sich aus Emotionen und Überzeugungen einer Person im Hinblick auf ein bestimmtes Verhalten bildet. Bei einer Überzeugung handelt es sich um eine kognitive Information über ein Verhalten, z. B.: „Niemand in unserem Unternehmen meldet Phishing-Mails an den IT-Helpdesk.“ Überzeugungen entstehen durch eigene Erfahrungen oder durch Informationen von anderen Personen.

In Gesprächen mit seinen Kolleg:innen stellt Peter immer wieder fest, dass niemand verdächtige E-Mails an den IT-Helpdesk meldet. Er hat zudem die Erfahrung gemacht, dass der Helpdesk nie auf seine Meldungen reagiert. Peter ist verunsichert, ob das Melden der Mails wirklich nötig ist.

Ob eine Person eine Verhaltensabsicht bildet, hängt ab von ihrer Einstellung zu dem Verhalten, ihrer Wahrnehmung der Normen in ihrem sozialen Arbeitsumfeld und ihrer Einschätzung ihrer persönlichen Handlungsfähigkeit. Die Verhaltensabsicht kann demnach in drei Bereiche unterteilt werden: die Einstellung, die wahrgenommene Norm und die persönliche Handlungsfähigkeit (vgl. Bild 4.3).

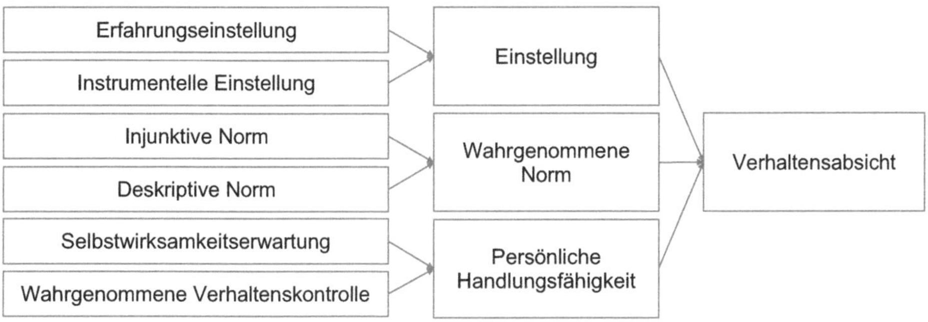

Bild 4.3 Verhaltensabsicht bildet sich aus Einstellung, wahrgenommener Norm und persönlicher Handlungsfähigkeit (in Anlehnung an Montaño & Kasprzyk, 2008, S. 77)

Einstellung

Clara ist genervt, wenn sie an die strengen Regeln zur Verwendung von USB-Sticks denkt. Zudem vermutet sie, dass der Verzicht auf USB-Sticks sinnlos ist und keine positiven Auswirkungen auf die Informationssicherheit hat.

Die Einstellungen umschreiben das Ausmaß an Zustimmung oder Ablehnung eines Menschen gegenüber einer bestimmten Verhaltensweise. Das IBM unterscheidet zwischen der Erfahrungseinstellung und der instrumentellen Einstellung.

Die **Erfahrungseinstellung** (affektive Einstellung) beruht auf persönlichen Erfahrungen, Emotionen und Gefühlen, die mit dem Verhalten verbunden sind. Die Person kann positive oder negative Erfahrungen gemacht haben, die Einstellung zu dem Verhalten entsprechend positiv oder negativ sein. Positive Emotionen erhöhen die Wahrscheinlichkeit der Verhaltensausführung.

Peter ärgert sich darüber, dass der IT-Helpdesk auf die letzten drei gemeldeten Phishing-Mails keine Antwort gesendet hat.

Die **instrumentelle Einstellung** (kognitive Einstellung) stellt die Überzeugung einer Person dar, welche Auswirkung oder Konsequenz ein bestimmtes Verhalten haben wird. Sie beruht auf einer rationalen Abwägung von Vor- und Nachteilen. Je mehr die Person davon überzeugt ist, dass das Ergebnis des Verhaltens positiv sein wird, umso positiver ist ihre Einstellung dem Verhalten gegenüber.

Ist Peter überzeugt, dass Phishing eine große Gefahr für das Unternehmen darstellt und dass durch eine schnelle Meldung der IT-Helpdesk Schlimmeres verhindern kann, wird er verdächtige E-Mails vermutlich dennoch melden.

Wahrgenommene Norm

In der letzten Sicherheitsschulung wurde Clara erklärt, dass sie den Bildschirm immer sperren muss, wenn sie ihren Arbeitsplatz verlässt. Ihre Freundin Paula aus der IT hat Clara die Gefahr eines ungesperrten Bildschirms auch schon ein paarmal erklärt. Dennoch beobachtet Clara immer wieder, dass der Teamleiter den Bildschirm zwar sperrt, wenn er in die Mittagspause geht, aber nicht, wenn er sich einen Kaffee holt.

Eine Norm bezeichnet die Art und Weise, wie sich Personen in ihrem sozialen Umfeld typischerweise verhalten oder verhalten sollen. Die wahrgenommene Norm entspricht dem von einer Person gefühlten Druck des Umfelds, ob ein Verhalten ausgeführt werden soll oder nicht. Im IBM wird zwischen der injunktiven und der deskriptiven Norm unterschieden.

Die **injunktive Norm** entspricht der gefühlten Norm im sozialen Umfeld der Person. Sie beschreibt die Annahmen der Person darüber, welches Verhalten von ihr erwartet wird und ob sie ein Verhalten akzeptieren oder ablehnen. Die injunktive Norm wird beeinflusst von den Überzeugungen, welches Verhalten die Menschen von der Person erwarten, und von der Motivation der Person, diesen Erwartungen zu entsprechen.

In den Sicherheitsrichtlinien des Unternehmens steht, dass Passwörter nicht aufgeschrieben werden dürfen. Die Abteilungsleiterin hat Peter und seine Kolleg:innen bei der letzten Teamsitzung noch einmal darauf hingewiesen. Sie hat auch erklärt, dass es wichtig ist, sich an diese Richtlinie zu halten, da im Großraumbüro niemand so richtig den Überblick hat, wer sich dort alles aufhält.

Die **deskriptive Norm** bezieht sich auf die Wahrnehmung der Person, wie sich die anderen im sozialen Umfeld tatsächlich verhalten. Es wird nicht beachtet, ob das Verhalten von anderen gebilligt oder abgelehnt wird (also der injunktiven Norm entspricht). Auf die deskriptive Norm wirkt vor allem die Häufigkeit eines gezeigten Verhaltens anderer Personen im Umfeld ein.

Von Martin weiß Peter, dass er sich sein Passwort dennoch aufgeschrieben hat, weil er es sich sonst nicht merken kann. Nun erklärt ihm auch noch Julie, wo sie ihr Passwort aufbewahrt, falls Peter während des Urlaubs mal an ihren Computer muss, weil ihr wichtigster Kunde eine Anfrage hat.

Persönliche Handlungsfähigkeit

Clara bekommt ein neues Diensthandy mit einem ihr eher unbekannten Betriebssystem, das sicherer als das alte sein soll. Das Smartphone liegt wochenlang zu Hause bei ihr herum, weil sie sich nicht zutraut, ihre gewohnten Apps mit allen Zugangsdaten und allen Kontakten auf dem neuen Gerät zu installieren.

Die persönliche Handlungsfähigkeit beschreibt die wahrgenommene Fähigkeit bzw. das Selbstvertrauen einer Person und wie sie ihre Fähigkeit einschätzt, auf Ereignisse im Umfeld zu reagieren. Die persönliche Handlungsfähigkeit setzt sich zusammen aus der Selbstwirksamkeitserwartung und der wahrgenommenen Verhaltenskontrolle.

Die **Selbstwirksamkeitserwartung** bezeichnet die Überzeugung einer Person, mit ihren individuellen Kompetenzen das Verhalten zu bewältigen, also ob sie sich die Ausführung eines Verhaltens zutraut. Die Selbstwirksamkeitserwartung bezieht sich nur auf die eigenen Fähigkeiten. Meistert eine Person erfolgreich eine Herausforderung, wirkt sich dies positiv auf die Selbstwirksamkeitserwartung aus.

Nach einem Ransomware-Vorfall werden alle Mitarbeitenden gebeten, vorsichtshalber ihre Passwörter zu ändern. Peter hat die Passwortregeln schon lange verinnerlicht und wendet sie auch im privaten Umfeld immer wieder an, wenn er ein neues Passwort erstellt. In kurzer Zeit hat er ein neues, sicheres Passwort für den Arbeitsplatz erstellt.

Die **wahrgenommene Verhaltenskontrolle** beschreibt die Einschätzung einer Person, ob sie über die benötigten Ressourcen zur Ausführung eines Verhaltens verfügt. Die Überzeugung einer Person über die Kontrolle des eigenen Verhaltens, angesichts beeinflussender Faktoren aus dem Umfeld, wirkt sich auf die Verhaltenskontrolle aus. Diese Überzeugung wirkt auch auf die individuelle Einschätzung, ob ein Verhalten eher einfach oder schwierig auszuführen ist.

Das Unternehmen führt eine Zwei-Faktor-Authentifizierung mit einem USB-Token als zweitem Faktor ein. Peter hat von seinen Bekannten schon oft gehört, dass es mit diesem Verfahren immer wieder Probleme gibt und die Anmeldung nicht zuverlässig funktioniert. Außerdem weiß er, dass er sehr vergesslich sein kann, und ist skeptisch, dass er das Token manchmal zu Hause vergisst.

Bild 4.4 fasst die dreimal zwei Faktoren, welche die Verhaltensabsicht bilden, noch einmal anhand von beispielhaften Aussagen zusammen.

Bild 4.4 Beispiele zu den Faktoren der Verhaltensabsicht: links eine allgemein gehaltene positive Erklärung, rechts eine negative Aussage bezogen auf die Bildschirmsperre (eigene Darstellung)

Salienz

Etwas ist salient, wenn es aus dem direkten Umfeld hervorsticht und wenn es auffällt (z. B. ein grüner Punkt unter lauter roten). Hat eine Person eine Verhaltensabsicht gefasst und ist dieses Verhalten für sie im Moment salient – also sichtbar oder auffällig –, dann setzt sie dieses Verhalten auch um. Vor allem wenn ein längerer Zeitraum nach der gefassten Verhaltensabsicht vergangen ist, ist Salienz wichtig, sodass die Person sich an das gewollte Verhalten bzw. die Verhaltensabsicht erinnert.

Das Thema des letzten E-Learning-Kurses war USB-Sticks. Peter wurden die Gefahren des Benutzens von fremden USB-Sticks eindrücklich vor Augen geführt. Er kennt die entsprechende Richtlinie, welche die Benutzung von USB-Sticks generell verbietet. Drei Monate später schenkt ihm eine Anwältin einen USB-Stick mit einigen interessanten White Papers darauf. Kann sich Peter noch daran erinnern, dass er keine USB-Sticks verwenden soll? Ist das Verhalten für ihn in diesem Moment salient?

Die Faktor Salienz beschreibt, welche Aufmerksamkeit einem Verhalten zukommt. Als salient werden Dinge, Anregungen oder Ereignisse bezeichnet, die mehr Aufmerksamkeit auf sich ziehen als andere. Sie sind besonders wichtig oder auffallend. Salienz beschreibt auch die Eigenschaften eines Objektes, die dieses aus seinem Umfeld herausstechen lassen und es somit dem Bewusstsein der Menschen leichter zugänglich machen. Salienz hat aber auch etwas mit persönlicher Relevanz zu tun. Reize und Ereignisse, die persönlich bedeutungsvoll und emotional provozierend sind, sind salienter.

Nicht schon wieder ... Peter fällt in letzter Zeit immer häufiger auf, dass seine Kolleginnen und Kollegen im Großraumbüro ihre Bildschirme nicht sperren, wenn sie das Büro verlassen. Nachdem seine Tochter zu Hause einmal ziemliches Chaos an seinem Arbeitsrechner angestellt hat, weil er den Bildschirm nicht gesperrt hatte, hat er das Sperren des Bildschirms so verinnerlicht, dass er darüber gar nicht mehr nachdenkt. Umso mehr ärgert ihn zunehmend, dass die anderen nicht darauf achten, und das, wo es doch gerade erst letzten Monat in einer anderen Abteilung diesen Vorfall gegeben hat. Er legt den Kolleg:innen kleine Zettelchen auf die Tastatur mit witzigen Sprüchen, um sie wachzurütteln. In der IT fragt er nach, ob es dort nicht noch so ein Plakat vom letzten Cyber Security Month gibt, welches man an die Bürotür hängen könnte.

Gewohnheit

Verhalten, welches zu einer Gewohnheit geworden ist, wird automatisch ausgeführt. Bestimmte Trigger (Ereignisse, Reize, Hinweise) lösen das Verhalten aus, ohne dass die Person darüber nachdenken muss. Zu einer Gewohnheit können Verhaltensweisen werden, wenn sie regelmäßig, an bestimmte Gegebenheiten gekoppelt, ausgeführt werden, z. B. immer nach dem Mittagessen oder bei jedem Anruf.

Peter sperrt seinen Bildschirm immer, wenn er den Arbeitsplatz verlässt. Vor ein paar Wochen (nach dem Vorfall mit seiner Tochter) hat er immer ganz bewusst die Tastenkombination gedrückt, bevor er aufgestanden ist. Mittlerweile passiert das automatisch, wenn er vorhat, seinen Arbeitsplatz zu verlassen.

Nicht jedes informationssicherheitskonforme Verhalten kann zu einer Gewohnheit werden. Voraussetzung ist die regelmäßige (und häufige) Ausführbarkeit des Verhaltens in einem gleichen Kontext. Es ist z. B. etwas anderes, einen USB-Stick auf einer Tagung geschenkt zu bekommen, als einen Stick auf dem Parkplatz zu finden oder von einer Kollegin gebeten zu werden, ein Dokument auf einen Stick zu speichern. Der Kontext ist jedes Mal ein anderer, und die potenzielle Verwendung des USB-Sticks ist sehr unregelmäßig.

Gewohnheiten stärken die Ausführung eines informationssicherheitskonformen Verhaltens, und die regelmäßige Ausführung des Verhaltens stärkt wiederum die Bildung einer Gewohnheit. Nimmt die Gewohnheit zu, dann nimmt der Einfluss der Verhaltensabsicht auf die Ausführung des Verhaltens ab. Das Verhalten wird ohne Nachdenken und ohne den – möglicherweise widersprüchlichen – Einfluss der verschiedenen Faktoren, welche die Verhaltensabsicht bilden, ausgeführt.

4.1.3 Individualisierung

„When it comes to security awareness, more is not better – less but relevant is."

(Sasse et al., 2023)

So unterschiedlich die Menschen sind, so unterschiedlich ist auch ihre Information Security Awareness. Jede Person treibt etwas anders an, jede hat ein anderes Verständnis von der Welt und nimmt sie mit anderen Augen wahr, jeder hat andere Erfahrungen gemacht, und alle haben andere Vorlieben, Bedürfnisse, Ängste und Überzeugungen. Alle diese Aspekte prägen die Awareness und damit das Verhalten der Menschen. Personen haben unterschiedliche Aufgaben und verschiedene Arten von Verantwortung in Organisationen, sie sind anderen Risiken in ihrer Tätigkeit ausgesetzt und kommen mit verschiedenen Aspekten der Informationssicherheit in Berührung. Mit dem Ansatz „One Size Fits All" alle Personen gleichermaßen erreichen zu wollen, scheint also von vornherein zum Scheitern verurteilt. Dennoch ist es genau das, was viele Unternehmen in der Vergangenheit getan haben, um die Awareness ihrer Mitarbeitenden zu erhöhen. Mit den gleichen, quartalsweise/jährlich wiederkehrenden Schulungen bzw. E-Learnings soll die Awareness gesteigert und damit ein sicheres Verhalten gefördert werden (z. B. Bada et al., 2015; Beris et al., 2015; Sasse et al., 2023; Schütz et al., 2020a).

Unternehmen neigten bisher dazu, „irgendetwas" zu tun, um dem Thema Awareness Rechnung zu tragen. Häufig ging es darum, einen Haken hinter dieses Thema zu setzen, weil es beispielsweise von ISMS-Rahmenwerken gefordert wird oder im Rahmen des unternehmerischen Risikomanagements auf der Agenda steht. In diesem Zusammenhang stehen Aussagen wie:

- „Wir schulen unsere Mitarbeitenden über eingekaufte E-Learning-Module. Die Teilnahme an den Kursen ist Pflicht für alle Mitarbeitenden."
- „Wir verschicken regelmäßig Newsletter und haben Plakate aufgehängt."
- „Wir versenden Phishing-E-Mails und schauen dann, wie viele Mitarbeitende darauf hereinfallen. Wer klickt, muss eine Schulung absolvieren."
- „Wir haben Aufklärungsvideos erstellen lassen."

Alle diese Maßnahmen sind geeignet, Mitarbeitende für Informationssicherheit zu sensibilisieren. Ob sie es tatsächlich tun, hängt vom aktuellen Zustand der Awareness der Mitarbeitenden ab.

Beispiele aus der Praxis zeigen, dass Sensibilisierungskonzepte dann erfolgreich sind, wenn sie gezielt auf die Anforderungen des Unternehmens und die Bedürfnisse seiner Mitarbeitenden eingehen. Der Luxusuhrenhersteller IWC Schaffhausen begann 2012 mit seiner Security Awareness-Kampagne. IWC kombinierte verschiedene Awareness-Maßnahmen wie Live Hacking, Newsletter, Gewinnspiele und „Lunch & Learn"-Veranstaltungen. Erfolgsfaktor der Kampagne war die zielgruppenspezifische Aufbereitung der verschiedenen Maßnahmen. Die Mitarbeitenden sollten verstehen, welche Informationen warum geschützt werden müssen und welchen Beitrag sie dazu leisten können. (DXC Technology, 2017)

Für eine effektive Sensibilisierung der Mitarbeitenden ist es notwendig, deren Bedürfnisse und Anforderungen, aber auch die Ist-Situation im Unternehmen zu kennen und diese bei der Erstellung und der Durchführung von Awareness-Maßnahmen zu berücksichtigen. Effektiv bedeutet in diesem Zusammenhang, dass die Maßnahmen dazu geeignet sind, die Awareness tatsächlich zu erhöhen und damit letztendlich das Verhalten der Mitarbeitenden informationssicherer zu machen (vgl. Bild 4.1).

Für eine effektive Sensibilisierung sollten die Awareness-Maßnahmen individualisiert sein. Individualisierung bedeutet im unternehmerischen Kontext, ein spezifisches Szenario auf die Bedürfnisse einzelner Personen (Individuen) anzupassen. Dies wird beispielsweise bei der Gestaltung von Produkten oder Dienstleistungen getan. In der Didaktik ist Individualisierung die Anpassung von Lerninhalten und Lernprozessen an die individuellen Bedürfnisse, unterschiedlichen Kompetenzen und verschiedenen Lernstile der lernenden Person (Deimann, 2016, S. 10 ff.). Auch ISMS-Rahmenwerke wie der IT-Grundschutz weisen mittlerweile darauf hin, dass sich ein Sensibilisierungs- und Schulungsprogramm an den jeweiligen Zielgruppen orientieren sollte. Bei der Konzeption sollen spezielle Anforderungen und verschiedene Hintergründe berücksichtigt werden (BSI, 2023, S. 120).

Jede Person da abzuholen, wo sie steht, ist nicht nur effektiv, es macht auch betriebswirtschaftlich Sinn. Es ist eine Verschwendung von Ressourcen, wenn sich Mitarbeitende jedes Quartal mit den gleichen Aspekten auseinandersetzen müssen, die sie bereits kennen und verstanden haben, die sie aber nicht umsetzen können oder nicht umsetzen wollen. Genauso wenig macht es Sinn, alle Mitarbeitenden gleichermaßen in Sicherheitsexpert:innen verwandeln zu wollen und ihnen jeden Aspekt der Informationssicherheit bis ins kleinste Detail zu erklären (Beyer et al., 2015). Die Arbeitszeit der zu sensibilisierenden Mitarbeitenden kann sinnvoller für andere Tätigkeiten verwendet werden, und auch die Ausgaben bzw. Kosten für diese Sensibilisierungsmaßnahmen kann sich das Unternehmen sparen.

Um das Phänomen Individualisierung von Security Awareness-Maßnahmen aus Sicht der Praxis zu analysieren, hat Kutzner (2023) Expert:innen[1] befragt. Die wesentlichen Erkenntnisse der Interviews fasst der folgende Kasten zusammen.

[1] Die acht deutschsprachigen Expert:innen hatten zum Zeitpunkt der Befragung Anfang 2023 zwischen drei und 15 Jahren Erfahrung in der Konzeption und Erstellung von Maßnahmen zur Förderung der Information Security Awareness. Sie arbeiteten in verschiedenen Branchen (u. a. Telekommunikation, Finanzdienstleistungen, Automobil, Energie), fast überwiegend in Großunternehmen, aber auch als Beratende. Die Interviews wurden gemeinsam mit Metzger (2023) durchgeführt, und Erkenntnisse daraus flossen auch in seine Arbeit ein.

Zielgruppenorientierte Sensibilisierung ist der „Way to Go“

Die Expert:innen sind sich einig, dass Security Awareness-Maßnahmen an die Bedürfnisse der Zielgruppe angepasst werden sollten. Um diese Bedürfnisse und die Anforderungen der Zielgruppe zu erfassen, sollte zu Beginn eine Ist-Analyse im Unternehmen erfolgen. Bei der Individualisierung gilt es, unternehmensspezifische Kriterien (z. B. Branche, Sprache, Kultur) und personenbezogene Kriterien (z. B. Aufgabenbereich, Vorwissen) zu berücksichtigen. Die Kriterien sind zur Bildung von Zielgruppen heranzuziehen. An der Eigenentwicklung von individualisierten Maßnahmen führt kein Weg vorbei, da sich kommerzielle Produkte oder frei verfügbare Lösungen nicht im notwendigen Ausmaß individualisieren lassen. Sensibilisierung sollte dennoch zunächst allgemein starten (Zielgruppe = gesamte Organisation) und dann individualisiert werden (verschiedene Zielgruppen). Jede Sensibilisierung ist besser als keine Sensibilisierung. Die Individualisierung von Maßnahmen kann auch in einem Co-Design-Prozess mit Mitgliedern der Zielgruppe erfolgen. Der mögliche Grad der Individualisierung hängt von den genutzten Medien ab.

Individualisierte Sensibilisierungsmaßnahmen würden auf jede Person einzeln zugeschnitten und deren jeweilige Überzeugungen, Anforderungen und Emotionen adressieren und individuelle Lernpräferenzen berücksichtigen. Diese komplette Individualisierung von Awareness-Maßnahmen ist ökonomisch allerdings auch (noch?) nicht sinnvoll.[2] Stattdessen werden in der Praxis Gruppen von Personen gebildet und für diese Gruppen individuelle bzw. zielgruppenspezifische Maßnahmen erstellt.

Individualisierung für die Organisation

Der erste Schritt ist allerdings, dass die Maßnahmen überhaupt zur Organisation bzw. zum Unternehmen passen. Das betrifft z. B. die Berücksichtigung von regionalen, kulturellen oder sprachlichen Aspekten (Beyer, 2009; Beyer et al., 2015; Lazic, 2019, S. 126 f.). Aber auch die Inhalte sollten auf die Organisation zugeschnitten und passend sein. Welche Aspekte beim informationssicheren Verhalten relevant sind und wie dieses genau definiert ist, unterscheidet sich von Unternehmen zu Unternehmen. In einem öffentlichen Gebäude sind die Zutrittsregelungen andere als in einem Kraftwerk und dort wiederum anders als in einem produzierenden Betrieb oder in einer Verkaufsfiliale. Sind weder Homeoffice noch mobiles Arbeiten erlaubt, müssen Mitarbeitende nicht für die Gefahren des Arbeitens außerhalb des Unternehmens sensibilisiert werden. Jede Organisation hat eine individuelle technische Infrastruktur, und die Mitarbeitenden verwenden im Arbeitsalltag andere IT-Systeme, Tools und Hardware. Es gibt branchen- oder landesspezifische Regelungen, Standards oder Gesetze, die bei der inhaltlichen Erstellung der Maßnahmen berücksichtigt werden sollten.

Bild 4.5 zeigt auf der linken Seite den ersten Schritt zur Individualisierung von Awareness-Maßnahmen. Zunächst ist ein Verständnis der zu betrachtenden Organisation notwendig, z. B. anhand der eben genannten Kriterien und Merkmale. Die Ist-Analyse vor der eigentlichen Auswahl/Erstellung/Anpassung von Sensibilisierungsmaßnahmen ist somit unumgänglich.

[2] Es gibt bereits Überlegungen, mithilfe von künstlicher Intelligenz Lerninhalte tatsächlich individuell auf einzelne Personen zuzuschneiden.

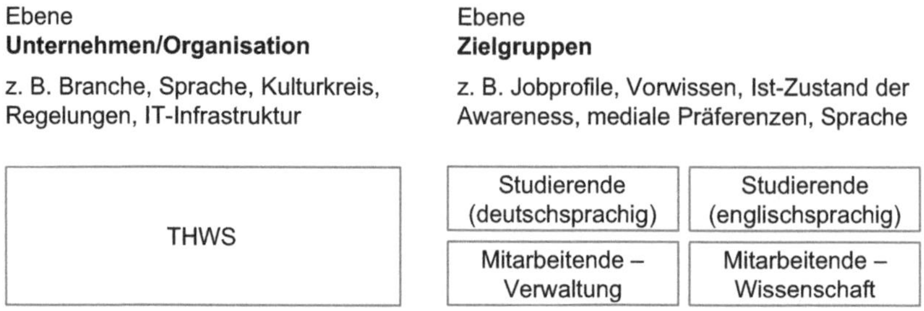

Bild 4.5 Kriterien und Beispiele zur Individualisierung (eigene Darstellung)

Sowohl in der Literatur (z. B. Beyer et al., 2015; Ki-Aries et al., 2016; Lazic, 2019; Weber et al., 2019) als auch in der Praxis wird eine umfangreiche Ist-Analyse der aktuellen Lage als geeigneter Ansatzpunkt eines Individualisierungsprozesses von Awareness-Maßnahmen beschrieben. Als Beispiel dient hier die Technische Hochschule Würzburg-Schweinfurt (THWS), welche dem Bildungswesen zuzuordnen ist, überwiegend deutschsprachig ist, aber auch viele internationale Studierende hat und dem bayerischen, deutschen und europäischen Recht unterliegt.

Bildung von Zielgruppen

Der nächste Schritt ist die Bildung von Zielgruppen innerhalb der betrachteten Organisation. Ein typischer Ansatz zur Zielgruppenbildung ist die Orientierung an den Jobprofilen der Mitarbeitenden. Ein Jobprofil kombiniert verschiedene Aspekte, die für die Sensibilisierung relevant sind:

- Risikoprofil: potenzielle Risiken (z. B. besonderes Ziel für Phishing-Angriffe), welchen die Mitarbeitenden ausgesetzt sind, und mögliche negative Konsequenzen dieser Risiken
- Informationsverantwortung: Verantwortung im Hinblick auf bestimmte Tätigkeiten und zu verarbeitende Informationen, z. B. Mahnungswesen und dazu relevante Regelungen
- Ausbildung und Wissensstand: fachliche Skills, z. B. Java-Kenntnisse
- Externe Interaktion: ob und wie viel Kontakt mit externen Parteien besteht, z. B. mit Kunden
- Nutzung von Software/Hardware: aktiv im Arbeitsalltag genutzte Software (z. B. SAP) und genutzte Geräte (z. B. Laptop, Smartphone)

Ausgehend von einer für alle Mitarbeitenden gleichen Grundsensibilisierung, werden je nach Arbeitsgebiet im Unternehmen andere Inhalte präsentiert. Lazic (2019) nennt dies Broadcasting (ein definiertes Set an Kernbotschaften für alle Mitarbeitenden) und Narrowcasting (auf die Bedürfnisse der verschiedenen Zielgruppen zugeschnittene Informationen). Zielgruppen sind beispielsweise das Management, die Mitarbeitenden der IT oder der Personalabteilung. Von Tippelskirch und Scholl (2022) stellen zusätzlich zu den für alle Berufe geltenden Basisanforderungen sechs Tätigkeitsprofile vor, welchen unterschiedliche Lerninhalte vermittelt werden sollen:

- Produktion, Entwicklung und Vertrieb
- Strategie und Führung
- Informationsverarbeitung und IT-Infrastruktur
- Verwaltung und Personal

- Instandhaltung und Vermittlung
- Organisations- und Assistenztätigkeiten

Beispielsweise macht es wenig Sinn, Mitarbeitende aus dem Vertrieb tiefgehend über hardware-lastige IT-Risiken aufzuklären. Stattdessen sollte der Vertrieb für sicheres Verhalten beim mobilen Arbeiten und für die Gefahren von Social Engineering sensibilisiert werden.

Die Orientierung an unterschiedlichen Anforderungen gemäß Aufgabenbereichen oder Abteilungen ist jedoch nur ein erster möglicher Schritt in Richtung Zielgruppenorientierung. Es können und sollten laut der interviewten Personen weitere Aspekte berücksichtigt werden, z. B. (Kutzner, 2023):

- hierarchische Stellung im Unternehmen
- Vorwissen und Fähigkeiten zur Informationssicherheit
- zur Verfügung stehende Zeit für Awareness-Maßnahmen
- Präferenzen für mediale Darstellung oder Tools
- Sprachkenntnisse/Muttersprache
- Kulturkreis/kultureller Hintergrund
- persönliche Barrieren, z. B. körperliche oder geistige Beeinträchtigungen

Mehrere Interviewpersonen betonten, dass die Relevanz einzelner Kriterien je nach Anwendungsszenario variiert. Awareness-Maßnahmen sollten idealerweise immer in der Muttersprache der Adressierten erstellt werden. Die Verwendung soziodemografischer Merkmale zur Bildung von Zielgruppen sollte gemäß den Expert:innen vermieden werden. Auch viele Studien kommen zu dem Ergebnis, dass beispielsweise das Alter und das Geschlecht der Personen keinen oder kaum einen Einfluss auf die Awareness haben (s. Bullée & Junger, 2019, S. 10 f.). Ki-Aries et al. (2016) empfehlen hingegen die Erstellung von Personas, um verschiedene Aspekte der Zielgruppen (z. B. Interessen, Ziele, Motive, aber auch Alter und Geschlecht) als „typische" Anwendende zu beschreiben.

Die Studie von Beris et al. (2015) stellt 16 verschiedene Typen von Personen dar, die anhand der beiden Dimensionen „Risikoverständnis" und „Sicherheitsemotion" eingeteilt werden. Das Risikoverständnis drückt aus, ob die Personen wissen und verstehen, welches Risiko ihre Handlungen verursachen, und wird eingeteilt in sehr hoch/hoch/niedrig/sehr niedrig. Die Sicherheitsemotion bezeichnet die Einstellung, welche die Personen gegenüber der Informationssicherheit haben. Sie wird angegeben in sehr positiv/eher positiv/eher negativ/sehr negativ. Aufgrund der je vier Ausprägungen der beiden Dimensionen ergibt sich eine 4 × 4-Matrix mit 16 Feldern bzw. Typen. Diese Einteilung berücksichtigt schwierig zu beobachtende und zu messende Kriterien, die aber dem Ist-Zustand der Awareness der Person nahekommen und hier vor allem die Faktoren Wissen/Fähigkeiten und Verhaltensabsicht abdecken. In der Studie wurden Personen anhand von getätigten Aussagen und Antworten auf Fragen zur Informationssicherheit hinsichtlich beider Dimensionen bewertet und damit einem der 16 Typen zugewiesen. Den verschiedenen Typen sollen dann die jeweils passenden Awareness-Maßnahmen zugutekommen. Beispielsweise sollen die Personen, die eine positive Einstellung zur Informationssicherheit haben, aber nur ein geringes Risikoverständnis zeigen, gezieltes Training erhalten. Personen, die ein hohes Risikoverständnis, aber eine negative Einstellung zur Informationssicherheit haben, umgehen häufig Regeln, weil sie diese nicht als sinnvoll erachten oder als Behinderung betrachten. Fallen viele Personen in diese Gruppe, so sollten die Regeln überdacht und hinsichtlich ihrer Umsetzbarkeit überprüft werden.

Die rechte Seite von Bild 4.5 zeigt mögliche Kriterien zur Bildung von Zielgruppen. An der THWS werden z. B. derzeit vier Zielgruppen unterschieden: deutschsprachige Studierende und internationale (nicht deutschsprachige) Studierende sowie Mitarbeitende in der Verwaltung und Mitarbeitende in der Wissenschaft. Die Unterteilung in Studierende und Mitarbeitende ist aufgrund unterschiedlicher Risiken für die Organisation sinnvoll und auch wegen anderer Nutzung der IT-Infrastruktur. Auch haben Studierende eine hohe Fluktuation bzw. eine geringere Verweildauer an der Hochschule. Die weitere Unterteilung der Studierenden dient nur der Sprache, die in den Awareness-Maßnahmen verwendet wird (Deutsch bzw. Englisch). Mitarbeitende in der Verwaltung nutzen z. T. andere IT-Systeme als wissenschaftliche Mitarbeitende. Letztere haben aufgrund von Freiheit in Forschung und Lehre häufig ein höheres Risikoprofil und arbeiten z. B. häufiger remote.

Vorgehen bei der Individualisierung der Awareness-Maßnahmen

Die Individualisierung von Awareness-Maßnahmen kann in drei Schritten ablaufen. Zunächst sollten aus der Vielzahl der zur Verfügung stehenden Maßnahmen (vgl. Kapitel 5) die grundsätzlich für die Organisation infrage kommenden Maßnahmen ausgewählt werden. Kriterien für die Auswahl können sein:

- die zur Verfügung stehenden Ressourcen (Höhe des Budgets, fachlich geeignetes Personal, Zeitrahmen) sowohl für die Planung, Design und Entwicklung bzw. Anpassung der Maßnahmen als auch für deren Durchführung
- die vorhandene mediale Infrastruktur, insofern diese bevorzugt genutzt werden soll (z. B. Unternehmenszeitung, Newsletter, Intranet, E-Learning-Tool), bzw. Integrationsfähigkeit der Maßnahmen
- positive/negative Erfahrungen im Unternehmen mit ähnlichen Maßnahmen bzw. Maßnahmen, die zur Unternehmenskultur passen
- Fit zur Strategie bzw. Leitlinie der Informationssicherheit
- gestalterische und zeitliche Einsatzmöglichkeiten, Kosten, Reichweite und Anpassungsaufwand der Maßnahmen
- Kauf vs. Eigenentwicklung

Im zweiten und dritten Schritt werden die Maßnahmen individualisiert erstellt bzw. an die Zielgruppen angepasst. Die Individualisierung von Maßnahmen schlägt sich grundsätzlich in verschiedenen Dimensionen nieder:

- Fachlicher Inhalt, z. B. relevante Regelungen der Informationssicherheit (passend zu IT-Systemen, Aufgabengebiet, Risiko), Beispiele aus dem Unternehmen und dem Arbeitsalltag
- Sprache, z. B. Muttersprache, aber auch Ansprache (du/Sie/ihr) bzw. Niveau der Vermittlung der Inhalte (Fachunkundige vs. Fachpublikum oder bezogen auf Vorwissen), Verwendung unternehmensspezifischer Begriffe/Abkürzungen
- Medium und Kommunikationskanal, z. B. synchrone vs. asynchrone Sensibilisierung, Ansprache verschiedener Lerntypen
- Design, z. B. Berücksichtigung des Corporate Designs (Farbgestaltung, Logo, Schriftart)
- Zeitpunkt/Zeitraum der Sensibilisierung, z. B. am Beginn des Semesters, jeden Montagmorgen, im Oktober

Zunächst werden die Maßnahmen an die Zielgruppe „Unternehmen“ bzw. „Organisation“ angepasst. Das betrifft z. B. die Sprache und das Design. Gerade kommerzielle Produkte zur Awareness-Förderung, wie z. B. E-Learning-Produkte, berücksichtigen unternehmensspezifische Besonderheiten wenig oder gar nicht. Sie liefern generische Hinweise und Regeln, welche nicht hinsichtlich der Relevanz im eingesetzten Unternehmen geprüft sind (Sasse et al., 2023, S. 249). Inzwischen bieten einige Anbieter rudimentäre Möglichkeiten der „Individualisierung“. So können einzelne Module nach ihrem Inhalt ausgesucht und den Mitarbeitenden in einer angepassten Reihenfolge präsentiert werden, z. B. abgestimmt auf andere Elemente einer Awareness-Kampagne. Es gibt teils Möglichkeiten, den Inhalt selbst anzupassen, z. B. die minimale geforderte Länge von Passwörtern oder Ansprechpersonen und Kontaktdaten im Unternehmen. Das Design kann in gewissen Grenzen dem Corporate Design nachempfunden werden, indem z. B. das Logo des Unternehmens und dessen Name eingefügt werden.

Im dritten und letzten Schritt erfolgt dann die Individualisierung auf Ebene der definierten Zielgruppen. Hier werden dann beispielsweise nur die Regelungen vermittelt, die für den Arbeitsalltag der Zielgruppe relevant sind, und es wird ein Medium oder Kommunikationskanal gewählt, der den Präferenzen der Zielgruppe entspricht, und der passende Zeitpunkt für die Durchführung ausgewählt. Bild 4.6 zeigt den Ablauf der Individualisierung von Awareness-Maßnahmen in den drei Schritten im Überblick.

Bild 4.6 Individualisierung von Awareness-Maßnahmen in drei Schritten (eigene Darstellung)

Vorteile und Herausforderungen der Individualisierung

Individualisierte oder zumindest zielgruppenspezifische Awareness-Maßnahmen sind sinnvoll. Vorteile der Individualisierung sind, dass die Mitarbeitenden sich eher abgeholt und verstanden fühlen, wenn die Inhalte auf ihre Aufgaben im Unternehmen zugeschnitten sind. Sie sind dann eher bereit, den präsentierten Regeln und Hinweisen zu folgen. Die Mitarbeitenden werden sich Inhalte, die nicht zielgruppenspezifisch sind oder unrealistische Forderungen an sie stellen, nicht merken und dementsprechend auch nicht befolgen (Beris et al., 2015; Beyer et al., 2015). Ihr Wille, sich aktiv an der Sicherheit im Unternehmen zu beteiligen, wird sinken. Die interviewten Expert:innen nannten folgende Vorteile der Individualisierung (Kutzner, 2023):

- Die Sensibilisierung ist effektiver und hat höhere Erfolgsquoten.
- Die Maßnahmen entsprechen eher den Anforderungen und Bedürfnissen der Zielgruppen.
- Mit individualisierten Maßnahmen ist es wahrscheinlicher, das Interesse an Informationssicherheit zu wecken.

- Das Gelernte ist besser anwendbar und hat eine höhere Alltagstauglichkeit.
- Mit passenden Maßnahmen kann der Ermüdung bzw. dem Abschalten der Zielgruppe entgegengewirkt werden.
- Individuelle Lerntypen können berücksichtigt bzw. unterstützt werden.

Trotz dieser verlockenden Vorteile ist die Individualisierung von Awareness-Maßnahmen in der Praxis nur teilweise bzw. schwer umsetzbar. Die Umsetzung einer zielgruppenzentrierten Sensibilisierung durch individualisierte Maßnahmen ist meist mit erheblichem Aufwand und organisatorischen Hürden verbunden. Der Grad der zielgruppenorientierten Sensibilisierung wird maßgeblich durch die zur Verfügung stehenden Ressourcen bestimmt.

Ist nur wenig Budget vorhanden, lohnt sich eventuell doch ein Blick ins Internet. Hier gibt es bereits eine Menge an kostenlos verfügbaren Sensibilisierungswerkzeugen, vor allem aus dem Bereich des sozialen Marketings, z. B. Poster, Logos, Flyer und Videos. Zum Teil erlauben diese auch eine Anpassung an Unternehmen und Zielgruppe. So können gegebenenfalls passende Maßnahmen ausgewählt werden. Wichtig ist, dass diese Maßnahmen gezielt eingesetzt werden.

Nicht nur Budget und Zeit müssen zur Verfügung stehen, im Unternehmen müssen auch Personen mit unterschiedlicher Fachexpertise vorhanden sein. Sie müssen eine Ist-Analyse durchführen können, sinnvolle Zielgruppen bilden, die Regelungen der Informationssicherheit verstehen und in der Lage sein, Awareness-Maßnahmen individualisiert zu erstellen. Bei einer falschen Herangehensweise (z. B. einer fehlerhaften Ist-Analyse) kann Individualisierung von Maßnahmen auch negative Auswirkungen haben und z. B. eine ablehnende Haltung fördern.

Es gilt also gut, abzuwägen, wie viel Individualisierung betriebswirtschaftlich tatsächlich sinnvoll und im Unternehmen auch realistisch und gut umsetzbar ist. Grundsätzlich kann aber festgehalten werden: je individueller die Ansprache, umso effektiver die Maßnahmen („more is not better - less but relevant is").

4.2 Vorgehensmodell zur zielgerichteten Sensibilisierung

Dass sich Anwendende nicht immer „richtig" verhalten, hat viele Gründe: u. a. mangelnde Erfahrung, unzureichende Schulungen, fehlendes Bewusstsein für Gefahren, Unvorsichtigkeit, Zeitmangel oder fehlende Alternativen. Ein „One size fits all"-Ansatz zur Sensibilisierung der Mitarbeitenden wird daher nicht funktionieren. Erfolgreiche Sensibilisierungsmaßnahmen sind auf den aktuellen Zustand der Security Awareness in der Belegschaft und auf weitere Rahmenbedingungen im Unternehmen zugeschnitten. Die Ergebnisse der Maßnahmen sollten gemessen oder überprüft werden, um den Erfolg nachzuweisen und das weitere Vorgehen gezielt zu planen. Dieser Abschnitt stellt ein Vorgehensmodell vor, welches in mehreren Schritten von der Analyse der Ausgangssituation in der Organisation und der Erhebung des aktuellen Ist-Zustands der Awareness der Mitarbeitenden die Gestaltung und Umsetzung einer zielgerichteten Awareness-Kampagne oder auch nur einzelner Maßnahmen zulässt.[3]

Das Vorgehensmodell zur gezielten Sensibilisierung der Mitarbeitenden besteht aus zwei Phasen: In der ersten Phase wird die Ist-Situation im Unternehmen analysiert. In der zweiten Phase werden die Mitarbeitenden zielgerichtet sensibilisiert. Das Vorgehensmodell erlaubt, kontinuierlich an der Erhöhung der Security Awareness zu arbeiten. Das hier vorgestellte Vorgehen ist in (Weber et al., 2019) publiziert und dort ausführlich beschrieben und mit Beispielen erläutert. Dort enthalten sind Hinweise auf Techniken, die in den einzelnen Schritten verwendet werden können. Hier soll das Modell nur kurz vorgestellt werden, um ein Grundverständnis zu schaffen, welches für die anderen Ausführungen im Buch notwendig ist. Ergänzend zu (Weber et al., 2019) wird mit der Analyse der Ist-Situation des Unternehmens ein weiterer Schritt an den Anfang des Vorgehens gestellt. Dieser Schritt wird etwas ausführlicher erläutert. Einige Bezeichnungen und Erklärungen werden gegenüber dem ursprünglichen Modell an neue Erkenntnisse aus Theorie und Praxis angepasst.

4.2.1 Das Vorgehensmodell im Überblick

Am Anfang steht der Wunsch einer Organisation, die Anwendenden für Informationssicherheit zu sensibilisieren. Hintergründe dafür können viele sein, wie regulatorische Erfordernisse oder die Notwendigkeit, einer Norm oder einem Rahmenwerk zu entsprechen. Ein gewisser Grad an Informationssicherheit kann von den Partnerunternehmen gefordert werden, oder Informationssicherheit ist ein Bestandteil der Unternehmensstrategie, weil sie für die Geschäftstätigkeit unabdingbar ist. Vielleicht möchte die Organisation Informationssicherheit als Teil des unternehmerischen Risikomanagements umsetzen, um z. B. den kontinuierlichen Geschäftsbetrieb zu sichern, Schäden durch Cyberangriffe zu minimieren oder Strafzahlungen bei Datenschutzvorfällen zu vermeiden. Die Organisation hat jedenfalls erkannt, dass Informationssicherheit wichtig ist und dass der Faktor Mensch für deren Gewährleistung eine entscheidende Rolle als Stütze des Informationssicherheitskonzepts spielt.

Das eigentliche Vorgehensmodell beginnt mit der Analysephase, in welcher der Ist-Zustand erhoben und analysiert wird. Dazu gehört es, die Rahmenbedingungen im Unternehmen zu erheben, z. B. sprachliche und kulturelle Besonderheiten sowie die vorhandene IT-Infrastruktur. Die für die Informationssicherheit relevanten Verhaltensweisen werden ermittelt. Dann wird das aktuelle Verhalten der Mitarbeitenden in Bezug auf Informationssicherheit untersucht und der Grad der Awareness im Unternehmen bestimmt. Die Analyse erfolgt beispielsweise meist über Fragebögen oder vereinzelt mittels automatisierter Auswertung des Verhaltens der Mitarbeitenden. Im Ergebnis entsteht eine Übersicht über den Wissensstand, die Überzeugungen, die Emotionen und mögliche Barrieren der Mitarbeitenden, aus der die Anforderungen an die Sensibilisierungsmaßnahmen abgeleitet werden.

In der Umsetzungsphase werden Sensibilisierungsmaßnahmen ausgewählt, entworfen, angepasst und durchgeführt. Als Maßnahmen kommen verschiedene existierende Formate wie Plakate, Awareness-Videos oder E-Learning-Module in Betracht, sofern sie passend sind oder an die Unternehmensspezifika anpassbar sind. Neue, eigene Maßnahmen können entworfen

[3] Ki-Aries et al. (2016) stellen einen ähnlichen Prozess in sechs Schritten vor. Ziel des Prozesses ist es, die Awareness zielgerichtet auf Basis der Bildung von Personas zu steigern.

und umgesetzt werden. Es werden die Maßnahmen ausgewählt und miteinander kombiniert, die zu den ermittelten Anforderungen passen und gezielt die defizitären Awareness-Faktoren beeinflussen, z. B. die Gewohnheit. Am Ende wird der Erfolg der Maßnahmen ermittelt. Die Ergebnisse fließen in die zukünftige Analyse, Planung und Durchführung ein.

Jede Maßnahme trägt dazu bei, dass die Awareness der Mitarbeitenden steigt. Sie verhalten sich sicherer und tragen zu einer erhöhten Informationssicherheit der eigenen Organisation bei. Idealerweise können sie auch sichere Verhaltensweisen für den persönlichen Bedarf und zukünftige Beschäftigungen mitnehmen. Die Kernidee zur zielgerichteten Sensibilisierung ist in Bild 4.7 dargestellt.

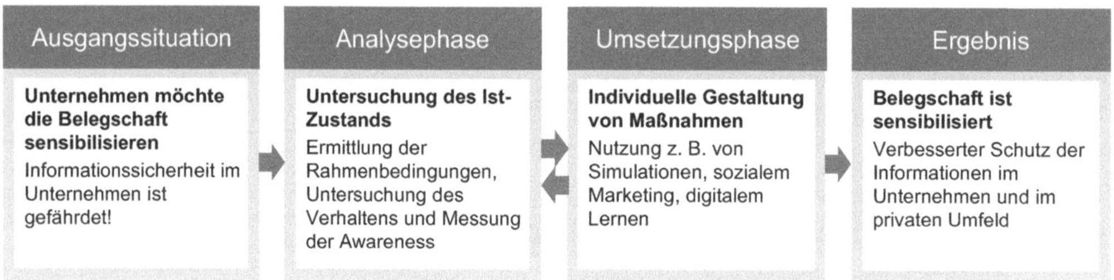

Bild 4.7 Grobablauf und Kernidee der zielgerichteten Sensibilisierung (in Anlehnung an Weber et al., 2019, S. 21)

Das Vorgehensmodell besteht aus den zwei Phasen Analyse und Umsetzung mit insgesamt neun Aktivitäten. Tabelle 4.1 gibt einen Überblick über die Phasen und Aktivitäten, die in den folgenden zwei Abschnitten beschrieben werden.

Tabelle 4.1 Phasen, Aktivitäten und Ergebnisse des Vorgehensmodells (in Anlehnung an Weber et al., 2019, S. 22)

Nr.	Aktivität	Ergebnis
Analysephase		
1	Ist-Situation des Unternehmens erfassen	Übersicht über Rahmenbedingungen und Anforderungen, Zielgruppen
2	Verhalten identifizieren	Liste mit relevanten Verhaltensweisen
3	Interviews vorbereiten und durchführen	Aufbereitete Interview-Mitschriften
4	Interviews analysieren	Übersicht über Wissensstand, Gewohnheiten, Überzeugungen, Emotionen und Barrieren
5	Fragebögen modellieren	Strukturierte Fragebögen
6	Persönliche Faktoren messen	Ist-Zustand Information Security Awareness
Umsetzungsphase		
7	Awareness-Kampagne planen	Ablaufplan Sensibilisierungskampagne
8	Maßnahmen durchführen	Zielgerichtete Awareness-Maßnahmen, sensibilisierte Mitarbeitende
9	Erfolg messen	Feedback und Verbesserungspotenzial

Analysephase und Umsetzungsphase sollten mehrfach durchlaufen werden. Die Ergebnisse von Aktivität 9 fließen dann wieder in eine erneute Analyse ein. Dieses Vorgehen ermöglicht, klein zu starten und kontinuierlich an der Verbesserung der Information Security Awareness zu arbeiten. Zudem können neue Anforderungen, Bedrohungen und Erkenntnisse immer wieder in die Gestaltung von Sensibilisierungsmaßnahmen einfließen.

4.2.2 Analysephase

Basis einer effektiven und zielgerichteten Sensibilisierung ist die Analyse der Ist-Situation im Unternehmen. Die erste Aktivität erfasst die Rahmenbedingungen in der betrachteten Organisation, um die folgenden Aktivitäten zielgerichtet für diese Organisation durchzuführen. Die zweite Aktivität wählt aus, welche sicherheitsrelevanten Verhaltensweisen der Mitarbeitenden in die weitere Betrachtung einfließen. Für diese Verhaltensweisen werden dann durch Interviews mit ausgewählten Mitarbeitenden der Wissensstand, Überzeugungen, Emotionen und mögliche Barrieren identifiziert. Aus dieser qualitativen Erhebung werden Annahmen über den derzeitigen Stand der Awareness erstellt, die anschließend quantitativ durch Umfragen unter allen Mitarbeitenden überprüft werden. Die Analyse der Umfrageergebnisse zeigt, welche Art von Sensibilisierungsmaßnahmen in der Umsetzungsphase durchgeführt werden sollten.

1 – Ist-Situation des Unternehmens erfassen

Damit die Sensibilisierung passend für das jeweilige Unternehmen erfolgen kann, müssen zunächst die Rahmenbedingungen erfasst, Grundannahmen geklärt und der derzeitige Stand erhoben werden. Für die Individualisierung können folgende Rahmenbedingungen des Unternehmens relevant sein:

- Branche
- Strategie des Unternehmens und Unternehmensorganisation
- Regionale Verteilung
- Unternehmenssprachen
- Kulturkreis
- Relevante (einzuhaltende) Gesetze oder Standards
- Relevante Stakeholder wie Geschäftsparteien, Kundschaft, Öffentlichkeit, Personen mit Aktieneigentum

Diese Kriterien sind häufig eher statisch und verändern sich nicht oft, sodass sie nicht bei jedem Durchlauf des Vorgehensmodell neu erfasst werden müssen. Konkret in Bezug auf die Informationssicherheit sollten folgende Aspekte bekannt sein oder erhoben werden:

- Welches sind die „Kronjuwelen" des Unternehmens? Welche Assets sollen eigentlich geschützt werden? Was sind die Ziele der Informationssicherheit?
- Wie sieht die IT-Infrastruktur aus? Welche Systeme und Tools werden von den Mitarbeitenden am häufigsten genutzt?
- Gibt es unterschiedliche Gruppen von Anwendenden aufgrund ihres Risikos für das Unternehmen (z. B. aufgrund der Informationen, die sie bearbeiten, oder Tools, die sie nutzen)?

- Wie ist der Status der Umsetzung des ISMS? Welche Regelungen/Richtlinien zur Informationssicherheit gibt es? Gibt es eine Leitlinie für Informationssicherheit?
- Wer sind die Verantwortlichen für Informationssicherheit?
- Welche Sicherheitsvorfälle gab es in der Vergangenheit? Welches sind bekannte Risiken für die Informationssicherheit, bei denen das Verhalten der Mitarbeitenden eine Rolle spielt?
- Wie sieht die Sicherheitskultur im Unternehmen aus? Wie wird im Unternehmen mit Fehlern umgegangen?

Grundsätzlich ist davon auszugehen, dass die Regelungen zur Informationssicherheit auch zur unternehmerischen Realität passen und für die Mitarbeitenden umsetzbar sind. Das dies nicht immer so ist, ist anhand von Beispielen beispielsweise in Abschnitt 2.1.2 beschrieben. Daher sollten in diesem Schritt auch bekannte Barrieren oder Hürden erfasst werden, die Ursachen für vermeintlich falsches Verhalten sein können (z. B. Aktenschränke sind nicht abschließbar, es steht keine eigene Infrastruktur für den Datenaustausch mit externen Parteien zur Verfügung).

Für die Ausgestaltung und Auswahl passender Awareness-Maßnahmen gilt es weitere Fragen zu beantworten:

- Welche Awareness-Maßnahmen wurden bisher durchgeführt und welche Erfahrungen wurden damit gemacht?
- Gibt es bekannte Präferenzen für oder Abneigungen gegen bestimmte Maßnahmen?
- Welche Ressourcen stehen zur Verfügung (Höhe des Budgets, fachlich geeignetes Personal)? Wie sind die zeitlichen Rahmenbedingungen für die Durchführung einer Kampagne?
- Welche weiteren Ressourcen und Ansprechpersonen (z. B. interne Kommunikation, HR, Legal/Compliance) können und sollten bei der Gestaltung von Awareness-Maßnahmen unterstützen?
- Welche mediale Infrastruktur kann oder soll für die Maßnahmen genutzt werden?
- Welche Anforderungen an das Design der Maßnahmen werden gestellt (Corporate Design)?
- Mit welchen Parteien müssen Maßnahmen abgestimmt werden (z. B. die für Datenschutz beauftragte Person, interne Kommunikation, Betriebs- oder Personalrat, IT)?

Das konkrete Vorgehen der Identifizierung und Erfassung aller relevanten Faktoren kann variieren und beispielsweise mittels Interviews, Workshop oder Fragebögen erfasst werden. Nicht alle diese Fragen müssen in erschöpfender Tiefe beantwortet werden. Es geht vor allem darum, die Zielrichtung der Awareness abzustecken, notwendige Rahmenbedingungen für das Projekt zu klären (z. B. Budget) und ein Gefühl dafür zu bekommen, was funktionieren könnte und was nicht.

Als ein Ergebnis dieses Schrittes sollte eine erste Bestimmung möglicher Zielgruppen vorgenommen werden (vgl. Abschnitt 4.1.3). Am Anfang sollten es eher wenige Gruppen sein.

Ergebnis von Schritt 1: Übersicht über Rahmenbedingungen und Anforderungen, Zielgruppen

2 – Verhalten identifizieren

Die Awareness einer Person bezieht sich immer auf eine konkrete Verhaltensweise (vgl. Abschnitt 4.1.1), beispielsweise „ich wähle ein sicheres Passwort“ oder „ich lasse meinen

Laptop nicht unbeaufsichtigt herumliegen". Eine Awareness-Maßnahme bezieht sich daher ebenfalls immer auf eine erwünschte Verhaltensweise. Welche informationssicherheitskonformen Verhaltensweisen im weiteren Verlauf der Sensibilisierung berücksichtigt werden sollen, wird in diesem Schritt geklärt.

Erwünschte Verhaltensweisen werden häufig über Richtlinien und Regeln definiert. Relevante Regelungen zur Informationssicherheit wurden in Schritt 1 ermittelt und erwünschte Verhaltensweisen können nun daraus abgeleitet werden. Wichtig ist, die Verhaltensweisen möglichst konkret zu benennen: „Ich sperre immer meinen Bildschirm beim Verlassen des Arbeitsplatzes" oder „ich spreche außerhalb des Firmengeländes nicht über geschäftliche Angelegenheiten". „Ich will mich sicher verhalten" ist hingegen keine für die Sensibilisierung geeignete Verhaltensweise, da sie nicht konkret genug beschrieben ist.

Gibt es bisher wenige Regelungen im Unternehmen, kann dennoch durch die Ist-Analyse abgeleitet werden, welches besonders schützenswerte Informationen und Bereiche sind und welche Rolle die Mitarbeitenden in Bezug auf Informationssicherheit haben. Auch Überlegungen zu bisherigen Sicherheitsvorfällen im Unternehmen, bei denen sich einige Mitarbeitende unsicher verhalten haben, sind ein möglicher Ausgangspunkt, z. B. erfolgreiche Phishing-Attacken. Bereiche, in denen es bereits gut funktionierende technische oder organisatorische Sicherheitsmaßnahmen gibt, müssen bei der Sensibilisierung nicht unbedingt die höchste Priorität haben.

Eine weitere Möglichkeit, um sich einen Überblick über infrage kommende Verhaltensweisen zu verschaffen, sind Kataloge mit Sicherheitsmaßnahmen oder Gefährdungen, z. B. die im BSI IT-Grundschutz-Kompendium beschriebenen Gefährdungen (BSI, 2023).

Aus den so ermittelten Verhaltensweisen müssen nun diejenigen ausgewählt werden, die im Rahmen der Sensibilisierungsmaßnahmen betrachtet werden sollen. Für den Anfang sollten fünf bis zehn Verhaltensweisen reichen.

Die von Metzger (2023) (vgl. Fußnote 1) befragten Sensibilisierungsexpert:innen haben folgende Kriterien zur Auswahl der wichtigsten Verhaltensweisen für die Sensibilisierung genannt:

- Höhe des potenziellen Risikos für das Unternehmen (Höhe der Eintrittswahrscheinlichkeit und des Schadenspotenzials) bei falschem Verhalten
- Effektivität des richtigen Verhaltens bzw. Schutzwirkung gegebenenfalls gegen mehrere Angriffsszenarien
- Notwendigkeit des Verhaltens (keine Automatisierung oder andere Sicherheitsmaßnahmen möglich)
- einfache Ausführbarkeit des Verhaltens

Aufgrund dieser Kriterien haben die Expert:innen aus einer Liste mit über 30 Verhaltensweisen die folgenden vier Themen als besonders relevant für die Sensibilisierung ausgewählt:

- Konsequente Überprüfung von Mails auf Kennzeichen von Phishing
- Wahl sicherer Passwörter und richtiger Umgang mit diesen
- Anwendung der Bildschirmsperre
- Reporting von Vorfällen an die verantwortlichen Stellen

Ergebnis von Schritt 2: Liste mit relevanten Verhaltensweisen

3 – Interviews vorbereiten und durchführen

Als Ergebnis der ersten Aktivität liegt eine Liste mit Verhaltensweisen vor, zu denen die Mitarbeitenden sensibilisiert werden sollen. In Schritt 3 geht es nun darum, herauszufinden, warum dieses gewünschte Verhalten aktuell nicht praktiziert wird. Technische Einschränkungen und Barrieren sowie falsche Überzeugungen oder hinderliche Emotionen der Mitarbeitenden können Ursachen sein. Die Kenntnis der genauen Gründe bzw. Ursachen für ein falsches Verhalten ist notwendig, um etwas dagegen zu unternehmen. Dieses Modell empfiehlt, die Mitarbeitenden nach den Gründen zu fragen, da es keine bessere Alternative gibt (Ansätze zum Messen von Awareness vgl. Kapitel 6).

Aus der Liste mit den relevanten Verhaltensweisen werden pro Verhaltensweise ca. fünf bis zehn Interviewfragen abgeleitet. Die Fragen sollten möglichst viele Faktoren der Information Security Awareness umfassen. Überzeugungen, Emotionen, unterstützende Faktoren und Barrieren, welche die Verhaltensabsicht beeinflussen, sind von Interesse; ebenso wie der aktuelle Wissensstand, vorhandene Fähigkeiten, etablierte Gewohnheiten und die Sichtbarkeit der Verhaltensweise im betrieblichen Alltag. Organisatorische oder technische Einschränkungen, die ein informationssicherheitskonformes Verhalten behindern, sollten auch erfragt werden.

In den Interviews können neben den ISA-Faktoren andere für die Individualisierung von Awareness-Maßnahmen relevante Aspekte abgefragt werden. Beispiele sind die medialen Präferenzen oder die für Maßnahmen zur Verfügung stehende Zeit der Zielgruppen.

Die Interviewpersonen sollten möglichst heterogen sein, also aus verschiedenen Abteilungen, Standorten oder Führungsebenen kommen und eine unterschiedliche IT-Affinität besitzen, um ein möglichst umfassendes Verständnis über die sehr vielfältigen Gründe und Ursachen für nicht sicherheitskonformes Verhalten zu erhalten. Vertretende aller Zielgruppen sollten interviewt werden.

Die Interviews können einzeln oder in Gruppen (z. B. pro Zielgruppe) erfolgen und sollten nicht länger als 30 Minuten dauern. Die Interviewenden sollten ein gutes Gespür dafür haben, wann es sich lohnt, bei Antworten nachzuhaken. Durch gezieltes Nachfragen, vor allem mit der Frage „Warum?", offenbaren sich häufig die tatsächlichen Ursachen und Gründe für ein bestimmtes Verhalten.

Nach Abschluss der Interviews werden die Ergebnisse für die nächste Aktivität aufbereitet. Vor allem sollten die Antworten nach den Verhaltensweisen geordnet werden.

Ergebnis von Schritt 3: Aufbereitete Interview-Mitschriften

4 – Interviews analysieren

Die Erkenntnisse der Interviews werden in dieser Aktivität aufbereitet und analysiert. Die Aussagen der Interviewten sollten pro Verhaltensweise nach den verschiedenen Faktoren der Information Security Awareness geordnet werden. Daraus gilt es dann, vorherrschende Überzeugungen und Emotionen abzuleiten. Überzeugungen sind beispielsweise: „Das Passwort für meine Arbeitsprogramme ist nicht so wichtig. Es kommt niemand an das Programm heran." „Es fällt mir schwer, mich an das Passwort zu erinnern." Eine Emotion ist: „Ich habe Angst, dass ich das Passwort vergesse, daher ändere ich es nicht." Auch Barrieren („Ich kann meinen Schrank nicht abschließen.") oder unterstützende Faktoren („Mein Passwort-Manager merkt sich die Passwörter für mich.") können identifiziert werden.

Aus der Masse der Erkenntnisse müssen die Aussagen ausgewählt werden, welche in den folgenden Schritten weiterverfolgt werden sollen. In der Regel sind das die Überzeugungen oder Emotionen, die von mehreren Interviewpersonen genannt wurden und deren Bedeutung daher höher ist. Überzeugungen, die ein erhebliches Sicherheitsrisiko darstellen, sollten ebenfalls in die weitere Untersuchung einbezogen werden.

Das Ergebnis ist eine erste Übersicht über den aktuellen Wissensstand der Mitarbeitenden, über etablierte Gewohnheiten, über Emotionen und Überzeugungen hinsichtlich der Verhaltensweisen sowie über mögliche unterstützende Faktoren oder Barrieren. Auch zeigt sich, wie viel Sichtbarkeit Informationssicherheit in der Organisation derzeit hat.

Ergebnis von Schritt 4: Übersicht über Wissensstand, Gewohnheiten, Überzeugungen, Emotionen, unterstützende Faktoren und Barrieren

5 – Fragebögen modellieren

In dieser und der nächsten Aktivität geht es darum, die durch die Interviews stichprobenartig erhobenen Erkenntnisse für den Rest der Belegschaft zu überprüfen und somit ein Gesamtbild der Information Security Awareness pro Zielgruppe zu erhalten. Dazu werden in dieser Aktivität strukturierte Fragebögen mit geschlossenen Fragen erstellt, mittels derer die Security Awareness quantitativ gemessen wird.

Pro Verhaltensweise werden aus der in Aktivität 4 erstellten Übersicht Annahmen abgeleitet, die mit dem Fragebogen überprüft werden sollen. Zur Verhaltensweise „ich wähle ein sicheres Passwort“ sind es beispielsweise die folgenden Annahmen: „Die Mitarbeitenden wissen, wie ein sicheres Passwort aussieht.“ „Die Mitarbeitenden finden es nicht schwer, ein sicheres Passwort zu erstellen.“

Um das Wissen abzufragen, bieten sich vor allem Multiple-Choice-Fragen an. Beispielsweise sollen die Mitarbeitenden aus einer Liste von Passwörtern die sicheren Passwörter aussuchen. Um die Stärke der Überzeugungen zu messen und so auf die Verhaltensabsicht zu schließen, werden Skalen verwendet, die je nach Konstrukt variieren können (z. B. eine fünfstufige Likert-Skala von „ich stimme voll zu“ bis „ich stimme überhaupt nicht zu“). Die Befragten drücken damit aus, wie stark ihre Zustimmung oder Ablehnung hinsichtlich der Überzeugung ist. Die Stärke von Gewohnheiten lässt sich mit dem Self-Report Habit Index messen (vgl. Verplanken & Orbell, 2003), die Salienz der Verhaltensweisen z. B. mit Involvement-Profilen (Laurent & Kapferer, 1985). Umfangreiche Beispiele, wie Fragen bzw. Aussagen zu allen vier ISA-Faktoren formuliert werden können, liefert Kapitel 6.

Obgleich die Befragung anonym erfolgt, sollte es möglich sein, die Antworten nach Zielgruppen zu analysieren. Daher kann es sinnvoll sein, die zur Zielgruppenbildung verwendeten Kriterien mit abzufragen, z. B. Standort, Abteilung, Geschäftsbereich, IT-Affinität, Betriebsangehörigkeit in Jahren oder Leitungsfunktion. Sind die Zielgruppen sehr heterogen oder sprechen verschiedene Sprachen, macht es Sinn, pro Zielgruppe verschiedene Fragebögen zu erstellen.

Ergebnis von Schritt 5: Strukturierte Fragebögen

6 – Persönliche Faktoren messen

Mittels eines Umfragetools kann die Umfrage aufwandsarm erstellt, durchgeführt und die Ergebnisse können ausgewertet werden. Auf Basis der Fragebögen aus Schritt 5 werden alle Fragen und Antworten im Tool erstellt. Es empfiehlt sich, die fertigen Umfragen auf Funktionsfähigkeit zu testen und auch die Durchlaufzeit zu messen. Es sollten so viele (oder wenige) Fragen sein, dass das Ausfüllen des Fragebogens nicht länger als zehn Minuten dauert.

Vor der Durchführung der Umfrage sollte noch geklärt werden, wie die Mitarbeitenden motiviert werden, an der Umfrage teilzunehmen, und über welche Kanäle diese beworben wird. Es muss ein geeigneter Zeitraum für die Befragung gefunden werden. Ungeeignet sind Zeiträume, in denen ein signifikanter Teil der Belegschaft Urlaub hat, oder geschäftsintensive Zeiten, wie z. B. Jahresabschluss. Motivationssteigernd kann eine Verlosung von Preisen unter den Teilnehmenden sein. Die Umfrage kann beispielsweise zwei Wochen laufen. Zwischendurch sollte die Belegschaft noch einmal an die laufende Umfrage erinnert werden.

Nachdem die Befragung beendet ist, werden die Ergebnisse ausgewertet und analysiert. Die Ergebnisse sollten nach Zielgruppen zusammengefasst werden. Viele Umfragetools bieten dafür gefilterte Auswertungen.

Die Umfrageergebnisse zeigen, ob die Annahmen aus Schritt 5 richtig waren und ob die in den Interviews gewonnenen Erkenntnisse auf den Rest des Unternehmens übertragbar sind. Neben der reinen Auswertung einzelner Fragen kann es interessant sein, nach Abhängigkeiten zwischen Fragen zu suchen. So finden sich gegebenenfalls Widersprüche heraus, die bedeuten können, dass auf einige Fragen nicht wahrheitsgemäß geantwortet wurde oder eine nähere Untersuchung der Ursachen nötig ist.

Die Gesamtheit dieser Ergebnisse gibt nun einen Überblick über die Information Security Awareness im Unternehmen zu den gewählten Verhaltensweisen. Durch die Interpretation der Ergebnisse ist ersichtlich, wo die Überzeugungen und Emotionen der einzelnen Zielgruppen liegen und welche Verhaltensweisen das Unternehmen besonders gefährden.

Anhand der Ergebnisse kann die Zielgruppenbildung noch einmal hinterfragt werden. Wenn beispielsweise zwei Zielgruppen sehr ähnliche Ergebnisse haben, können diese bei der Sensibilisierung eventuell wieder zusammengelegt werden. Sind die Ergebnisse innerhalb einer Zielgruppe sehr heterogen, sollte überlegt werden, ob diese aufgeteilt wird. Letzteres ist dann nicht möglich, wenn die entsprechenden Kriterien in der Umfrage nicht erhoben wurden. Dann liegt lediglich eine Indikation vor, die beim nächsten Durchlauf überprüft und angepasst werden sollte.

Ergebnis von Schritt 6: Ist-Zustand Information Security Awareness

4.2.3 Umsetzungsphase

In der Umsetzungsphase werden, auf Basis der Ergebnisse der Analysephase, die Mitarbeitenden durch geeignete Maßnahmen sensibilisiert. Zunächst werden die Sensibilisierungsmaßnahmen ausgewählt, die gezielt auf die festgestellten Defizite einwirken können. Einzelne Maßnahmen werden erstellt und an die Zielgruppen angepasst. Eine Sensibilisierungskampagne kombiniert zielgruppenspezifisch verschiedene Maßnahmen über einen definierten Zeitraum und ähnelt somit einer Marketingkampagne. Nach der Durchführung der Maßnahmen wird der Erfolg der Kampagne beurteilt, indem Feedback eingeholt und die Information Security Awareness erneut gemessen wird.

Die Ergebnisse der Analysephase fließen in die Auswahl und Gestaltung der Sensibilisierungsmaßnahmen ein. Dadurch berücksichtigen die Maßnahmen die Ist-Situation im Unternehmen und wirken gezielt auf die sensibilisierungsbedürftigen Verhaltensfaktoren.

7 – Awareness-Kampagne planen

Durch die Analysephase wissen Unternehmen, welche Verhaltensweisen relevant sind und welches Wissen, welche Überzeugungen und welche Emotionen die Mitarbeitenden bezüglich dieser Verhaltensweisen haben. Sie kennen technische und organisatorische Barrieren, die das informationssicherheitskonforme Verhalten der Belegschaft behindern. Mit diesem Wissen können nun gezielt die Sensibilisierungsmaßnahmen ausgewählt werden, welche zum Unternehmen passen und auf die festgestellten Schwachstellen eingehen können. Fehlendes Wissen soll erhöht, mangelnde Gewohnheit gefördert, falsche Überzeugungen sollen korrigiert und negative Emotionen ins Positive gewandelt werden. Kapitel 5 gibt ausführlich Auskunft darüber, mit welchen Maßnahmen die einzelnen Awareness-Faktoren gezielt gefördert werden können.

Gängige Awareness-Maßnahmen, wie Präsenzveranstaltungen (z. B. Schulungen, Vorträge) und soziales Marketing (z. B. Flyer, Poster, bedruckte Tassen), haben das Potenzial, eine große Anzahl von Faktoren anzusprechen. Die Awareness kann aber nicht nur mit dedizierten Awareness-Maßnahmen gesteigert werden. Organisatorische Maßnahmen wie die Erstellung von Richtlinien zur Informationssicherheit oder die Definition von Verantwortlichen oder Security Champions können z. B. die wahrgenommene Norm beeinflussen oder bei der Bildung von Gewohnheiten unterstützen. Sie können auch Einschränkungen oder Barrieren beseitigen. Andere Maßnahmen oder unterstützende Faktoren erleichtern die Ausführung des Verhaltens, wie beispielsweise eine optimierte Usability.

Für die Planung einer Sensibilisierungskampagne empfiehlt sich die Orientierung am Vorgehen bei Marketing- oder Kommunikationskampagnen, insbesondere bei Maßnahmen des sozialen Marketings (vgl. Abschnitt 5.3). Hierfür sollten nach Möglichkeit die in Schritt 1 identifizierten unterstützenden Ressourcen aus Marketing oder interner Kommunikation in Anspruch genommen werden.

Die zeitliche Planung sollte mit anderen Sicherheitsmaßnahmen abgestimmt werden. Falls in nächster Zeit die Passwortrichtlinie überarbeitet wird, ändert sich vermutlich die Kommunikationsbotschaft zum Thema Passwörter.

Zusammengefasst muss für die Kampagne festgelegt werden, wann welche Botschaft für wen mit welchem Kommunikationsinstrument in welcher Form übermittelt werden soll, unter Einhaltung der Rahmenbedingungen wie Budget und Präferenzen der Zielgruppe.

Ergebnis von Schritt 7: Ablaufplan Sensibilisierungskampagne

8 – Maßnahmen durchführen

Nach der Planung der Sensibilisierungskampagne folgt nun deren Vorbereitung und Durchführung. In der Vorbereitung sind die einzelnen Maßnahmen zu erstellen, zu entwickeln oder anzupassen. Hierbei sollten wiederum die in Schritt 1 identifizierten Ressourcen unterstützen.

Beispielsweise müssen die Instrumente des sozialen Marketings gestaltet werden. Das Design für Plakate oder Newsletter muss entworfen, vielleicht ein eigenes Logo kreiert werden. Plakate, Flyer oder Tassen müssen gedruckt bzw. bedruckt werden. Videos müssen gedreht oder in Auftrag gegeben werden. Technische Voraussetzungen müssen geschaffen werden, für den Versand von Newslettern z. B. die Einrichtung einer E-Mail-Adresse. Ein Blog oder Wiki muss erstellt und eingerichtet werden oder eine Seite im Intranet. Eventuell ist ein Twitter-, YouTube- oder Instagram-Account zu eröffnen. Inhalte für Newsletter oder Blog müssen geschrieben werden.

Auch für Präsenzveranstaltungen wie Schulungen oder Informationsveranstaltungen müssen Inhalte erarbeitet werden, Lehrende bzw. Vortragende gefunden, Räume gebucht, Catering bestellt und die Teilnehmenden eingeladen werden.

Das Vorgehen zur Individualisierung von Awareness-Maßnahmen beschreibt Abschnitt 4.1.3. Hier ist auch ersichtlich, wofür die in Schritt 1 erhobenen Rahmenbedingungen relevant sind.

Trotz aller Planung und Vorbereitung sollten die Verantwortlichen in der Lage sein, auf aktuelle Ereignisse zu reagieren. Das können beispielsweise die aktuelle Bedrohungslage oder akute Sicherheitsvorfälle sein. Kommt es z. B. gehäuft zu erfolgreichen Phishing-Attacken, sollten diese sofort thematisiert werden und nicht erst in der nächsten Kampagne, die in einem Jahr startet.

Ergebnis von Schritt 8: Zielgerichtete Awareness-Maßnahmen, sensibilisierte Mitarbeitende

9 – Erfolg messen

Die Erfolgsmessung bezieht sich auf zwei Aspekte, die zu zwei verschiedenen Zeitpunkten durchgeführt werden sollte. Direkt im Anschluss an die Kampagne geht es um die Qualität der Kampagne und der Maßnahmen. Zu einem späteren Zeitpunkt sollte dann die Effektivität der Sensibilisierung überprüft werden, da diese meist nicht sofort sichtbar wird.

Die Beurteilung der Zielgruppe zur Kampagne kann über Feedbackbögen, Online-Fragebögen oder Befragungen ermittelt werden. Mögliche Fragen sind:

- Wie ist das Feedback der Teilnehmenden von Schulungen oder Präsenzveranstaltungen?
- Fand die Zielgruppe die Gestaltung der Kommunikationsbotschaften attraktiv?
- Welche Maßnahmen wurden wie stark wahrgenommen? Wurde die gewünschte Zielgruppe erreicht?
- Waren die Botschaften für die Zielgruppe verständlich?
- Fühlten sich die Betroffenen von den Maßnahmen genervt?

Zudem sollte eine Bewertung der Kampagne durch die Verantwortlichen vorgenommen werden, ähnlich wie bei Abschluss eines Projektes. Haben sich Änderungen gegenüber der Planung ergeben? Wurde das Budget eingehalten? Gab es zeitliche Verzögerungen? Warum? Aus der Beantwortung dieser Fragen sollten Erkenntnisse für die Planung und Umsetzung zukünftiger Kampagnen abgeleitet werden.

Der Erfolg der Sensibilisierungsmaßnahmen sollte sich in einer Erhöhung der Informationssicherheit zeigen, also durch eine Verbesserung des Verhaltens der Beschäftigten in informationssicherheitsrelevanten Bereichen. Beispielsweise sollten weniger Beschäftigte auf Phishing-E-Mails hereinfallen und die Schäden durch Identitätsdiebstahl, Accountmissbrauch oder Datenverluste sinken.

Am einfachsten zeigt sich die Erhöhung der Awareness durch die Wiederholung der Umfrage aus Schritt 6. Anhand der Antworten sollten Veränderungen (idealerweise Verbesserungen) sichtbar sein. Achtung, das Ergebnis der Umfrage kann nicht nur durch die durchgeführten Maßnahmen selbst beeinflusst werden. Abweichende Ergebnisse können entstehen, falls andere Mitarbeitende an der Umfrage teilnehmen als bei der ersten Durchführung (z. B. durch hohe Fluktuation). Die Mitarbeitenden könnten durch die gestiegene Sensibilisierung ihr Verhalten und ihr Wissen kritischer (also schlechter) als vor der Durchführung der Kampagne bewerten.

Auf Basis der Messergebnisse ist das weitere Vorgehen zu entscheiden. Eine Möglichkeit ist der Neustart bei Schritt 1 oder 2. Dies macht dann Sinn, wenn sich die Rahmenbedingungen entscheidend verändert haben und beispielsweise neue Zielgruppen gebildet werden sollen. Oder wenn für die ausgewählten Verhaltensweisen die Ziele erreicht wurden und daher andere Verhaltensweisen in den Fokus rücken sollen. In den anderen Fällen können die Erkenntnisse in die weitere Planung von Sensibilisierungsmaßnahmen einfließen (Schritt 7).

Ergebnis von Schritt 9: Feedback und Verbesserungspotenzial

5 Information Security Awareness fördern

Der Mensch ist ein elementarer Teil des Sicherheitskonzeptes einer Organisation. Seine Information Security Awareness entscheidet darüber, ob er dieser Verantwortung gerecht werden kann. Es ist die Aufgabe der Organisation, ihre Mitglieder dazu zu befähigen. Verschiedene Maßnahmen sind geeignet, die Information Security Awareness einzelner Personen zu erhöhen, zu fördern oder zu beeinflussen – immer mit dem Ziel, die Organisation informationssicherer zu machen. Menschen mit einer hohen Awareness sind nicht nur in der Lage, sich gemäß den Vorgaben der Organisation sicher zu verhalten, sie sind auch in unbekannten Situationen achtsam und können sichere Entscheidungen fällen.

Im Folgenden werden Techniken, Instrumente, Ideen und Möglichkeiten dargestellt, um die vier Faktoren der Information Security Awareness zu fördern. Es soll die grundsätzliche Wirkung einer Maßnahme auf die Förderung oder Beeinflussung eines Faktors dargestellt und beschrieben werden. Das menschliche Wesen ist komplex, nicht linear und hat komplizierte Ursache-Wirkungs-Beziehungen. Daher gibt es bei keiner Maßnahme eine Garantie, dass sie tatsächlich in der Art und Weise wirkt, wie sie das – theoretisch – soll. Maßnahmen, die aus der einen Perspektive heraus sinnvoll erscheinen, können für andere Faktoren u. U. nachteilig sein. Die Wirkung hängt zudem auch von der Gestaltung der Maßnahmen ab (z. B. Design, sprachliche Gestaltung, Zeitpunkt), die je nach Zielgruppe, Organisation, kulturellem Hintergrund etc. unterschiedlich ausfallen kann.

Verzweiflung ist trotzdem nicht angesagt, jeder ernsthafte Versuch, den Menschen in den Mittelpunkt zu rücken und die Awareness-Faktoren gezielt zu fördern, ist besser, als es gar nicht erst zu versuchen. Auf bekannte Wechselwirkungen und Fallstricke wird jedoch hingewiesen werden.

Die folgenden vier Abschnitte sind je einem Awareness-Faktor gewidmet und sind alle ähnlich aufgebaut. Da die vorgestellten Instrumente und Ideen alle auf dem psychologischen Verständnis der vier Awareness-Faktoren basieren, wird dieses Verständnis in allen Abschnitten zunächst noch einmal vertieft. Dann werden Ansätze zur Förderung des jeweiligen Faktors dargestellt und zum Teil mit Beispielen illustriert.

5.1 Wissen erhöhen und Fähigkeiten fördern

Lehren ist kein Garant dafür, dass etwas gelernt wird.

(Reinmann, 2013, S. 5)

Mitarbeitende wissen, wie sie ihren Computerbildschirm sperren. Bei ihrer Rückkehr an den Arbeitsplatz müssen sie sich an ihr Passwort erinnern. Sie können eine Phishing-E-Mail von einer legitimen E-Mail unterscheiden. Sie kennen die Tricks, mit denen Social Engineers arbeiten. Sie wissen, dass USB-Sticks Malware übertragen können. Wissen die Mitarbeitenden über die Bedrohungen, denen ihr Unternehmen ausgesetzt ist, Bescheid und wissen sie, wie sie sich davor schützen können, und verhalten sie sich dann auch entsprechend ihres Wissens, dann erhöht sich die Informationssicherheit im Unternehmen.

Wissen ist die Basis für zukünftiges Handeln (Lehner, 2019, S. 76) und damit eine Grundvoraussetzung für die Ausführung informationssicherer Verhaltensweisen. Unwissenheit, falsche Annahmen, Unkenntnis über die Folgen des eigenen Handelns und unzureichende Schulungen der Mitarbeitenden werden als Ursachen für nicht-sicheres Verhalten am Arbeitsplatz genannt (vgl. Abschnitt 2.1.2). Ist kein Wissen vorhanden, können die Mitarbeitenden tatsächlich nur zufällig richtig handeln. Die Fähigkeit, das Wissen in Handlungen umzusetzen, ist eine weitere Voraussetzung für richtiges Handeln.

Viele Awareness-Maßnahmen in der Praxis zielen vor allem auf den Faktor Wissen und Fähigkeiten ab. Auch Standards und Frameworks fordern vor allem, Mitarbeitende in Fragen der Informationssicherheit zu schulen.

Das richtige Wissen und die vorhandenen Fähigkeiten sind nicht nur eine Grundvoraussetzung für sicheres Verhalten. Dieser Faktor wirkt zum Teil auch verstärkend, fördernd oder positiv beeinflussend auf andere Faktoren von Information Security Awareness, z. B. auf Selbstwirksamkeit, Einstellungen und wahrgenommene Normen als Bestandteil von Verhaltensabsicht.

Der folgende Abschnitt erklärt zunächst den Begriff des Wissens und verschiedene Varianten von Wissen. Mittels Awareness-Maßnahmen können vor allem das explizite und deklarative Wissen erhöht werden. Die Erhöhung des Wissens erfolgt typischerweise über Lernen. Im darauffolgenden Abschnitt werden daher grundlegende Konzepte und Theorien des Lernens – vor allem des formalen Lernens – vorgestellt. Die Gestaltung von Lernszenarien ist sehr individuell, und daher können hier nicht alle Einflussgrößen berücksichtigt werden. Die in Abschnitt 5.1.3 gezeigten Prinzipien können zur Erstellung eigener Lernszenarien herangezogen werden. Abschließend gibt Abschnitt 5.1.4 Hinweise, worauf speziell bei der Erstellung von multimedialen Lernszenarien zu achten ist.

5.1.1 Wissen

In der Auffassung des Informationsmanagements ist Wissen auf der obersten Ebene einer Begriffshierarchie angesiedelt, auf deren untersten Ebene „Zeichen" stehen (vgl. Weber & Klingenberg, 2021, S. 7 f.). Zeichen (. 0 2 3 9 e p S) werden gemäß einer Syntax zu Daten (9. Sep. 2023) angeordnet. Werden diese Daten in einen Kontext gesetzt (Datum, an dem dieser Text geschrieben wurde), werden daraus Informationen. Werden Informationen mit anderen Informationen verknüpft oder interpretiert, entsteht daraus Wissen. In diesem Beispiel wäre es das Wissen, dass dieser Text an einem Samstag entstanden ist und auch ziemlich kurz vor der Abgabe des Buches.

Im Wissensmanagement wird diese Hierarchie zu einer Wissenstreppe (vgl. North & Maier, 2018, S. 667 f.) weiterentwickelt und um weitere Begriffe ergänzt. Wissen manifestiert sich demnach in Handeln. Die Fähigkeit, in einer Situation angemessen zu handeln, wird als Kompetenz bezeichnet (handeln können).[1] Diese Auffassung passt gut zu der hier vertretenen, auf dem IBM beruhenden Ansicht. Wissen ist notwendig, um zu handeln, und Fähigkeiten führen dann zu angemessenem oder richtigem Handeln. Insofern kann verkürzt gesagt werden, dass Wissen und Fähigkeiten Voraussetzungen für informationssicheres Handeln sind.

In anderen Definitionen werden Wissen und Fähigkeiten gleichgesetzt, bzw. Fähigkeiten werden als Teil des Wissens angesehen. Bei **Wissen** handelt es sich „um eine Fähigkeit, verfügbare Informationen zu bewerten und Schlussfolgerungen zu ziehen, die wiederum in ein bewusstes Handeln umgesetzt werden können" (Lehner, 2019, S. 71). Wissen ist die Kenntnis von Ursache-Wirkungs-Beziehungen („Wenn ich meinen Bildschirm nicht sperre, könnte eine unbefugte Person an meine Daten kommen.") und öffnet den Zugang zu Wahl-, Handlungs- und Entscheidungsmöglichkeiten. Es erlaubt das Abwägen zwischen verschiedenen Alternativen („Ich weiß, dass niemand in mein Büro kommt, und entscheide mich, trotz eines gewissen Restrisikos, dafür, den Bildschirm nicht zu sperren."). Im Unterschied zu Informationen ist Wissen also proaktiv und führt zu Handlungen der wissenstragenden Person.

Wissen kann u. a. nach deklarativem und prozeduralem Wissen unterschieden werden (Gleßmer & Lüth, 2016, S. 214 f.; Lehner, 2019, S. 78). **Deklaratives Wissen** (oder Faktenwissen) ist leicht vermittelbar. Es handelt sich um „wissen, was": „Ich weiß, wie ein starkes Passwort aussieht." Daten, Größen, Namen oder Darstellungen sind Faktenwissen. **Prozedurales Wissen** ist Handlungswissen und wird durch Übung erworben. Es handelt sich um „wissen, wie man etwas tut": „Ich weiß, wie starke Passwörter erstellt werden." Oder: „Ich kann starke Passwörter erstellen." Deklaratives Wissen führt zu Verständnis und Hintergrundwissen, kann aber allein nicht unbedingt zu praktischen Handlungen führen. Prozedurales Wissen befähigt eine Person, bestimmte Aufgaben oder Aktivitäten auszuführen, und kann direkt in Handlungen umgesetzt werden. Deklaratives und prozedurales Wissen arbeiten oft zusammen und ermöglichen ein effektives Handeln und Problemlösen.

Eine weitere mögliche Unterscheidung ist explizites und implizites Wissen (Lehner, 2019, S. 77; Schildknecht, 2018, S. 57). **Explizites Wissen** ist kognitives Wissen, welches leicht zugänglich ist und sich leicht weitergeben lässt, in Form von Dokumenten, Gesprächen oder schriftlichen Anweisungen. Es lässt sich verbalisieren und kann beschrieben, diskutiert und hinterfragt werden. **Implizites Wissen** (auch verborgenes Wissen) ist schwierig in Worte zu

[1] Die letzte Stufe auf der Wissenstreppe – Wettbewerbsfähigkeit – ist für den hier vorliegenden Anwendungskontext unerheblich.

fassen. Implizites Wissen umfasst u. a. persönliche Erfahrungen, Überzeugungen, Vorstellungen, Werte und Emotionen. Es umfasst auch Gewohnheiten und Bewegungsabläufe, die ohne willentliche Anstrengung ablaufen. Teilweise ist die Person sich selbst nicht bewusst, dass sie dieses Wissen besitzt. Implizites Wissen ist zum Teil in den Faktoren Gewohnheit und Verhaltensabsicht enthalten und wird daher hier nicht weiter betrachtet.

Im IBM heißt der Faktor „Knowledge and skills to perform the behavior" (Montaño & Kasprzyk, 2008, S. 77). Dem Wissen werden also „Skills" hinzugefügt. Die deutsche Übersetzung von Skills ist eigentlich eher Fertigkeiten, wird im Kontext Awareness aber mit Fähigkeiten oder Kompetenzen übersetzt. Fertigkeiten beziehen sich auf praktische und anwendbare Fähigkeiten, die durch Übung oder Erfahrungen entwickelt werden. Sie sind konkret und handlungsorientiert („Klavierspielen"). Fähigkeiten sind breiter gefasst und können auch angeboren sein. Sie können in verschiedenen Situationen eingesetzt werden („musikalisches Talent").

Auch die Abgrenzung von Wissen und Fähigkeiten verschwimmt in der Theorie. Zum Beispiel wird „soziales Wissen" auch mit Sozialkompetenz gleichgesetzt. Hierbei handelt es sich um Verhaltensweisen, die in sozialen Situationen Anwendung finden (Lehner, 2019, S. 76). Beispiele sind Kritikfähigkeit, Frustrationstoleranz, Verantwortungsbewusstsein, Kommunikationsfähigkeit, Toleranz, Vertrauen und Einfühlungsvermögen. Fertigkeiten sind wiederum ähnlich zu prozeduralem Wissen.

Im Folgenden soll der Fokus bei Skills eher auf konkreten Fähigkeiten liegen, die Menschen in die Lage versetzen, informationssicher zu handeln (also eigentlich eher auf Fertigkeiten). Soziale und weitere, z. B. emotionale Fähigkeiten sind auch für informationssicheres Verhalten eine wichtige und unterstützende Ressource. Deren Förderung soll aber – um das Feld nicht zu weit aufzuspannen – hier eher vernachlässigt werden.

5.1.2 Lernen

Wissenserwerb ist eng mit dem Konzept des Lernens verbunden. Durch Lernen erwirbt, verarbeitet und versteht ein Individuum neue Informationen, Fähigkeiten, Verhaltensweisen oder Konzepte und wendet sie an. Lernen ermöglicht es Menschen, ihr Wissen zu erweitern, sich an veränderte Umstände anzupassen und ihre Fähigkeiten zu verbessern. Lernen ist individuell und ein Prozess der Veränderung. Das Lerngeschehen selbst ist nicht beobachtbar, lediglich gegebenenfalls das Resultat des Lernprozesses (Reinmann, 2013, S. 5). Nach dem klassischen psychologischen Verständnis hat ein Mensch dann etwas gelernt, wenn er auf den gleichen Reiz eine veränderte Reaktion zeigt (Lehner, 2019, S. 149).

Es gibt formales und informelles Lernen. Das **formale** oder strukturierte Lernen findet klassischerweise in Bildungseinrichtungen statt. Es gibt einen festgelegten Plan, eine feste Lernumgebung und Lehrpersonen. Wissensvermittlung findet systematisch statt, und die Lernergebnisse werden bewertet. Im **informellen** Lernen gibt es keine festen Lehrpläne, Lernorte oder Lehrpersonen. Es findet im (Arbeits-)Alltag ohne Anleitung z. B. im Austausch mit Kolleg:innen oder durch das Sammeln von Erfahrungen statt. Informelles Lernen ist selbstständig, spontan und situationsbedingt.

Gemäß des 70 : 20 : 10-Modells (vgl. Schildknecht, 2018, S. 62 f.) lernen arbeitende Personen 70 % durch informelles Erfahrungslernen mittels Anwenden von Wissen und praktischen Erfahrungen bei der Arbeit. Soziales Lernen macht 20 % aus. Hier lernen Personen durch

Interaktion mit anderen Menschen, z. B. indem sie etwas fragen. Und nur 10 % entfallen auf das strukturierte oder formale Lernen über Schulungen, Workshops oder E-Learning-Kurse. Ohne Anwendung und Übung vergessen Menschen nach einer Stunde bereits 50 % der in einer Schulung erlernten Inhalte.

Dieses Modell lenkt den Fokus in Unternehmen auf das informelle Lernen. Informelles Lernen ist nicht planbar und kann nur gefördert oder möglich gemacht werden. Jede Person ist für ihr eigenes Lernen verantwortlich, indem sie sich das, was sie braucht, selbst holt. Die Organisation (vor allem Führungskräfte) ist verantwortlich, den Mitgliedern die richtigen Ressourcen für das eigenständige Lernen zur Verfügung zu stellen – zur richtigen Zeit über die richtigen Kanäle.

Eine Möglichkeit, Ressourcen zur Verfügung zu stellen, ist das Intranet. Hier können Artikel über aktuelle Bedrohungen informieren und Anweisungen, Hilfsmittel und nützliche Links gesammelt werden. Bild 5.1 zeigt Ausschnitte von der Homepage zu Informationssicherheit und Datenschutz der THWS. Hier sind allerlei Wissensartikel hinterlegt sowie weitere Ressourcen für die Hochschulmitglieder.

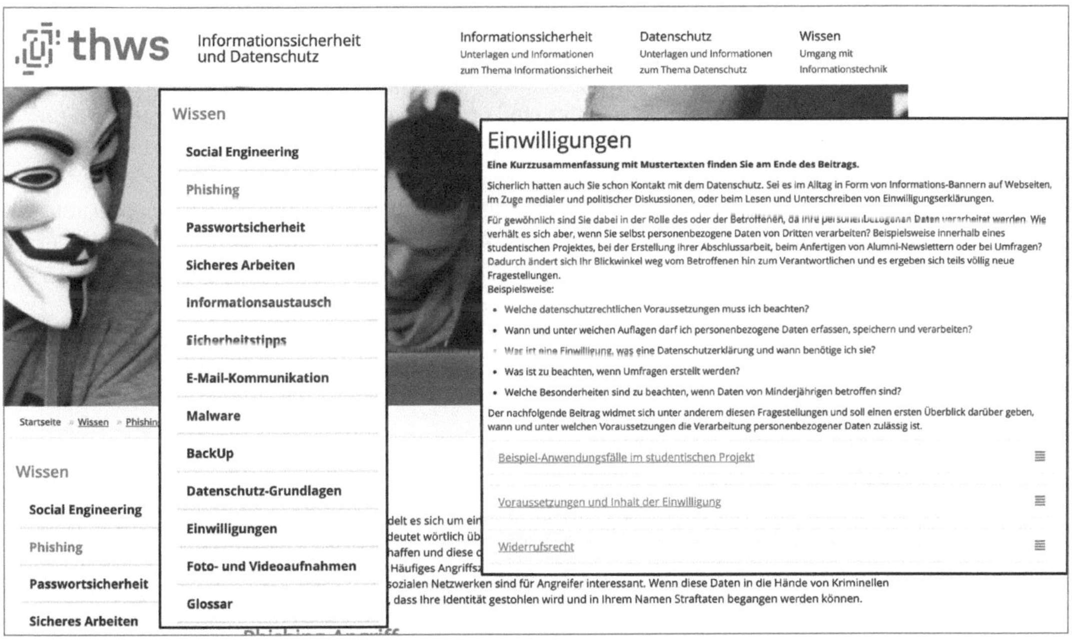

Bild 5.1 Online-Ressourcen ermöglichen informelles Lernen (Quelle: informationssicherheit.thws.de)

Zu informellem Lernen gehört die wiederholte Anwendung des Wissens in der Praxis. Durch Ausprobieren und Scheitern können Menschen ihr Wissen und ihre Fähigkeiten verbessern.

Soziales Lernen kann gefördert werden, indem die Lernenden die Möglichkeit bekommen, anderen zuzuhören, sie zu beobachten und mit ihnen zu sprechen (Schildknecht, 2018, S. 64 f.). Die „anderen“ können Kolleg:innen sein oder Coaches, Mentor:innen, Führungskräfte oder Expert:innen außerhalb des eigenen Unternehmens. Mitarbeitende untereinander können auch Tandems oder Peer Groups bilden und sich gegenseitig unterstützen und motivieren.

Formales Lernen

Formales Lernen findet in der betrieblichen Praxis vor allem durch Präsenzschulungen, Workshops, Seminare, Trainings, in Form von E-Learning-Kursen oder durch Fortbildungen statt.

Obwohl das formale Lernen in der betrieblichen Praxis gemäß der oben genannten Formel keinen so großen Stellenwert hat, ist es dennoch eine anerkannte und erfolgreiche Methode, um Wissen zu vermitteln. Und – formal aufbereitete Lerninhalte können auch als Ressource für informelles und selbstständiges Lernen zur Verfügung stehen. Wichtig ist, dass der Fokus nicht auf der reinen Vermittlung von Wissen liegt, sondern in der Anwendung und Übung des Gelernten, damit es nicht so schnell in Vergessenheit gerät. Im Folgenden sollen einige Überlegungen zu formalem Lernen angestellt werden.

In der Didaktik, der Wissenschaft vom Lehren und Lernen, werden häufig Lernzieltaxonomien eingesetzt, um den Kompetenzerwerb beim Lernen in verschieden schwierige Stufen einzuteilen. Je höher die Stufe, desto schwieriger oder komplexer sind Lernergebnisse. Es wird meist davon ausgegangen, dass die weiter oben liegenden Stufen die darunter liegenden Stufen mit abdecken, wer also etwas anwenden kann, versteht es auch – oder Verstehen ist eine Voraussetzung für Anwenden.

Die bekanntesten Lernzieltaxonomien sind die von Bloom (1956) und deren Überarbeitung durch Anderson und Krathwohl (2001). Tabelle 5.1 zeigt die letztgenannte Lernzieltaxonomie mit ihren sechs Stufen. Sie beschreibt jede Stufe und gibt passende Verben, die den Kompetenzerwerb beschreiben. Ein Beispiel für ein Lernziel auf Stufe 1 (Erinnern) ist: „Regeln für die sichere Gestaltung von Passwörtern kennen.“ Für Stufe 4 (Analysieren) ist ein Beispiel: „Eine Liste von Passwörtern nach ihrer Stärke sortieren.“ Auf Stufe 6 müssten die Lernenden dann in der Lage sein, eine Richtlinie für die sichere Authentifizierung in ihrer Organisation zu erstellen. Interessant ist, dass die unterste Stufe auch als „Wissen“ bezeichnet wird (hier im Sinne von „abgespeicherte Inhalte aus dem Gedächtnis abrufen“ (Gleßmer & Lüth, 2016, S. 211)), obwohl alle Stufen Formen des Wissenserwerbs beschreiben.

Tabelle 5.1 Lernzieltaxonomie nach Anderson und Krathwohl (2001) in: Gröblinghoff, 2015, S. 5

Stufe	Beschreibung	Passende Verben
1. Erinnern (Wissen)	Auf relevantes Wissen im Langzeitgedächtnis zugreifen	erkennen, auflisten, erzählen, zeichnen, benennen
2. Verstehen	Informationen Bedeutung zuordnen	interpretieren, vergleichen, erklären, veranschaulichen
3. Anwenden	Einen Handlungsablauf ausführen oder verwenden	ausführen, implementieren, berechnen, bearbeiten, lösen
4. Analysieren	Lerninhalte zerlegen und bestimmen, wie die Elemente untereinander zu einer übergreifenden Struktur oder einem übergreifenden Zweck verbunden sind	differenzieren, organisieren, zuordnen, testen, auswählen, untersuchen, sortieren
5. Beurteilen	Urteile abgeben aufgrund von Kriterien oder Standards	überprüfen, bewerten, entscheiden, argumentieren
6. (Er-)Schaffen	Elemente zu einem funktionierenden Ganzen oder zu einem neuen Muster zusammensetzen	generieren, planen, entwickeln, konstruieren, konzipieren

Damit Mitarbeitende in der Lage sind, informationssicher zu handeln, müssen in den meisten Fällen Lernziele der Stufen 3 bis 5 erreicht werden. Mitarbeitende sollten nicht nur in der Lage sein, Gelerntes zu reproduzieren. Sie müssen verstehen, warum informationssicheres Handeln notwendig ist, und sie müssen das Wissen auch anwenden können. Um eine Phishing-E-Mail oder einen Social-Engineering-Angriff zu erkennen, ist Wissen der Stufe 5 notwendig (Handelt es sich um eine Phishing-Mail oder nicht?).

In den meisten Fällen ist es aufwendiger, Wissen zu vermitteln, welches auf höheren Stufen angesiedelt ist. Es sind anspruchsvollere Lernmethoden und individuellere Herangehensweisen erforderlich, z. B. projektbasiertes Lernen, Fallstudien, Analyse von Sachproblemen, Diskussionen, Simulationen oder Rollenspiele. Einige Beispiele für solche Methoden zur Vermittlung von Informationssicherheitswissen finden sich z. B. in (Jaschob & Pokoyski, 2023; Pokoyski et al., 2023; Puhze, 2023).

Lernen ist vielfältig, nimmt verschiedene Formen an und resultiert in verschiedenen Wissensarten. Lerntheorien betrachten den Prozess des Lernens aus verschiedenen Perspektiven (Petko, 2020, S. 29 ff.; Reinmann, 2013). Sie liefern Einblicke in die Mechanismen und Prozesse, die beim Lernen auftreten.

In der Lerntheorie des **Behaviorismus** wird Lernen als Prozess der Verhaltensänderungen aufgrund von Reaktionen auf äußere Reize verstanden (Reinmann, 2013, S. 2). Der Behaviorismus konzentriert sich auf das beobachtbare Verhalten. Innere mentale Prozesse werden als „Blackbox" betrachtet. Individuen lernen, eine bestimmte Handlung (Reaktion) mit einem spezifischen Auslöser (Reiz) zu verknüpfen. Belohnung (positive Verstärkung) und Bestrafung (negative Verstärkung) sind wichtige Konzepte im Behaviorismus. Verhalten, das belohnt wird, hat eine höhere Wahrscheinlichkeit, wiederholt zu werden, während bestraftes Verhalten abnimmt oder verschwindet (operante Konditionierung). Lernen ist eine Art Trainingsvorgang. Lernende werden in dieser Theorie als eher passiv angesehen.

Verhaltensweisen können auch durch Beobachtung und Nachahmung anderer erlernt werden (Modelllernen). Ist das Modell (Vorbild) den Beobachtenden ähnlich und mit dem Verhalten erfolgreich, dann wird das Verhalten nachgeahmt.

Die Lerntheorie des **Kognitivismus** konzentriert sich auf die Rolle von mentalen Prozessen beim Lernen. Die Theorie betont die Bedeutung von Denken, Wahrnehmung, Erinnerung und Problemlösung bei der Wissensaneignung. Das Gehirn wird als ein Informationsverarbeitungsorgan (ähnlich einem Computer) angesehen und lernen als Prozess des Empfangs, der Verarbeitung, der Speicherung und des Abrufs von Informationen betrachtet (Reinmann, 2013, S. 3). Beim Einsatz des kognitivistischen Ansatzes konzentrieren sich Lehrende auf die Aufbereitung von Lerninhalten, um die Informationsverarbeitung zu erleichtern. Lernende haben zwar eine aktive Rolle, sind aber nur eingeschränkt selbsttätig.

In der Lerntheorie des **Konstruktivismus** ist der menschliche Organismus ein System, das mit der Umwelt interagiert. Menschen erschaffen ihre eigene Realität und greifen gestaltend in ihre Umwelt ein. Lernen ist ein Vorgang, der selbstständig in den Lernenden stattfindet. Lehrende fungieren als Coaches, die den Lernprozess unterstützen oder von außen anregen (Reinmann, 2013, S. 3 f.). Der Konstruktivismus betont die aktive Beteiligung der Lernenden am Lernprozess und die Entwicklung von Verständnis und Problemlösungsfähigkeiten.

Tabelle 5.2 gibt einen Überblick über die drei Lerntheorien, ihre jeweilige Perspektive auf den Lernprozess und das Ergebnis des Lernens.

Tabelle 5.2 Lerntheorien im Überblick (eigene Darstellung in Anlehnung an Reinmann, 2013, S. 4)

Lerntheorie	Perspektive	Lernergebnis
Behaviorismus	Lernen als Verhaltensänderung	antrainiertes Verhalten und konditionierte Emotionen
Kognitivismus	Lernen als Informationsverarbeitung	erinnerte Informationen und erworbene Problemlösestrategien
Konstruktivismus	Lernen als Bedeutungskonstruktion	selbst entdeckte Einsichten und flexible Handlungsmuster

Kognitivistische Ansätze sind eher geeignet, deklaratives Wissen, also Faktenwissen zu vermitteln. Behavioristische Ansätze können eher bei der Vermittlung von prozeduralem Wissen zum Einsatz kommen, also wenn es um das Einüben von Verhaltensweisen geht.

Ein Beispiel, welches der Lerntheorie des Behaviorismus zuzuordnen ist, wird beim Vokabellernen mittels Karteikarten und Lernkästen angewendet, welches auf Leitner (2011) zurückgeht. Es gibt fünf oder sechs Lernkästen, und alle auf Karteikarten notierten Vokabeln starten zunächst im ersten Kasten. Kann die lernende Person eine Vokabel richtig wiedergeben, wird sie „belohnt“, indem die Karte einen Kasten weiter rücken darf. Ist die Vokabel falsch, wird die lernende Person „bestraft“, die Karte verbleibt im Kasten bzw. wird zurückgestuft. Die Vokabeln in den hinteren Kästen werden weniger häufig abgefragt als die Vokabeln in den vorderen Kästen. Die Idee dahinter ist, dass durch Wiederholungen in immer größer werdenden Abständen die Vokabeln im Langzeitgedächtnis verankert werden. Das Lernprogramm phase6[2] überträgt das Prinzip der Lernkästen von der analogen in die digitale Welt (vgl. Fritz et al., 2009). Die einzelnen Kästen werden hier „Phasen“ genannt. Der Vorteil für die Lernenden ist, dass das Programm die Vokabeln automatisch richtig einsortiert und nach der passenden Zeit wieder abfragt, bis sie in der höchsten Phase 6 sind. Vokabeln in den Phasen 1 und 2 werden täglich, in Phase 3 nach drei Tagen, in Phase 4 nach neun Tagen usw. abgefragt (vgl. Bild 5.2). Ist die Antwort falsch, wandern die Vokabeln wieder eine Phase zurück und werden wieder häufiger abgefragt. In der sechsten und letzten Phase, welche dem letzten „Lernkasten“ entspricht, sollen die Vokabeln im Langzeitgedächtnis sein.

Dieses Prinzip ließe sich auch auf das Lernen informationssicherer Verhaltensweisen statt auf Vokabeln anwenden. Ein Vorteil ist, dass sich die Mitarbeitenden nur mit den Fragen häufig auseinandersetzen müssen, die sie noch nicht verinnerlicht haben. Alles, was sie schon gut beherrschen, wird nur noch unregelmäßig und in sehr großen Abständen abgefragt. Während Vokabeln täglich gelernt werden sollen, ist dies mangels Zeit der Mitarbeitenden für Informationssicherheit nicht umsetzbar. Aber einmal in der Woche, z. B. am Montag- oder am Freitagmorgen, könnten fünf Minuten aufgewendet werden, um fünf bis zehn „Informationssicherheits-Vokabeln“ zu pauken.

Moderne didaktische Konzepte integrieren oft Elemente aus allen drei Ansätzen. Eine Lehrperson kann kognitivistische Methoden verwenden, um theoretisches Wissen zu vermitteln. Gleichzeitig setzt sie behavioristische Techniken wie Übungen ein, um sicherzustellen, dass die Lernenden bestimmte Fakten oder Fertigkeiten beherrschen. Mit konstruktivistischen oder problemorientierten Methoden werden das Verständnis vertieft und praktische Anwendungen gefördert. Die Wahl des Ansatzes hängt von den Lehrzielen, den Bedürfnissen der Lernenden und der Art des zu vermittelnden Wissens und der Fähigkeiten ab.

[2] *https://www.phase-6.de*

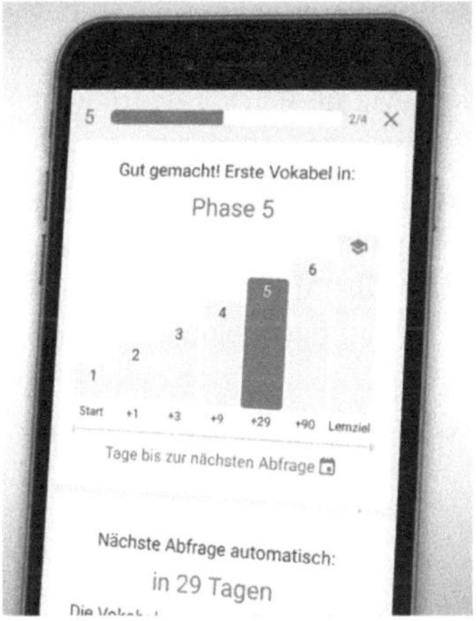

Bild 5.2
Vokabeltraining mit Lernkästen und Belohnung bei Erfolg (Quelle: *https://www.phase-6.de/*)

5.1.3 Gestaltung didaktischer Szenarien

Die Orientierung an Lernzielen kann als Ausgangspunkt für die Erstellung formaler Lerninhalte dienen. Zunächst muss darüber Klarheit herrschen, was Mitarbeitende am Ende einer Schulung wissen bzw. können müssen. Im Vorgehensmodell zur gezielten Sensibilisierung wurde in der Analysephase ermittelt, welche Defizite die Mitarbeitenden im Bereich Wissen und Fähigkeiten haben (vgl. Abschnitt 4.2.2). Daraus lassen sich, unter Zuhilfenahme der Lernzieltaxonomien, passende Lernziele ableiten, z. B.:

- Stufe 1: Die Mitarbeitenden wissen, was starke von schwachen Passwörtern unterscheidet.
- Stufe 2: Die Mitarbeitenden verstehen, warum sie starke Passwörter verwenden sollen.
- Stufe 3: Die Mitarbeitenden können die Regeln zur sicheren Passworterstellung anwenden.
- Stufe 4: Die Mitarbeitenden wählen aus einer Liste von Passwörtern starke Passwörter aus.
- Stufe 5: Die Mitarbeitenden können entscheiden, wie stark ein Passwort für eine Anwendung sein muss.
- Stufe 6: Die Mitarbeitenden erstellen Regeln für die Gestaltung sicherer Passwörter.

Das Beispiel soll nicht suggerieren, dass immer alle sechs Lernzielstufen angesprochen werden müssen. Im Gegenteil, meist sind wenige Lernziele ausreichend. Wichtig ist, dass Lernziele der Stufe 3 (oder höher) notwendig sind, um das Wissen tatsächlich später anzuwenden und das prozedurale Wissen zu stärken. Um das eigene informelle Lernen zu fördern, sollten die formalen Schulungen vor allem auf die Anwendung und höhere Stufen abzielen. Eine reine Vermittlung von Faktenwissen (Stufe 1 und 2) reicht nicht aus, um tatsächlich sicher zu handeln und das Wissen im Arbeitsalltag auch umzusetzen. Um Wissen auch in neuen oder ungewöhnlichen Kontexten anzuwenden, sind Lernziele von Stufe 4 oder 5 erforderlich, beispielsweise, um selbstständig Phishing-E-Mails zu erkennen.

Bei der Vermittlung von Wissen zu informationssicherheitskonformen Verhaltensweisen kann man sich grundsätzlich an den zwei Dimensionen „Perception“ und „Protection“ gemäß Hänsch und Benenson (2014) orientieren (vgl. Abschnitt 4.1.1). Perception bedeutet, dass die Anwendenden wissen, welche Bedrohungen es für die Informationssicherheit gibt - auch durch ihre eigenen Handlungen - und wie sie diese Bedrohungen erkennen können. Sie wissen auch, welche negativen Konsequenzen das Auftreten einer Bedrohung für ihre Organisation haben. Protection heißt, dass die Anwendenden wissen, wie sie sich vor Bedrohungen schützen können. Sie kennen Gegenmaßnahmen und wissen, wie sie sich sicher verhalten.

Für die Festlegung der Inhalte ist wichtig zu wissen, dass das Gehirn neue Informationen am besten speichert bzw. lernt, wenn es diese mit bereits bestehendem Wissen verbinden kann (Gröblinghoff, 2015). Die Inhalte sollten also da anknüpfen, wo die Mitarbeitenden aktuell mit ihrem Wissen stehen. Diese Erkenntnis spricht auch dafür, auf Beispielen auszubauen, die aus der betrieblichen Praxis bekannt sind.

Sind die Ziele festgelegt, geht es bei der Gestaltung didaktischer Szenarien um drei Aspekte (Reinmann, 2013, S. 9 f.):

1. Materiale Seite - wie soll etwas vermittelt werden?
2. Prozessuale Seite - wie werden die Lernenden aktiviert?
3. Soziale Seite - wie werden die Lernenden begleitet?

Inhalte zu **vermitteln** bedeutet, Wissen geeignet aufzubereiten und weiterzugeben. Menschen können Informationen dann besonders gut verarbeiten, wenn sie multimedial aufbereitet sind, also bildliche (z. B. durch Fotografien, Grafiken, Videos, Animationen) und verbale (durch Lesen oder Hören) Elemente beinhalten (Schildknecht, 2018).

Lernende müssen auch **aktiviert** werden, sich intensiv mit den Lehrinhalten auseinanderzusetzen. Dazu dienen verschiedene Aufgaben, welche die Lernenden aktiv beteiligen. Aufgaben können dazu dienen, um Kenntnisse oder Fertigkeiten einzuüben oder zu trainieren (z. B. durch Rollenspiele, Rätsel), um Lernende anzuregen, sich selbst Wissen zu erschließen (z. B. durch Gespräche, Gruppenarbeiten), oder um vorgegebene Inhalte zu transformieren (z. B. durch Fallstudien) (Reinmann, 2013, S. 10).

Auch bei technologiegestütztem Lernen (z. B. E-Learning) müssen Lernende **begleitet** oder betreut werden. Mögliche Formen der Betreuung sind Feedback, tutorielle Unterstützung und das Schaffen sozialer Räume (Lerngemeinschaften). Die drei Seiten der didaktischen Gestaltung, ausgehend von den Lernzielen, zeigt Bild 5.3.

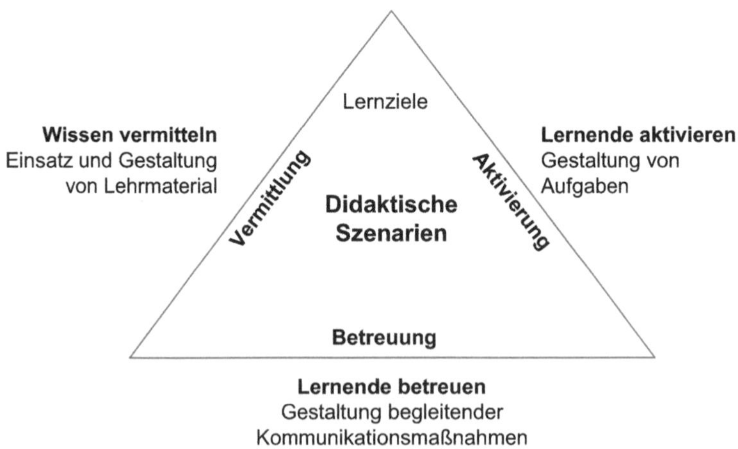

Bild 5.3 Drei Seiten der Gestaltung didaktischer Szenarien (in Anlehnung an Reinmann, 2013, S. 9)

5.1.4 Mediendidaktik

Die Mediendidaktik beschäftigt sich als Teilbereich der Didaktik mit dem Lehren und Lernen mit und durch Medien. Sie gibt wertvolle Hinweise, worauf beim Erstellen von medialen Lerneinheiten zu achten ist, damit Wissen erfolgreich vermittelt werden kann, und zielt somit auf die eben genannte materiale Seite ab. Die mediendidaktischen Leitlinien (vgl. Petko, 2020, S. 55 ff.) für die Medien Bild, Text und Ton geben Orientierungshilfen für die richtige Gestaltung und Auswahl von Medien für multimediale Lerneinheiten.

Die „Cognitive Load Theory" möchte die kognitive Belastung der Lernenden während des Lernens optimieren (vgl. Petko, 2020, S. 34 f.). Gemäß dieser Theorie sollen Lernmaterialien grundsätzlich so gestaltet sein, dass sie von den Lernenden optimal aufgenommen werden können. Das bedeutet, dass komplexe Sachverhalte in kleinere Einheiten zerlegt werden, weil sie dann leichter zu erlernen sind. Das Design wird auf das Wesentliche reduziert sowie klar strukturiert, um die Lernenden nicht abzulenken. Das Design bietet visuelle Unterstützung.

Das „Hamburger Verständlichkeitsmodell" zeigt, was einen verständlichen Text ausmacht (vgl. Bild 5.4). Texte sollten einfach gehalten und kurz gestaltet sein. Auf redundante und weitschweifige Darstellungen ist zu verzichten. Texte sollten klar erkennbar gegliedert sein und das Interesse und die persönliche Anteilnahme der Lernenden durch anregende Zusätze wecken. Dies kann vor allem durch Beispiele aus der Erlebniswelt der Lernenden oder durch anregende Geschichten geschehen.

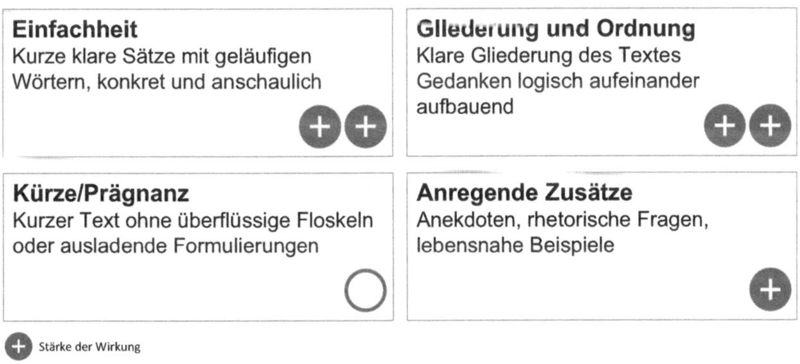

Bild 5.4 Elemente eines verständlichen Textes gemäß „Hamburger Verständlichkeitsmodell" (eigene Darstellung in Anlehnung an Reiter & Sommer, 2013, S. 13 f.)

In Lerneinheiten sind Bilder meist unterstützende Elemente für eine textuelle Information. Bei Bildern, Videos und Ton zählt allerdings das Sparsamkeitsprinzip. Es sollten möglichst wenige überflüssige Informationen gezeigt werden, um eine unnötige kognitive Belastung der Lernenden zu vermeiden. Dekorative Bilder, die aus rein ästhetischen Gründen dargestellt werden, behindern also eher den Lernprozess. Für informative Bilder, welche Inhalte veranschaulichen, wurde empirisch nachgewiesen, dass sie den Wissenserwerb fördern. Bilder können Piktogramme, Fotos, Grafiken, Mindmaps, Skizzen, Formeln, Diagramme etc. sein. In Bildern können komplexe Strukturen so dargestellt werden, dass sie leichter verstanden werden, als es bei ausschließlich textuellen Lerneinheiten der Fall wäre.

Auditive Medien werden meist als unterstützendes Element gemeinsam mit Text, Bild oder Film verwendet. Die gleichzeitige Aufnahme eines gelesenen und eines gesprochenen Textes kann allerdings zum Anstieg der kognitiven Belastung der Lernenden führen. Das Auge liest schneller, als der gesprochene Text präsentiert wird, und die Lernenden müssen somit immer wieder aufwendig den visuell erfassten mit dem gehörten Text zusammenbringen. Es sollte also vermieden werden, dass der verschriftlichte Text dem gesprochenen Text entspricht. Schriftlich festgehalten werden sollten daher z. B. nur Stichworte.

Anders ist es hingegen, wenn ein Bild dargestellt wird und zu diesem Bild auditiv Ergänzungen oder Erklärungen präsentiert werden. In dieser Kombination wird das Auge durch den Audiokommentar angeleitet und geführt. Das Bild kann in Ruhe gesichtet und verarbeitet werden.

Die Ausführungen sollten einen Einblick geben, worauf beim Lernen bzw. bei der Vermittlung von Wissen zu achten ist. An einigen Stellen wurde bereits versucht, die Konzepte auf die Förderung informationssicherer Verhaltensweisen anzuwenden. Das Feld der Didaktik ist jedoch so umfangreich, dass an dieser Stelle nicht weiter darauf eingegangen werden kann, auch um den anderen Faktoren der Awareness noch etwas Raum zu geben.

5.2 Verhaltensabsicht fördern und beeinflussen

Ole ist fest entschlossen, seine Neujahrsvorsätze (mehr Sport treiben, gesündere Ernährung) in die Tat umzusetzen - dieses Mal wirklich! Doch da draußen lauert Netflix mit seinen vielen unwiderstehlichen Serien ...

Gute Absichten werden manchmal von den vielen verlockenden Ablenkungen des Lebens durchkreuzt. Die Verhaltensabsicht ist ein entscheidender Faktor dafür, ob man seine Pläne umsetzt oder doch wieder mit Chips auf der Couch landet.

Die Verhaltensabsicht hat auch den größten Einfluss auf das informationssicherheitskonforme Verhalten. Die Verhaltensabsicht oder Intention steht vor dem eigentlichen Verhalten und beeinflusst letztendlich die tatsächliche Ausführung. Bildet eine Person eine Verhaltensabsicht, entschließt sie sich verbindlich für ein bestimmtes Handlungsziel. Um die Informationssicherheit in Unternehmen zu verbessern, müssen Mitarbeitende Verhaltensabsichten bilden und in Handeln umsetzen:

- Ich verwende für jede Anwendung ein anderes Passwort.
- Ich achte darauf, dass mir niemand zusieht, wenn ich mein Passwort eingebe.
- Ich lasse mein Smartphone nicht unbeaufsichtigt an meinem Platz liegen.
- Ich schließe die Tür zu meinem Büro abends ab.

Damit aus einer Verhaltensabsicht eine Handlung folgt, darf nicht zu viel Zeit zwischen dem Fassen der Absicht und dem tatsächlichen Verhalten liegen (Schwarzer, 2004, S. 45). Mitarbeitende in Unternehmen sollten also im Anschluss an entsprechende Awareness-Maßnahmen, durch die eine Verhaltensabsicht gebildet wurde, möglichst schnell die Möglichkeit bekommen, das Verhalten im Arbeitsumfeld anzuwenden.

Ob eine Person eine Verhaltensabsicht bildet, hängt von ihren Einstellungen zu dem Verhalten ab (mir ist es wichtig, mich informationssicher zu verhalten), von ihrer Wahrnehmung der Normen in ihrem sozialen Arbeitsumfeld (alle in meinem Team halten sich an die Informationssicherheitsregeln) und von ihrer Einschätzung ihrer persönlichen Handlungsfähigkeit (ich bin in der Lage, mich informationssicher zu verhalten). Die Verhaltensabsicht kann demnach in drei Bereiche unterteilt werden: Einstellungen, wahrgenommene Normen und persönliche Handlungsfähigkeit (vgl. Bild 5.5).

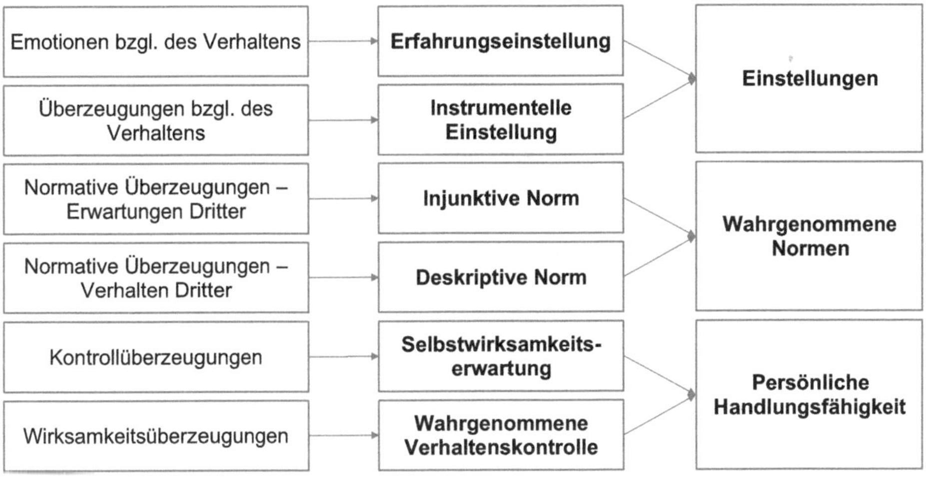

Bild 5.5 Die drei Komponenten der Verhaltensabsicht, deren Bestandteile und Einflussfaktoren (in Anlehnung an Montaño & Kasprzyk, 2008, S. 77)

Dieser Abschnitt beschreibt für die drei Komponenten der Verhaltensabsicht, mit welchen Maßnahmen sie gezielt beeinflusst oder gefördert werden können. Das Ziel dieser Maßnahmen ist, die Verhaltensabsicht der Mitarbeitenden dahingehend zu beeinflussen, dass die Wahrscheinlichkeit steigt, dass sie sich informationssicher verhalten.

Der relative Einfluss der drei Komponenten auf die Verhaltensabsicht hängt von der Person und vom Verhalten ab (Montaño & Kasprzyk, 2008, S. 79). Es kann also z. B. sein, dass die Verhaltensabsicht in einem Fall hauptsächlich durch die Einstellungen beeinflusst wird und in einem anderen Fall hauptsächlich durch normative Wahrnehmungen. Um also effektive Maßnahmen zu ergreifen, muss zunächst bestimmt werden, ob die Verhaltensabsicht eher von den Einstellungen, von den wahrgenommenen Normen oder von der persönlichen Handlungsfähigkeit beeinflusst wird.

Häufig ist es jedoch so, dass die gleichen Maßnahmen positiv verstärkend für mehrere Faktoren wirken, aber aus unterschiedlichen Gründen heraus. Security Champions beispielsweise stärken die wahrgenommene Verhaltenskontrolle, weil Mitarbeitende mehr Zutrauen in das eigene Vermögen haben, wenn sie wissen, dass sie Unterstützung bekommen können. Security Champions stärken auch die Selbstwirksamkeitserwartung, wenn Mitarbeitende bei ihnen beobachten, dass es möglich ist, sich informationssicher zu verhalten. Diese Beobachtung wiederum beeinflusst auch die wahrgenommenen Normen, weil dann angenommen wird, dass dies Verhalten akzeptiert ist.

5.2.1 Einstellungen

I have an attitude and I know how to use it!

(Maio & Haddock, 2010, S. 3)

Einstellungen sind individuelle Bewertungen, Meinungen, Gefühle und Neigungen gegenüber Objekten, Personen, Themen oder Verhaltensweisen (Maio & Haddock, 2010, S. 4). Einstellungen sind positiv, neutral oder negativ und beeinflussen, wie Menschen auf Dinge reagieren und wie sie sich in Bezug auf sie verhalten. Grundsätzlich haben Menschen das Ziel, ein Objekt oder ein Verhalten auf den Dimensionen „gut - schlecht" oder „wahr - falsch" einzuordnen. Diese Zuordnung dient der eigenen Orientierung und Zielverfolgung.

Informationen tragen dazu bei, das Wissen über ein Verhalten und die Bewertung dieses Verhaltens zu formen. Zum Beispiel kann die Bereitstellung von wissenschaftlichen Beweisen und Daten dazu führen, dass Menschen einem Verhalten gegenüber positiv oder negativ eingestellt sind. Persönliche Erfahrungen mit einem Verhalten sind eine wichtige Informationsquelle für die Bildung von Einstellungen. Menschen verbinden eine durch das Verhalten verursachte Auswirkung mit ihrer persönlichen Einstellung diesem Verhalten gegenüber. Positive Erfahrungen können zu einer positiven Einstellung gegenüber einem Verhalten führen, negative Erfahrungen zu einer negativen Einstellung.

Einstellungen bestehen aus kognitiven, affektiven und konativen Komponenten (Garms-Homolová, 2020, S. 9; Maio & Haddock, 2010, S. 24 f.):

- **Kognitive** Einstellungen beziehen sich auf die Überzeugungen, Gedanken und Eigenschaften, die mit einem Objekt verbunden sind. Sie beziehen sich auf das, was eine Person über das Objekt weiß, denkt oder glaubt. Häufig basieren Einstellungen auf den positiven oder negativen Eigenschaften eines Gegenstandes. Will eine Person ein neues Auto kaufen, beschäftigt sie sich mit den Eigenschaften der einzelnen Fahrzeuge und entscheidet anhand der Vor- und Nachteile.
- **Affektive** Einstellungen beziehen sich auf Gefühle oder emotionale Reaktionen, die mit einem Objekt verbunden sind. Sie beschreiben, wie sich eine Person fühlt oder empfindet. Gefühle, die als Reaktion auf ein Objekt geweckt werden, formen die Einstellungen dem Objekt gegenüber. Menschen, denen Spinnen Angst einjagen, haben aufgrund dieser negativen, affektiven Reaktion wahrscheinlich eine negative Einstellung gegenüber Spinnen.
- **Konative** oder verhaltensbezogene Einstellungen beziehen sich auf die Absicht, ein bestimmtes Verhalten in Bezug auf das Objekt auszuführen. Die konative Einstellung betrifft die Handlungsorientierung einer Person in Bezug auf ihr Urteil oder ihre Meinung und gibt Einblick in das tatsächlich geplante Verhalten einer Person.

Greta weiß, dass es wichtig ist, die Umwelt zu schützen. Sie hat sich intensiv mit den Daten und Fakten auseinandergesetzt und eine positive kognitive Einstellung gegenüber einem umweltfreundlichen Verhalten entwickelt. Sie ist begeistert von der Idee, die Umwelt zu schützen, und optimistisch, dass sie dazu einen positiven Beitrag leisten kann. Sie hat eine positive affektive Einstellung. Sie fasst die Absicht (konative Einstellung), regelmäßig zu recyclen, Wasser sowie Energie zu sparen, und will zukünftig immer mit dem Fahrrad zur Arbeit fahren.

Im Integrated Behavioral Model entspricht die kognitive Einstellung der instrumentellen Einstellung und die affektive Einstellung der Erfahrungseinstellung. Die konative Einstellung ist im IBM die abhängige Variable der Verhaltensabsicht, welche zusätzlich zu den beiden Einstellungen von der wahrgenommenen Norm und der persönlichen Handlungsfähigkeit beeinflusst wird. Daher lässt sich (allein) anhand der Einstellungen kein Verhalten hervorsagen (Garms-Homolová, 2020, S. 17). Je stärker allerdings die Einstellungen, desto wahrscheinlicher ist entsprechendes Handeln.

Menschen streben prinzipiell nach einer harmonischen Übereinstimmung (innere Kohärenz) der drei Komponenten kognitiv, affektiv und konativ. Gibt es eine Diskrepanz zwischen diesen Komponenten, kann dies zu einem Gefühl der Inkongruenz oder Unstimmigkeit führen. Menschen tendieren dann dazu, ihre Einstellungen so anzupassen, dass sie in Übereinstimmung sind. Ihre Gedanken (kognitiv), Gefühle (affektiv) und Handlungen (konativ) sollen miteinander in Einklang stehen.

Greta würde sich innerlich unwohl oder unzufrieden fühlen, wenn sie keine konkreten Maßnahmen ergreift, um ihren CO_2-Fußabdruck zu reduzieren.

Einstellungen ändern

Menschen können am ehesten dazu bewegt werden, neue Überzeugungen zu übernehmen, wenn alle drei Komponenten von Einstellungen verändert werden (Garms-Homolová, 2020, S. 32). Wird eine innere Kohärenz erreicht, erhöht sich die Wahrscheinlichkeit, dass eine Person entsprechend handelt. Das Streben nach innerer Kohärenz kann auch dazu führen, dass Menschen Handlungen (zunächst) nur ausführen, um Inkongruenzen zwischen ihren Einstellungen zu reduzieren.

Greta sorgt sich um die Umwelt (kognitiv und affektiv). Sie recycelt den Müll (konativ), um sicherzustellen, dass alle Komponenten in Einklang stehen.

Den größten Einfluss auf Einstellungen hat die Kommunikation. Wenn Menschen besser verstehen, warum ein bestimmtes Verhalten wichtig oder vorteilhaft ist, sind sie eher bereit, ihre Einstellung dazu zu ändern und entsprechend zu handeln. Demnach lassen sich mittels Übermittlung der „richtigen" Information die Einstellungen eines Individuums verändern, z. B.:

- kognitive Informationen: Informationen, die auf Fakten und rationalen Argumente basieren, z. B. wissenschaftliche Beweise und Daten
- emotionale Informationen: Informationen, die starke emotionale Reaktionen hervorrufen, z. B. emotionale Geschichten oder Bilder
- soziale Informationen: von anderen Menschen akzeptierte Meinungen und praktizierte Verhaltensweisen, insbesondere von Gleichaltrigen oder Vorbildern[3]

Es ist wichtig, aus welchen Quellen diese Informationen stammen. Menschen sind eher geneigt, Informationen von Personen mit Expertise oder aus als glaubwürdig angesehenen Quellen zu akzeptieren. Das Vertrauen und die Akzeptanz der Zielgruppe gegenüber den Quellen, z. B. Personen, Fernsehen, Vorträge oder Bücher, spielen eine wichtige Rolle, um die Einstellung zu ändern (Garms-Homolová, 2020, S. 33). Informationen sollten wiederholt vermittelt werden. Eine wiederholte Exposition gegenüber Informationen kann dazu beitragen, diese in den Gedanken der Menschen zu verankern.

[3] Bei der Selbstwirksamkeitserwartung wird das Thema Vorbilder ausführlich diskutiert.

Der Erfolg der Maßnahmen hängt auch davon ab, wie die Informationen vermittelt werden. Kommunikationstechniken, die auf Überzeugung und Beeinflussung abzielen, sind besser geeignet, Einstellungen zu ändern. Das können der Einsatz überzeugender Argumente und logischer Schlussfolgerungen, emotionale Ansprachen, Humor oder das Erzählen von Geschichten sein. Die von Social Engineers eingesetzten psychologischen Tricks, wie Autorität, Reziprozität, soziale Beweise und Knappheit (Ablenkung), können Verwendung finden (vgl. Abschnitt 3.3). Ebenso sollten Informationen und Argumente inhaltlich und gestalterisch so präsentiert werden, dass sie die Bedürfnisse und Interessen des Publikums ansprechen. Verstehen Mitarbeitende – vor allem auf einer emotionalen Ebene –, welchen Risiken die Organisation ausgesetzt ist, wenn sie sich nicht richtig verhalten, kann dies ihre Einstellung ändern (Beautement et al., 2008).

Persönliche Erfahrungen sind ebenfalls eine wichtige Informationsquelle. Diese Art von Information kann jedoch nicht „vermittelt" werden. Erfahrungen müssen die Personen selbst machen. Daher sollte ihnen reichlich Gelegenheit gegeben werden, die gewünschten Verhaltensweisen auszuprobieren[4].

Um die Chancen zu erhöhen, dass der Mensch dazu bewegt wird, eine Überzeugung zu übernehmen, sollten Ansätze zur Förderung alle drei Bereiche der Einstellung beeinflussen. Der Kasten erklärt dies am Beispiel einer Schulung zur Wahl sicherer Passwörter.

Inhalte einer Schulung zur Gestaltung sicherer Passwörter

Eine Schulung zur Gestaltung sicherer Passwörter sollte den Teilnehmenden nicht nur Wissen über sichere Passwörter vermitteln. Die Teilnehmenden sollten auch ein Verständnis für die Bedeutung von Passwörtern entwickeln, und die Absicht, sichere Passwörter zu verwenden und umzusetzen. Die Schulung sollte auch Emotionen wecken.

Kognitive Einstellung (Wissen):

Die Schulung vermittelt das notwendige Wissen über die Bedeutung von starken Passwörtern und die Risiken von schwachen Passwörtern. Die Schulung kann Beispiele für Sicherheitsverletzungen aufgrund von schwachen Passwörtern präsentieren, um das Verständnis für die potenziellen Risiken zu vertiefen. Den Teilnehmenden wird klar, warum sichere Passwörter wichtig sind.

Die Teilnehmenden lernen, wie sie starke Passwörter erstellen können, wenn die Schulung ihnen bewährte Praktiken für die Passworterstellung vermittelt (z. B. Verwendung von Kombinationen aus Groß- und Kleinbuchstaben, Zahlen und Sonderzeichen).

Affektive Einstellung (Emotionen und Gefühle):

Die Schulung kann das Bewusstsein für die Bedeutung von Informationssicherheit und die potenziellen emotionalen Auswirkungen von Sicherheitsverletzungen schärfen. Es können Sorgen und Ängste in Bezug auf Sicherheitsverletzungen

[4] Weitere Ansätze, um positive Erlebnisse zu schaffen, finden sich unter wahrgenommener Kontrolle und Selbstwirksamkeitserwartung.

angesprochen werden. Dies führt zu einem stärkeren emotionalen Engagement und einer emotionalen Verbindung zur Informationssicherheit.

Indem die Schulung die persönliche Relevanz sicherer Passwörter hervorhebt, kann sie positive Gefühle von Verantwortung und Schutz auslösen.

Konative Einstellung (Absicht und Verhalten):

Die Schulung sollte praktische Übungen zur Passworterstellung und -verwendung beinhalten. Den Teilnehmenden wird so die Möglichkeit geboten, sichere Passwörter tatsächlich zu erstellen und positive Erfahrungen zu sammeln. Praktische Übungen und positive Rückmeldungen stärken auch das Vertrauen der Teilnehmenden in ihre Fähigkeit zur Erstellung und Verwendung sicherer Passwörter (Stärkung der Selbstwirksamkeit).

Klare Anleitungen und Empfehlungen für die Passwortpraxis stärken die konative Einstellung zur Erstellung sicherer Passwörter in der Praxis.

Damit der **Humor** – als eine Möglichkeit der überzeugenden Kommunikation – nicht zu kurz kommt, können Quizfragen oder interaktive Übungen witzige Fragen oder Antwortmöglichkeiten enthalten. Um zu verdeutlichen, wie leicht schwache Passwörter geknackt werden können, können besonders absurde Beispiele für schlechte Passwörter gezeigt werden. Sicherheitsrisiken können beispielsweise als Cartoon dargestellt werden. ■

Durch Belohnungen und andere Anreize in Bezug auf ein gewünschtes Verhalten können die Einstellungen beeinflusst werden. Wenn ein Verhalten belohnt wird, neigen Menschen dazu, eine positivere Einstellung dazu zu entwickeln, oder sie wollen von möglichen Anreizen für ein bestimmtes Verhalten profitieren. Anreize können Anerkennung, Lob, Geschenke, Wettbewerbe sowie Entwicklungsmöglichkeiten, aber auch Selbstbestimmung und Autonomie sein.

Die Art und Weise, wie ein Verhalten in öffentlichen Medien dargestellt wird, hat einen erheblichen Einfluss auf die Einstellungen (vgl. auch Themensalienz und Agenda Setting Theory, Abschnitt 5.3). Verantwortliche könnten sich dies zunutze machen, indem sie den Mitarbeitenden gezielt förderliche Berichterstattung aus öffentlichen Kanälen auch intern zur Verfügung stellen. Beispielsweise können Berichte, in denen auf die Bedeutung informationssicheren Verhaltens hingewiesen wird, oder Berichte über aktuelle Sicherheitsvorfälle im Intranet verlinkt oder in Schulungen und Newslettern eingebaut werden.

Ein Ansatz, um die Verhaltensabsicht oder das Verhalten zu ändern, ist das bewusste Erzeugen einer kognitiven Dissonanz. Bei einer kognitiven Dissonanz sind die inneren Einstellungen einer Person nicht im Einklang mit ihrem Verhalten (vgl. Festinger & Carlsmith, 1959). Dieser Zustand fühlt sich für die Person unangenehm an, da sie gegen ihre Einstellungen und Überzeugungen handelt. Die Auflösung einer kognitiven Dissonanz besteht darin, entweder das Verhalten oder die Einstellungen dazu anzupassen. Diese Tatsache kann man ausnutzen, um Personen zu einem informationssicheren Verhalten zu bewegen. Wenn die Einstellungen durch Awareness-Maßnahmen erfolgreich beeinflusst werden, sollte die Person auch ihr Verhalten entsprechend anpassen. Die Forschung zeigt allerdings, dass Menschen eher dazu neigen, ihre Einstellungen an ihr Handeln anzupassen als umgekehrt.

Angenommen, es gelingt durch Awareness-Maßnahmen nicht, die Einstellungen zu ändern. Die Person ist weiterhin davon überzeugt, dass eine nicht sichere Verhaltensweise die bessere ist. „Zwingt" man die Person dann aber quasi dazu, informationssicher zu handeln, muss sie, um die kognitive Dissonanz aufzulösen, ihre Einstellungen zu dem Thema anpassen. Das führt dann wiederum zu einer höheren Verhaltensabsicht für dieses Verhalten. Belohnungen oder jede Art von positivem Feedback (oder auch die Vermeidung von Sanktionen) wären eine Möglichkeit, einer Person einen höheren Anreiz für das entsprechende Verhalten zu geben.

Ole hat mit seiner Tochter einen Deal ausgehandelt. Er will dreimal in der Woche abends ins Fitnessstudio gehen. Jedes Mal, wenn er nicht geht, bekommt sie fünf Euro von ihm. Seine Motivation, Sport zu treiben, ist massiv gestiegen, weil er sein Geld lieber für andere Sachen ausgeben möchte.

Einstellungsänderungen erfordern oft Zeit und Wiederholung, da Einstellungen tief verwurzelt sein können. Ein einziger Versuch, eine Einstellung zu ändern, ist häufig nicht ausreichend. Daher sollten mehrere Ansätze miteinander kombiniert werden.

5.2.2 Wahrgenommene Norm

Security topics are also the topics of leadership and it has to be exemplified by the leader as well. This is the biggest problem in security. If security measures are not demonstrated and used correctly by the leader, then no one will take them seriously.

(Jaeger et al., 2017, S. 11)

Die wahrgenommene Norm bezieht sich auf die subjektive Wahrnehmung einer Person darüber, wie andere sich in ihrer sozialen Umgebung verhalten oder wie sie bestimmte Verhaltensweisen bewerten (Fishbein & Ajzen, 2011, S. 129 f.). Es ist die individuelle Einschätzung einer Person über die sozialen Erwartungen, Meinungen oder Verhaltensmuster anderer. Da Personen sich oft an sozialen Erwartungen orientieren und sich anpassen möchten, kann die wahrgenommene Norm das Verhalten einer Person beeinflussen. Das IBM unterscheidet zwischen injunktiven und deskriptiven Normen.

Injunktive Normen beziehen sich auf die wahrgenommene Zustimmung oder Ablehnung eines Verhaltens durch wichtige Bezugsgruppen oder durch soziale Normen. Es ist die subjektive Einschätzung oder Überzeugung einer Person darüber, ob andere Menschen in ihrer sozialen Umgebung das Verhalten akzeptieren oder nicht akzeptieren, also auch, welches Verhalten erwartet wird. Wenn jemand glaubt, dass seine sozialen Bezugsgruppen ein bestimmtes Verhalten befürworten, kann dies die Bereitschaft erhöhen, dieses Verhalten auszuführen.

Deskriptive Normen beziehen sich auf die wahrgenommene Häufigkeit oder Verbreitung eines Verhaltens in der sozialen Umgebung einer Person. Diese Normen repräsentieren die Wahrnehmung oder Überzeugungen einer Person darüber, wie viele andere Menschen in ihrer Umgebung das betreffende Verhalten ausführen. Wenn eine Person wahrnimmt, dass viele Menschen in ihrer Umgebung ein bestimmtes Verhalten praktizieren, kann dies die Wahrscheinlichkeit erhöhen, dass sie dieses Verhalten ebenfalls ausführt.

Im Gegensatz zu injunktiven Normen bewerten deskriptive Normen das Verhalten nicht. Sie sagen nichts darüber aus, ob das Verhalten von anderen akzeptiert wird oder nicht. Über die Häufigkeit der Beobachtung wird jedoch auf die injunktiven Normen geschlossen – wenn sich viele Personen in der gleichen Art und Weise verhalten, dann wird dies ein akzeptiertes Verhalten sein.

Menschen passen ihr Verhalten oft an, um den wahrgenommenen Normen in ihrer Umgebung zu entsprechen. Sie können sich aber auch bewusst von ihnen abheben wollen. Normen können also von einer Person richtig wahrgenommen werden, ob sie sich aber entsprechend der Norm verhalten, hängt noch von der Motivation der Person ab, diesen Normen entsprechen zu wollen oder nicht.

Wahrgenommene Normen beeinflussen

Je stärker sich Individuen mit der Gruppe identifizieren, umso größer ist die Wahrscheinlichkeit, dass die wahrgenommene Norm dieser Gruppe ihr Verhalten beeinflusst. Menschen, die sich stark mit einer sozialen Gruppe identifizieren, akzeptieren die Normen der Gruppe stärker und wollen sich entsprechend der Norm verhalten. Sie wollen sozial akzeptiert werden und ein aktives Mitglied der Gruppe sein. Dies kann sogar dazu führen, dass sie sich an die Normen der Gruppe halten, selbst wenn sie persönlich andere Ansichten oder Präferenzen (Einstellungen) haben.

Das Gefühl der Gruppenzugehörigkeit bietet einen schönen Ansatz, um informationssicheres Verhalten zu fördern. Mitarbeitende, die eine starke Identifikation mit ihrem Unternehmen haben, sind eher bereit, sich an die dort geltenden Normen (und Regeln) zu halten. Ein solches Zugehörigkeitsgefühl zu erzeugen, dürfte jedoch allein aus der Information Security Awareness heraus schwierig sein. Die Unternehmenskultur spielt dafür eine entscheidende Rolle. Über einen unternehmensweiten Wettbewerb oder größere Präsenzveranstaltungen (z. B. Town Hall Meeting, Live Hacking) als Awareness-Maßnahmen ist es aber vielleicht möglich, ein Gefühl der Zusammengehörigkeit zu etablieren, von dem die Informationssicherheit dann längerfristig profitiert.

Die Identifikation mit einer kleinen Gruppe, also einem Team, einer Abteilung oder einer Filiale, ist hingegen einfacher und häufig bereits gegeben. Sie kann für die Awareness genutzt werden. Indem gezielt Personen innerhalb der Gruppe als Multiplikatoren ausgebildet werden, welche die Normen dann durch Vorleben der gewünschten Verhaltensweisen und durch Kommunikation an die anderen Mitglieder der Gruppe vermitteln (vgl. Kasten „Security Champions").

Security Champions

In Change-Projekten sind „Champions" Personen oder Teams, die eine führende und aktive Rolle bei der Unterstützung, Förderung und Umsetzung des Veränderungsprozesses spielen. Champions setzen die geplanten Veränderungen häufig als erste pilothaft um. Sie sind engagierte Verfechtende der Veränderung und setzen sich für die erfolgreiche Umsetzung von Veränderungen ein. Champions sind von entscheidender Bedeutung, wenn es darum geht, dass der Wandel von den Mitarbeitenden akzeptiert und Widerstände minimiert werden (T. Lauer, 2019, S. 204).

Security Champions können unterstützend für Awareness-Maßnahmen wirken. Ideale Security Champions sind Personen, die eine breite Anerkennung in ihrem Team oder der Organisation genießen. Sie haben gleichzeitig großes persönliches Interesse am Thema Informationssicherheit, und es ist ihnen wichtig, andere dafür zu begeistern und sie von sicheren Verhaltensweisen zu überzeugen (Beris et al., 2015; Jaeger et al., 2017). Sie verfügen über eine hohe Information Security Awareness, also über Verständnis und Wissen über mögliche Gefahren und richtige Verhaltensweisen. Und sie verhalten sich aus Gewohnheit informationssicherheitskonform.

Personen, die diese Eigenschaften besitzen, sollten im Unternehmen gesucht und gezielt gefördert werden. Über eine spezielle Weiterbildung können sie für ihre Rolle fit gemacht und motiviert werden, diese Rolle auszuüben. Sie dienen als Multiplikatoren für sicheres Verhalten in ihren Teams. Sie beeinflussen durch sichtbar richtiges Verhalten und durch Weitergabe ihres Wissens die wahrgenommenen Normen. Stehen sie als Ansprechpersonen bei Fragen zur Verfügung, stärken sie die wahrgenommene Verhaltenskontrolle. Die Selbstwirksamkeitserwartung wird gestärkt, wenn die Teammitglieder die Champions als Vorbild ansehen und ihnen nacheifern wollen.

Security Champions können auch das Informationssicherheitsteam unterstützen, indem sie dabei helfen, Sicherheitsmaßnahmen passend für ihre Organisationseinheit zu definieren. Sie identifizieren Richtlinien und Regeln, die in ihrem Team nicht umsetzbar sind oder die eigentliche Arbeit behindern, und geben diese Information an die Verantwortlichen weiter (I. Becker et al., 2017). ■

Verhalten sich die Gruppenmitglieder entsprechend der Normen, so können als Folge dieses Verhaltens soziale Akzeptanz, Unterstützung oder Anerkennung innerhalb der Gruppe auch als Belohnung wirken.

Wahrgenommene Normen bilden sich besonders durch das Verhalten von Vorbildern. Es ist also besonders wichtig, dass sich vorgesetzte Personen richtig verhalten. Ihr Verhalten wird am ehesten als Norm angesehen.

> *„An employee's motivation is the result of the sum of interactions with management – when it comes to security behavior, management must give aligned messages in team talks, AND lead by example. Conversely, senior management, seeing themselves as ‚too important' to comply with correct security behaviors will signal that the organization is not serious, and ‚poison' the security culture."*
>
> (Beyer et al., 2015, S. 7)

Injunktive Normen bilden sich in der Regel durch soziale Interaktionen, kulturelle Einflüsse und Kommunikation innerhalb einer Gruppe. Injunktive Normen beschreiben gemeinsame Erwartungen, Meinungen und Bewertungen darüber, wie sich die Mitglieder der Gruppe verhalten sollen. Sie entstehen u. a. über mündliche oder schriftliche Kommunikation innerhalb der Gruppe, z. B. durch Aussagen, Ratschläge, Anweisungen oder Empfehlungen. Zum Beispiel können Eltern ihren Kindern sagen, dass es nicht in Ordnung ist, anderen Kindern etwas wegzunehmen. Belohnungen oder Bestrafungen zeigen sehr deutlich, welches Verhalten akzeptabel ist und welches als inakzeptabel gilt. Beispiele für Belohnungen zeigt Abschnitt 5.2.3.

Richtlinien, Regeln oder Vorschriften sind eine direkte Art, injunktive Normen in einer Gruppe zu etablieren und zu kommunizieren. Richtlinien definieren klar, welches Verhalten gewünscht ist („Jeden Abend den Arbeitsplatz aufräumen") und welches Verhalten nicht gewünscht ist („Passwörter nicht aufschreiben und nicht am oder in der Nähe des Schreibtischs aufbewahren").

Kommunikation und Informationsvermittlung sind daher ein wichtiger Ansatzpunkt, um injunktive Normen zu beeinflussen – sei es über Richtlinien, Schulungen, Plakate, Newsletter oder Präsenzveranstaltungen. Bild 5.6 zeigt, wie ein gewünschtes Verhalten als Plakat visualisiert werden kann. Regeln (= akzeptiertes Verhalten) schriftlich zu kommunizieren hat den Vorteil, dass es kaum Spielraum für subjektive Wahrnehmung oder Einschätzung gibt.

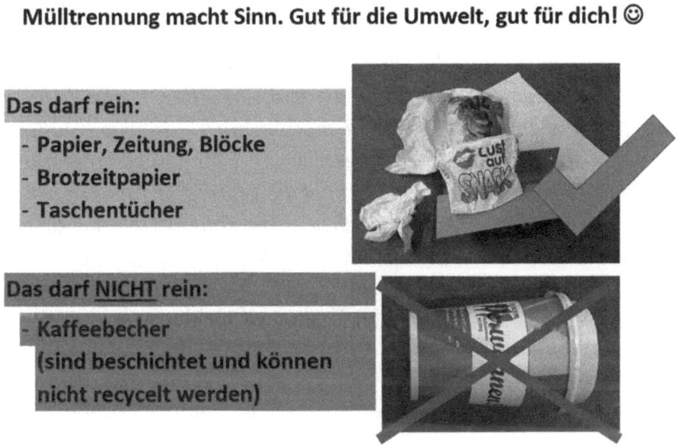

Bild 5.6 Plakat zur Bewerbung von Mülltrennung in Cafeterien und Mensen (Quelle: Technischer Betrieb, THWS, Würzburg)

Haben Mitarbeitende kein großes Interesse daran, Regeln zu befolgen, dann ist es wichtig, auch negative Konsequenzen eines falschen Verhaltens aufzuzeigen. Die Sichtbarkeit der Überwachung im Unternehmen und die Bereitschaft, angekündigte Sanktionen zu verhängen, beeinflusst, ob Personen denken, dass sie entdeckt und bestraft werden, wenn sie sich nicht an die Regeln halten (Beautement et al., 2008). Diese Wahrnehmung ist ausschlaggebend für ihre Entscheidung, sich regelkonform zu verhalten. Das Vermeiden von Sanktionen wird auch als (positiver) Nutzen eines Verhaltens angesehen.

Deskriptive Normen bilden sich durch Beobachtungen, basieren aber auch auf Überzeugungen oder Einschätzungen, z. B. wenn ein Verhalten nicht direkt beobachtet werden kann („Wahl eines sicheren Passworts"). Die Einschätzungen können dann auf Informationen, Erfahrungen oder Gesprächen mit anderen basieren. Auch soziale Signale wie Hinweise, Symbole, Gestik oder Mimik können deskriptive Normen beeinflussen.

Zum wiederholten Mal berichtet Suri ihrem Kollegen Frank, dass Passwörter in ihrer alten Firma mindestens zwölf Zeichen lang sein mussten. Frank sagt dazu nichts, rollt aber wie immer genervt die Augen und wirft Mario neben ihm eindeutig ablehnende Blicke zu.

Durch soziale Interaktionen innerhalb der Gruppe teilen Menschen ihre Erfahrungen und berichten über ihre Verhaltensweisen. Dadurch können sich gemeinsame Verhaltensmuster entwickeln und als deskriptive Normen wahrgenommen werden. Dieses Phänomen kann genutzt werden, um die gewünschten informationssicheren Verhaltensweisen zu etablieren. Security Champions können diesen Prozess einleiten und forcieren.

Menschen tendieren dazu, sich an Verhaltensweisen zu orientieren, die sie leicht beobachten können (vgl. Abschnitt 5.3). Je sichtbarer oder auffälliger die Verhaltensweisen sind, umso größer die Wahrscheinlichkeit, dass sich eine deskriptive Norm bildet. Allerdings – vor allem bei Verhaltensweisen, die nicht beobachtet werden können – entstehen deskriptive Normen auch aus Schätzungen oder Annahmen darüber, wie viele Personen ein Verhalten ausführen oder wie häufig ein Verhalten ausgeführt wird. Diese Annahmen können gezielt durch entsprechende Kommunikation und Berichterstattung beeinflusst werden. Beispielsweise können Kennzahlen zum derzeitigen Verhalten veröffentlicht werden („Im letzten Monat haben 703 Mitarbeitende Phishing-E-Mails an den IT-Helpdesk gemeldet.").

In der EduCom GmbH ist es derzeit nicht verpflichtend geregelt, dass Mitarbeitende E-Mail-Zertifikate zum digitalen Signieren und Verschlüsseln von E-Mails verwenden. Die Informationssicherheitsbeauftragte möchte durch Awareness-Maßnahmen mehr Mitarbeitende dazu ermutigen, zu einer sicheren E-Mail-Kommunikation beizutragen. Eine Maßnahme besteht darin, im Intranet die Prozentzahl der Mitarbeitenden, die Zertifikate bereits nutzen, zu veröffentlichen. Die Zahl aktualisiert sie einmal im Monat. Sie kommuniziert auch die Ziel-Prozentzahl zum Ende des Jahres.

Darstellungen von Verhaltensweisen in den Medien, einschließlich Fernsehen, Filmen und sozialen Medien, können ebenfalls deskriptive Normen prägen. Es entsteht der Eindruck, dass die dargestellten Verhaltensweisen häufig ausgeführt werden. Gibt es interne Kommunikationskanäle, die häufig von den Mitarbeitenden genutzt werden, wie Social-Media-Plattformen oder Unternehmensfernsehen, können diese genutzt werden, um wiederholt die Ausführung gewünschter Verhaltensweisen am Arbeitsplatz zu zeigen. Beispielsweise wird eine Mitarbeiterin in einem Fernsehbeitrag zu einem Thema interviewt und sperrt ganz selbstverständlich ihren Bildschirm, bevor sie sich dem Interviewer zuwendet, um seine Fragen zu beantworten. Wenn Bilder aus den Büros gezeigt werden, sind die Arbeitsplätze immer aufgeräumt, es liegen keine Dokumente herum, und alle Bildschirme sind gesperrt.

Auf der firmeneigenen Social-Media-Plattform könnte ein Kanal erstellt werden, in welchem Mitarbeitende Screenshots von Phishing-E-Mails hochladen können, die sie erhalten haben. Sie können auch dazu schreiben, woran sie den Phishing-Versuch erkannt haben. Je mehr Mitarbeitende mitmachen, umso eher wird es als deskriptive Norm angesehen, bei E-Mails auf die Merkmale von Phishing zu achten. Die Security Champions könnten aufgefordert werden, gerade am Anfang auf dem Kanal besonders aktiv zu sein, damit der Stein ins Rollen kommt (Haucke & Pokoyski, 2009, S. 116).

Die Beeinflussung von wahrgenommenen Normen ist zeitaufwendig. Über längere Zeit sollten verschiedene Maßnahmen und Interventionen kombiniert werden, um soziale Erwartungen und Verhaltensnormen zu ändern.

5.2.3 Persönliche Handlungsfähigkeit

It's going to happen because I'm going to make it happen.

Harvey Specter

Die Kernüberzeugung, durch ihre eigenen Handlungen die gewünschte Wirkung zu erzielen, bildet die Grundlage des menschlichen Handelns. Wenn Menschen nicht daran glauben würden, hätten sie wenig Anreiz, zu handeln oder im Falle von Schwierigkeiten durchzuhalten. Der Glaube an die eigene Wirksamkeit ist eine wichtige persönliche Ressource für die persönliche Entwicklung und Veränderung (Bandura, 2000).

Im Integrated Behavioral Model setzt sich die persönliche Handlungsfähigkeit aus den zwei Faktoren Selbstwirksamkeitserwartung und wahrgenommene Verhaltenskontrolle zusammen. Selbstwirksamkeitserwartung und wahrgenommene Verhaltenskontrolle hängen von den zugrunde liegenden Überzeugungen ab. Wirksamkeitsüberzeugungen (wie stark glaubt eine Person daran, dass sie in der Lage ist, bestimmte Aufgaben zu bewältigen) stärken die Selbstwirksamkeitserwartung, Kontrollüberzeugungen (wie stark glaubt eine Person daran, Ereignisse oder Situationen in ihrem Leben zu kontrollieren oder beeinflussen zu können) stärken die wahrgenommene Verhaltenskontrolle.

Konzeptionell gibt es keinen großen Unterschied zwischen wahrgenommener Verhaltenskontrolle und Selbstwirksamkeitserwartung. Beide Konstrukte beziehen sich auf die Überzeugung der Menschen, in der Lage zu sein, ein bestimmtes Verhalten auszuführen (Ajzen, 2020). Eine Förderung und entsprechende Erhöhung einer der beiden Konstrukte führt zu einer Erhöhung der persönlichen Handlungsfähigkeit insgesamt.

Im Folgenden werden beide Konstrukte ausführlich erläutert, und es werden Hinweise und Beispiele gegeben, wie sie zur Erhöhung der Awareness gefördert werden können.

Selbstwirksamkeitserwartung

Der Glaube an die eigene Wirksamkeit ist eine wichtige Ressource für die persönliche Entwicklung und Veränderung. Wirksamkeitserwartung bezieht sich auf die Überzeugung einer Person in ihre Fähigkeit, bestimmte Aufgaben zu bewältigen, Herausforderungen zu meistern und Ziele zu erreichen. Es handelt sich um das individuelle Vertrauen in die eigenen Fähigkeiten, in bestimmten Situationen erfolgreich zu handeln.

Wirksamkeitsüberzeugungen beeinflussen, ob Menschen optimistisch oder pessimistisch, selbstverstärkend oder selbstschwächend denken und handeln. Solche Überzeugungen wirken sich auf Ziele und Entscheidungen aus. Wirksamkeitsüberzeugungen wirken auch auf ihr Durchhaltevermögen angesichts von Schwierigkeiten und prägen ihre Ergebniserwartung („Werde ich mit meinen Bemühungen Erfolg haben?"). Darüber hinaus bestimmen Wirksamkeitsüberzeugungen, inwiefern Chancen und Hindernisse wahrgenommen werden. Menschen mit hoher Selbstwirksamkeitserwartung bewältigen Stress besser und sind motivierter.

Je stärker die Überzeugung, das Verhalten trotz verschiedener Hindernisse ausführen zu können, desto größer ist die Selbstwirksamkeit bei der Ausführung des Verhaltens (Montaño & Kasprzyk, 2008).

Menschen mit geringer Wirksamkeitserwartung sind in schwierigen Situationen leicht von der Vergeblichkeit ihrer Bemühungen überzeugt. Sie geben schnell auf. Menschen mit hoher

Selbstwirksamkeit sehen Hindernisse als überwindbar an und nehmen Herausforderungen an. Sie lassen sich durch Schwierigkeiten nicht entmutigen und sind widerstandsfähig gegenüber widrigen Umständen. Nicht zuletzt bestimmt das Vertrauen in die eigenen Fähigkeiten, wie sich Menschen entscheiden.

> *Letzte Woche hat Camilla das Angebot erhalten, eine andere Stelle in ihrem Unternehmen anzunehmen. Die neue Stelle ist mit mehr Verantwortung verbunden, und sie würde ein kleines Team leiten. Das ist eine großartige Chance, und sie fühlt sich von diesem Angebot sehr geehrt. Mittlerweile hat sie sehr starke Zweifel, dass sie der neuen Stelle gerecht werden kann. Im Team sind einige schwierige Mitarbeitende, sie hat erst wenig Führungserfahrung, und sie weiß nicht, ob sie wirklich schon bereit ist, mehr Verantwortung zu übernehmen. Ihre geringe Selbstwirksamkeitserwartung führt dazu, dass Camilla die Stelle ablehnt.*

Die Selbstwirksamkeitserwartung ist keine statische Eigenschaft und kann sich im Laufe der Zeit durch Erfahrungen, Feedback und Unterstützung aus der Umgebung entwickeln und verändern.

Förderung der Selbstwirksamkeitserwartung

Die Selbstwirksamkeitserwartung kann gefördert werden, indem das Selbstvertrauen und die Überzeugung einer Person gestärkt werden, sodass sie in der Lage ist, eine bestimmte Aufgabe zu bewältigen (Wirksamkeitsüberzeugung). Selbstvertrauen und Selbstwirksamkeitserwartung beeinflussen sich gegenseitig. Hohes Selbstvertrauen kann die Selbstwirksamkeitserwartung steigern: Wenn eine Person an sich selbst glaubt, ist sie eher bereit, neue Herausforderungen anzunehmen und ihre Fähigkeiten zu erweitern. Meistert sie die Herausforderung, führt das zu positiven Erfahrungen, die wiederum die Selbstwirksamkeitserwartung stärken. Die Erfahrungen können auch die Überzeugung stärken, dass die Person in der Lage ist, ähnliche Herausforderungen erfolgreich zu bewältigen, was ebenfalls die Selbstwirksamkeitserwartung steigert. Positive Erfahrungen motivieren die Person, weitere Herausforderungen anzunehmen und noch mehr Erfahrungen zu sammeln, was die positive Rückkopplung weiter verstärkt.

Die folgenden Methoden und Techniken sind geeignet, das Selbstvertrauen und die Wirksamkeitsüberzeugung zu fördern.

Konstruktives Feedback bietet klare Informationen zur Leistung und zum Fortschritt einer Person. Feedback bietet eine konkrete Rückmeldung darüber, wie gut eine Person eine Aufgabe bewältigt hat. Dies kann Unsicherheiten oder Zweifel beseitigen und das Vertrauen in die eigenen Fähigkeiten stärken. Konstruktives Feedback zeigt einen klaren Weg zur Verbesserung auf. Werden Fähigkeiten und Anstrengungen durch positives Feedback gewürdigt, stärkt dies das Selbstvertrauen und die Überzeugung, auch in Zukunft ähnliche Herausforderungen zu bewältigen. Wenn eine Person erfährt, dass sie Fortschritte macht oder Verbesserungen erzielt, wird sie oft motivierter, weiterzuarbeiten. Feedback ermöglicht es einer Person auch, ihre Leistung mit anderen zu vergleichen. Wenn sie feststellt, dass sie in Bezug auf andere gut abschneidet, kann dies ebenfalls ihr Selbstbewusstsein und ihre Selbstwirksamkeitserwartung steigern. Auch Selbstreflexion kann helfen, sich der eigenen Stärken, Fähigkeiten und Erfolge bewusst zu werden.

Negative oder kritische Rückmeldungen können das Selbstvertrauen allerdings auch verringern. Feedback sollte so gestaltet sein, dass es hilfreich und unterstützend ist, um die Selbstwirksamkeitserwartung zu stärken. Feedback sollte möglichst präzise sein und häufig gegeben werden. Ohne regelmäßiges Feedback können Individuen nicht sicher sein, ob sie (weiterhin) auf dem richtigen Weg sind. Ohne präzise Rückmeldung verstehen Individuen nicht, was sie genau ändern sollen.

Eine sehr wirksame Form des Feedbacks ist, den Mitarbeitenden, die Sicherheitsvorfälle melden, eine Antwort zu senden. Meldet eine Mitarbeiterin eine vermeintliche Phishing-E-Mail an den IT-Helpdesk, ist bereits ein kurzes - gegebenenfalls sogar automatisiert versendetes - *Dankeschön* hilfreich. Bild 5.7 zeigt eine einfache Form eines solchen Feedbacks. Wirksamer als ein Dankeschön ist richtiges Feedback, das der Mitarbeiterin sagt, ob es sich tatsächlich um einen Phishing-Versuch handelte und dass durch ihr schnelles Handeln Schritte zur Abwehr der Gefahr unternommen wurden. Es wäre sogar möglich, Mitarbeitende für solche Meldungen zu belohnen; beispielsweise wenn sie im Monat mehr als fünf (tatsächliche) Phishing-Mails gemeldet haben. Im Intranet könnte eine Rangliste der zehn häufigsten Meldenden publiziert werden (datenschutzmäßig abklären!) oder die Summe der im letzten Monat/Quartal/Jahr eingegangenen (richtigen) Hinweise im Unternehmen.

Sehr geehrte Damen und Herren,

es ist wieder eine Phishing Mail im Umlauf, dazu wurden uns von 11 aufmerksamen Personen Hinweise gesendet. Hierfür bedanken wir uns recht herzlich und freuen uns auch in Zukunft auf Ihre Rückmeldungen.

Bild 5.7 Warnung vor einer Phishing-Mail, verbunden mit einer einfachen Rückmeldung, wie viele Personen diese Mail an den IT-Helpdesk gemeldet haben (Quelle: THWS)

Persönliches Feedback durch Vorgesetzte, Beauftragte für Informationssicherheit oder Kolleg:innen ist erstrebenswert, da es umfangreich und individuell sein sowie konkrete Wege zur Verbesserung aufzeigen kann. Aber auch mit technischen Mitteln und kleinen Aktionen können einfache Formen des Feedbacks etabliert werden.

Unternehmen könnten eine Anwendung anbieten, die den Mitarbeitenden Feedback gibt, ob ein gewähltes Passwort stark oder schwach ist. Nach einem erfolgreich durchgeführten Update könnte der Rechner eine Meldung zeigen, die den Anwendenden dankt, dass sie das Update zeitnah durchgeführt haben. Chatbots oder virtuelle Assistenten können Mitarbeitenden Informationen, Ratschläge oder Feedback zu informationssicherheitsrelevanten Verhaltensweisen geben.

Gamification (Gamifizierung) kann an verschiedenen Stellen eingesetzt werden, um Mitarbeitende zu motivieren und ihnen positive Rückmeldung zu geben. Neben den Phishing-Hinweis-Ranglisten sind dies beispielsweise verschiedene Elemente im Zusammenhang mit E-Learning. Mitarbeitende können ihren Fortschritt bei der Bearbeitung der einzelnen zu absolvierenden Lerneinheiten angezeigt bekommen, verschiedene Abzeichen für Erfolge sammeln oder sehen, wie weit sie im Vergleich mit ihren Kolleg:innen sind. Als Wettbewerbe könnten Mitarbeitende eigene Vorschläge zur Verbesserung der Informationssicherheit einreichen, neue Slogans für Plakate oder Sticker entwerfen oder ihren eigenen Sicherheitstipp formulieren. Neben dem Aspekt der Gamifizierung können hier zusätzlich auch Belohnungen in Form von Preisen für die besten Einreichungen vergeben werden.

Modelllernen heißt, durch Beobachtung von Vorbildern Fähigkeiten oder Verhaltensweisen zu erwerben (vgl. Abschnitt 5.1.2). **Vorbilder** sind Personen, die in einem bestimmten Bereich Erfolg haben und als inspirierende Beispiele dienen. Das Beobachten erfolgreicher Personen kann die Überzeugung einer Person stärken, dass sie auch selbst erfolgreich sein kann. Die Identifikation mit einem Vorbild kann die Selbstwirksamkeitserwartung steigern und die Bereitschaft fördern, sich neuen Herausforderungen zu stellen. Personen, die erfolgreich in ihrem Beruf sind, sind oftmals Vorbilder für andere Mitarbeitende, die ebenfalls solche Erfolge erzielen möchten. Die Mitarbeitenden achten auf Verhaltensweisen ihres Vorbildes und versuchen, diese nachzuahmen, um auch erfolgreich zu sein.

> *Charlie scheint ein gutes Gespür für seine Arbeit zu besitzen. Seine Ideen werden häufig gewürdigt und umgesetzt. Nie lehnt er es ab, den Mitgliedern in seinem Team oder anderen Kolleg:innen bei Fragen weiterzuhelfen, und er gibt immer gerne Feedback. Sein Verhalten bringt ihm viel Lob ein. Viele Kolleg:innen nehmen sich Charlie als Vorbild und wollen ihm nacheifern.*

Vorbilder zeigen, wie bestimmte Aufgaben oder Herausforderungen erfolgreich bewältigt werden können. Indem sie ihre Fähigkeiten und Strategien zeigen, vermitteln sie, dass diese Aufgaben gemeistert werden können. Dies kann das Vertrauen der beobachtenden Personen in die eigenen Fähigkeiten stärken („Wenn mein Vorbild das kann, schaffe ich das auch!"). Teilen Vorbilder ihre eigene Geschichte und berichten auch über Zweifel, Ängste und Hürden auf ihrem Weg zum Erfolg, können sie helfen, Selbstzweifel und negative Gedanken bei anderen zu überwinden. Dies zeigt, dass Erfolg nicht immer einfach ist, aber durch Anstrengung und Durchhaltevermögen erreicht werden kann.

Je größer die Identifikation mit dem Vorbild, desto stärker ist dieser Effekt. Menschen identifizieren sich am ehesten mit Vorbildern, wenn sie Gemeinsamkeiten teilen, wie ähnliche Interessen, Hintergründe oder Werte. Demnach sind nicht nur höherrangige Personen wie Vorgesetzte oder Lehrpersonen als Vorbilder geeignet, sondern auch erfolgreiche Personen, die sich in der gleichen Situation oder auf der gleichen Ebene befinden („Peers"). Peers sind oft leichter zugänglich, und es ist aufgrund der Gemeinsamkeiten leichter, sich mit ihnen zu identifizieren. Security Champions können so eine Vorbildrolle innehaben.

Kolleg:innen könnten sich z. B. gegenseitig darauf hinweisen, dass ihre Bildschirme nicht gesperrt sind, oder sich gegenseitig daran erinnern, die Bildschirmsperre zu aktivieren. Mitarbeitende, die gleiche Anwendungen nutzen, können andere Mitarbeitende auf neue Updates hinweisen. Führungskräfte nutzen ihre Vorbildfunktion, indem sie sich sichtbar informationssicher verhalten, bspw. indem sie die firmeneigene Cloud statt USB-Sticks für den Datenaustausch nutzen.

Unter Einsatz von Storytelling können kleine Geschichten über Personen erzählt werden, die erfolgreich eine Herausforderung mit einem informationssicherheitsrelevanten Verhalten gemeistert haben. Die Person kann fiktiv sein, sollte jedoch mit solchen Eigenschaften erdacht werden, dass sich die Adressierten mir ihr identifizieren können.

> *Cordula ist Mitglied im Topmanagement. Sie arbeitet häufig an wechselnden Standorten oder remote. Die Bedeutung der Bildschirmsperre, gerade bei ihrer Stellung im Unternehmen, hat sie jedoch noch nicht verinnerlicht. Ihre Kollegin Katharina sieht in Teamsitzungen immer wieder, dass Cordulas Bildschirm nicht gesperrt ist, wenn*

sie den Raum kurz verlässt, und vermutet, dass Cordula auch unterwegs manchmal vergisst, die Bildschirmsperre zu aktivieren. Katharina weist Cordula über Monate immer wieder darauf hin, den Bildschirm zu sperren, und klärt sie über die Risiken auf. Nach einiger Zeit erzählt Cordula Katharina stolz, dass sie jetzt immer an die Bildschirmsperre denkt und dass sie mittlerweile sogar anderen unwilligen Personen von Katharinas Beharrlichkeit erzählt. Katharina freut sich über ihren Erfolg und das positive Feedback.

Im Unternehmen sollte ein Bewusstsein dafür geschaffen werden, dass alle Mitarbeitenden mögliche Vorbilder für andere sein können. Und auch schlechte Verhaltensweisen können von Vorbildern nachgeahmt werden. Ist ihnen bewusst, dass sie womöglich für andere ein Vorbild darstellen und ihre Handlungen und Entscheidungen von anderen beobachtet werden, verhalten sich Mitarbeitende tendenziell verantwortungsbewusster und wollen ein gutes Beispiel abgeben.

Teilnahme und Eigenverantwortung: Beteiligung ermutigt Menschen, aktiv und engagiert zu sein. Eigenschaften, die in der Regel einen positiven Einfluss auf die Selbstwirksamkeit haben. Erfahrungen bei der Ausführung von Aufgaben können dazu beitragen, das Vertrauen in die eigenen Fähigkeiten zu stärken. Sie zeigen, dass die Person in der Lage ist, die Aufgabe zu bewältigen oder Fortschritte zu machen. Durch kleine Aufgaben und leicht zu erreichende Ziele haben Personen wiederholt kleine Erfolgserlebnisse. Sie sollten aber auch die Gelegenheit haben, größere Herausforderungen zu meistern und daraus zu lernen. Jeder Erfolg ist ein Beweis dafür, dass sie Herausforderungen bewältigen können.

Durch die aktive Teilnahme an verschiedenen Aufgaben können Personen ein breiteres Repertoire an Bewältigungsstrategien kennenlernen oder entwickeln, um zukünftige Herausforderungen besser zu meistern. Sie lernen darüber hinaus, ihre eigenen Fähigkeiten realistischer einzuschätzen.

Menschen, die ihre eigenen Entscheidungen treffen, fühlen sich – unabhängig vom Ergebnis – verantwortlich. Wer eigene Entscheidungen trifft, kann individuelle Fehler machen und daraus lernen. Menschen lernen, dass sie selbst in der Lage ist, Maßnahmen zu ergreifen und etwas zu verändern.

Bei Schulungen oder Fortbildungen zur Informationssicherheit sollten Komponenten enthalten sein, in denen die Teilnehmenden das Erlernte aktiv erproben können. Beispielsweise werden verschiedene Mails gezeigt, und es soll erkannt werden, ob es sich um Phishing handelt oder nicht. Die Teilnehmenden können gebeten werden, sichere Passwörter zu erstellen oder aus einer vorgegebenen Liste von Passwörtern die geeigneten herauszusuchen. Werden Teilnehmende ermutigt, das Gelernte an andere Kolleg:innen weiterzugeben, die nicht an der Fortbildung teilgenommen haben, stärkt das auch die Eigenverantwortung.

> *„If … employees have experienced in a role play that they can stop someone trying to sneak through an access control (tailgating) and deal with a confrontation that may result, they will be more willing to implement this behaviour in their daily work."*
>
> (Sasse et al., 2023, S. 254)

Der bei den wahrgenommenen Normen beschriebene Social-Media-Kanal für die Sammlung von Phishing-E-Mails fördert auch das Mitmachen. Mitarbeitende können die hochgeladenen

Screenshots kommentieren, und wenn sie beobachten, dass andere Mitarbeitende, die sie vielleicht als Vorbild sehen, dort Beispiele hochladen oder kommentieren, werden sie auch zum Mitmachen ermutigt.

Wahrgenommene Verhaltenskontrolle

Die wahrgenommene Verhaltenskontrolle ist die Zuversicht, ein spezifisches zukünftiges Verhalten durchführen zu können. Es geht um eine Einschätzung, inwieweit das Verhalten von äußeren Faktoren vereinfacht oder erschwert wird. Die Verhaltenskontrolle basiert auf Überzeugungen zu wahrgenommenen und vorhandenen Ressourcen, ein Verhalten durchzuführen. Je mehr Ressourcen Individuen glauben zu besitzen und je weniger Hürden und Hindernisse sie erwarten, desto größer ist ihre wahrgenommene Kontrolle über das Verhalten. Ressourcen (engl. Control Factors) sind externe Faktoren oder Hilfsmittel, von denen eine Person denkt, dass sie sie zur Verfügung hat, um eine bestimmte Handlung oder Verhaltensweise erfolgreich auszuführen oder zu beeinflussen. Beispiele für Ressourcen sind Zeit, Wissen und Fähigkeiten, finanzielle Mittel, soziale Unterstützung, Werkzeuge oder Tools und Umweltbedingungen (Ajzen, 2020). Kontrollüberzeugungen basieren unter anderem auf eigenen Erfahrungen oder auf Erfahrungen und Berichten von befreundeten oder bekannten Personen.

> *Dana soll in der nächsten Teamsitzung ihrem Team die wichtigsten Regelungen zum Datenschutz im Unternehmen vorstellen und erläutern. Sie hat sich lange mit diesem Thema beschäftigt und vermutet, dass sie noch genug Zeit hat, eine Präsentation vorzubereiten. In puncto PowerPoint macht ihr auch so schnell niemand etwas vor. Zudem hat sie ein gutes Verhältnis zur externen Datenschutzbeauftragten, die sie bei Unklarheiten um Rat fragen könnte. Dana ist sehr zuversichtlich, dass sie diese Aufgabe meistern wird.*

Es handelt sich um die wahrgenommene und nicht um die tatsächliche Kontrolle über eine Situation. Auch von den Ressourcen wird nur angenommen, dass sie zur Verfügung stehen. Es handelt sich nicht unbedingt um tatsächlich verfügbare Ressourcen.

Ressourcen, von denen nicht angenommen wird, dass sie zur Verfügung stehen, können als Hindernisse oder Schwierigkeiten wahrgenommen werden, z. B. Zeitmangel, mangelndes Selbstvertrauen oder Motivation, fehlende Werkzeuge, ein Mangel an Wissen oder Fähigkeiten.

Förderung der wahrgenommenen Verhaltenskontrolle

Die wahrgenommene Verhaltenskontrolle ist vor allem von den Ressourcen abhängig, die eine Person hat oder glaubt zu haben. Das Erhöhen oder Fördern dieser Ressourcen oder das Sichtbarmachen von vorhandenen – aber vielleicht nicht wahrgenommenen – Ressourcen sind wesentliche Ansätze zur Förderung der wahrgenommenen Verhaltenskontrolle.

Wird das Wissen gestärkt und werden Fähigkeiten gefördert (vgl. Abschnitt 5.1), so wirken sich diese Ressourcen auch positiv auf die wahrgenommene Kontrolle aus: „Effective training in using security measures can improve individual performance, which in turn reduces the cost associated with security measures. It can also build individuals' competence – which is a benefit to them, and their confidence – which can reduce the stress and anxiety associated with using security mechanisms." (Beautement et al., 2008, S. 52)

Eine hohe Motivation und ein hohes Selbstvertrauen stärken nicht nur die Selbstwirksamkeit, sondern stehen auch als psychologische Ressourcen zur Verfügung. Mitarbeitende sollten genug Zeit bekommen, um eine Aufgabe auszuführen, z. B. um sich in eine neue Software einzuarbeiten oder sich in die neuen Regelungen zur Informationssicherheit am Arbeitsplatz einzulesen. Wenn es möglich ist, sich die Zeit selbst einzuteilen, im eigenen Tempo zu arbeiten und selbst den Fortschritt zu überwachen, erhöht dies das Gefühl der Kontrolle über die eigene Arbeit. Eine gut organisierte und unterstützende Umgebung kann die Ausführung des Verhaltens erleichtern. Viele Studierende haben das Gefühl, in einer stillen Bibliothek besser schreiben zu können als in der Mensa. Gibt es im Kollegium Personen, auf die man sich verlassen kann und die bei Problemen angesprochen werden können, ist diese soziale Unterstützung eine wertvolle Ressource bei der Bewältigung schwieriger Aufgaben.

Im Kontext Informationssicherheit ist das Bereitstellen von Hilfsmitteln oder Tools als Ressource in vielen Fällen möglich. Erfahrene Mitarbeitende könnten Dokumentationen über komplexe Prozesse schreiben, um diese als Hilfsmittel für weniger erfahrene Mitarbeitende zur Verfügung zu stellen. Über Newsletter oder Infoboards kann regelmäßig auf die Existenz solcher Wikis oder Dokumentationen hingewiesen werden.

Dawid ist Buchhalter. Er kommt mit der neuen Abrechnungssoftware nicht gut zurecht. Von seinem Kollegen Jan erfährt er von einer sehr guten Dokumentation dieser Software im Intranet seines Unternehmens. Dawid folgt den Anweisungen in der Dokumentation und versteht die Anwendung nun viel besser. Er weiß, dass er bei zukünftigen Problemen in der Dokumentation nachschlagen kann. Hierdurch hat sich seine wahrgenommene Kontrolle über das Bedienen der Software erhöht.

Durch Training sollen Mitarbeitende die typischen Kennzeichen von Phishing-E-Mails kennenlernen und anhand von Beispielen ausprobieren, ob sie in der Lage sind, Phishing-Mails zu identifizieren. Dieses Wissen und die eintrainierten Fähigkeiten stehen zukünftig als Ressource zur Verfügung. Eine weitere Unterstützung für die Mitarbeitenden ist die automatische Kennzeichnung von E-Mails, die von außerhalb der Organisation gesendet wurden, durch das E-Mail-Programm (vgl. Bild 5.8). Damit können Phishing-E-Mails, die sich als E-Mails von Kolleg:innen tarnen, besser erkannt werden.

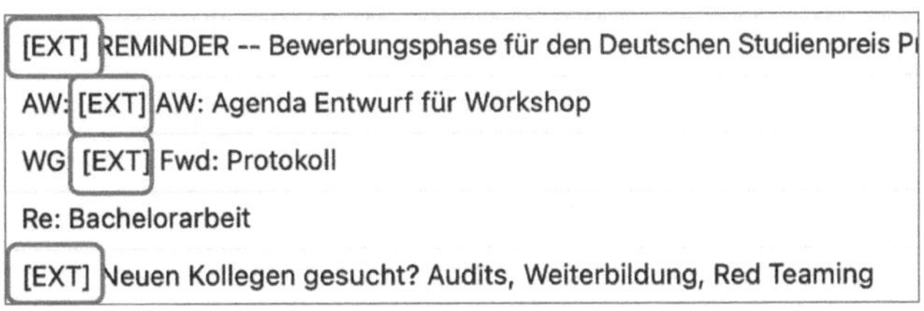

Bild 5.8 Beispiel für automatische Kennzeichnung von E-Mails, die von außerhalb der Organisation kommen, mit dem Zusatz [EXT] im Betreff (eigene Darstellung)

Die Einführung eines Passwortmanagers erleichtert das Vergeben von starken Passwörtern und speichert alle Passwörter, wodurch sich die wahrgenommene Kontrolle über das Vergeben von sicheren Passwörtern und das Merken von Passwörtern erhöht. Um die Verhaltensweise „Vermeidung von USB-Sticks“ zu erleichtern, kann das Unternehmen ein eigenes Medium zur Verfügung stellen, durch das Mitarbeitende einfacher Daten austauschen können, z. B. eine unternehmenseigene Cloud.

Ein mögliches Hilfsmittel für die Bildschirmsperre ist die Aktivierung einer automatischen Bildschirmsperre. Dadurch sperrt sich der Bildschirm nach einer gewissen Zeit der Untätigkeit automatisch. Für Personen, die befürchten, die Bildschirmsperre zu vergessen, kann dies eine hilfreiche Ressource sein. Die Übernahme dieser Aufgabe durch den Computer könnte für andere Personen aber auch als nervig und weniger selbstbestimmend angesehen werden und damit die wahrgenommene Verhaltenskontrolle negativ beeinflussen.

Wichtig ist also, in den Szenarien Tools einzusetzen, wo sie als Hilfe und Unterstützung – und nicht als Bevormundung – wahrgenommen werden. Die Schwierigkeit besteht darin, dass sich diese Wahrnehmung von Person zu Person unterscheidet.

Nicht immer müssen neue Ressourcen geschaffen werden – vorhandene Ressourcen müssen sichtbar und leicht zugänglich sein. Wissen Mitarbeitende beispielsweise nicht, wo sie ihr Passwort ändern können, werden sie es auch nicht tun, selbst wenn sie die Befürchtung haben, dass es kompromittiert wurde. Awareness-Maßnahmen aus dem Bereich des sozialen Marketings, wie Flyer, Newsletter oder Plakate (vgl. Abschnitt 5.3), können eingesetzt werden, um auf vorhandene Ressourcen hinzuweisen: Wo befinden sich Richtlinien und Dokumentationen, welche Schulungskurse gibt es, wer sind die Ansprechpersonen für Informationssicherheit und wie erreicht man diese? Auch Security Champions können vorhandene Ressourcen promoten. Ein Beispiel für leichte Zugänglichkeit sind kleine Security Cards, welche die wichtigsten Verhaltensweisen kurz erklären, zum Beispiel eine übersichtliche Darstellung der typischen Merkmale von Phishing-E-Mails. Die Karten finden da Platz, wo sie gebraucht werden, auf oder an dem Schreibtisch.

Eine weitere Möglichkeit zur Förderung der wahrgenommenen Verhaltenskontrolle bietet das Beseitigen von wahrgenommenen oder zu erwartenden Hürden. Wenn eine Person weiß, dass Hürden, die ein Verhalten erschweren, nicht mehr vorhanden sind, wird damit auch die wahrgenommene Kontrolle erhöht. Im Zusammenhang mit sicheren Verhaltensweisen kann eine solche Hürde ein vermeintlich geforderter Kompromiss zwischen Produktivität und Sicherheit sein (vgl. Abschnitt 2.1.2).

> *Für Chloe stellt es eine Hürde dar, ein Support-Ticket über ein Web-Tool aufzumachen. Sie findet die Seite im Intranet nicht sofort und weiß dann auch nie, wie sie das Formular richtig ausfüllt, damit ihr schnell geholfen wird. Sie freut sich, dass es auch eine Hotline gibt, über die sie den Helpdesk telefonisch erreichen kann. Da einige der Mitarbeitenden im Helpdesk französisch sprechen, kann sie ihr Problem sogar in ihrer Muttersprache schildern.*

Ein Hindernis beim regelmäßigen Update ist beispielsweise das langsame Hochfahren des Rechners am Morgen sowie das Starten der Programme. Durch das Austauschen alter Hardware durch aktuellere Geräte kann das Hochfahren des Rechners beschleunigt werden. Mitarbeitende müssten nicht mehr die langen Wartezeiten fürchten und würden dann eher dazu neigen, den Rechner abends herunterzufahren.

5.3 Salienz fördern

What information consumes is rather obvious: it consumes the attention of its recipients. Hence a wealth of information creates a poverty of attention ...

Herbert Simon

Zu jedem Zeitpunkt werden die menschlichen Sinne mit Informationen geradezu überflutet. Die Aufgabe des Gehirns ist es, diese Flut an Informationen zu analysieren, um den Menschen erfolgreich durch seine Umwelt zu navigieren. Das Nervensystem filtert diese Informationen und ermittelt kontinuierlich, worauf Menschen ihre Aufmerksamkeit richten sollten und was gefahrlos ignoriert werden kann (Uddin, 2017, S. 1). Bezogen auf informationssicherheitskonformes Verhalten bedeutet das, dass Menschen nicht nur wissen müssen, wie sie sich richtig verhalten. Dieses Wissen über das richtige Verhalten muss im entscheidenden Moment auch salient, also hervorstechend sein. Als „salient" werden Dinge bezeichnet, die mehr Aufmerksamkeit auf sich ziehen als andere.

Die Aufmerksamkeitsforschung, speziell die Salienz, liefert Ansätze, um Awareness-Maßnahmen effektiver zu gestalten. Auch in Politik- und Sozialwissenschaften sowie im Marketing findet das Konzept der Salienz Verwendung. Hier wird der Begriff gleichbedeutend für eine Vielzahl von Konzepten wie Bewusstsein, Aufmerksamkeit, Besorgnis oder persönliche Bedeutung verwendet. Ebenso wurde er mit Konstrukten wie Interesse, Auffälligkeit und „Involvement" in Verbindung gebracht.

Im Folgenden werden zunächst Begriffe, Theorien und Konzepte der Salienz aus verschiedenen Disziplinen betrachtet, bevor daraus Maßnahmen abgeleitet werden, um Salienz als Teil der Information Security Awareness zielgerichtet zu fördern.

5.3.1 Begriff und Konzepte zur Salienz

In der Wahrnehmungsforschung, insbesondere in Bezug auf die visuelle Wahrnehmung, beschreibt der Begriff Salienz Eigenschaften eines Objektes, die dieses aus seinem Umfeld herausstechen lassen. Diese herausstechenden Eigenschaften lenken die Aufmerksamkeit der Menschen auf das Objekt und machen es somit dem Bewusstsein leichter zugänglich.

Diese Aufmerksamkeit wird über einen der folgenden zwei Prozesse ausgelöst (Katsuki & Constantinidis, 2014; Uddin, 2017, S. 2):

- **Reizgesteuerter Prozess** (auch Incongruity Salience, kurz: In-Salience): Dieser Prozess wird extern induziert. Einige Reize stechen aufgrund bestimmter Eigenschaften wie Farbe, Intensität oder Neuigkeit aus ihrem Umfeld heraus und ziehen so die Aufmerksamkeit auf sich (vgl. Bild 5.9). Diese Reize sind inkongruent zum restlichen Schema der Wahrnehmenden. Die orange Figur springt zwischen den schwarzen Figuren automatisch ins Auge.

- **Zielgesteuerter Prozess** (auch Relevance Salience, kurz: Re-Salience): Dieser Prozess wird intern induziert. Abhängig von den verhaltensbezogenen Zielen oder der Motivation der wahrnehmenden Person (der persönlichen Relevanz), richtet sich deren Aufmerksamkeit auf bestimmte Objekte. Re-salient sind Reize, die auffallen, da sie kongruent zu den Zielen der Betrachtenden sind. So schenkt beispielsweise ein hungriger Menschen Lebensmitteln eher Aufmerksamkeit als ein satter Mensch.

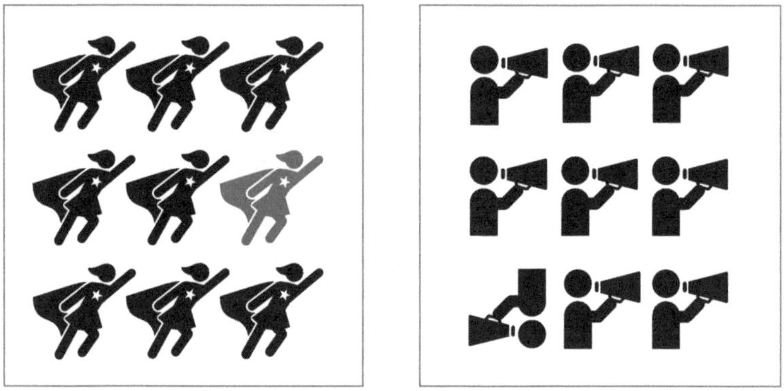

Bild 5.9 Salienz am Beispiel der optischen Wahrnehmung (eigene Darstellung)

Außerhalb der Wahrnehmungsforschung liegt der Fokus von Salienz eher auf dem Aspekt der persönlichen Relevanz. Reize oder Ereignisse, die persönlich bedeutungsvoll und emotional provozierend sind, werden als salient bezeichnet. Menschen erinnern sich eher an Objekte, die aufgrund ihrer Bedeutung für sie salient sind. Sie haben einen erleichterten Zugang zu diesen Objekten in ihrem Bewusstsein. Im Marketing spiegelt Salienz den Bekanntheitsgrad einer Marke und ihre Präsenz und Zugänglichkeit im Gedächtnis der Kaufenden im Vergleich zu anderen Marken wider.

Salienz ist hier eng verknüpft mit dem „Level an Involvement" (vgl. Guido, 2001). **Involvement** kann mit „Beteiligung", „Einbindung" oder „Miteinbezogenheit" übersetzt werden. Das Involvement fasst alle persönlichen Faktoren zusammen, die Einfluss darauf haben, dass ein Reiz als salient wahrgenommen wird. Unter diese Faktoren fallen beispielsweise die persönlichen Ziele, Interessen oder der Antrieb der Wahrnehmenden. Folglich ist Involvement die Ursache von Relevance Salience.

Aus der Politikwissenschaft kommt der Begriff der „Policy Issue Salience" (deutsch etwa Problem- oder Themensalienz). Er beschreibt, dass einige politische Themen, wie Migration oder Bildung, für manche Personen von enormem Interesse sind, während sie für andere Personen unwichtig sind. Themensalienz kann aus zwei Blickwinkeln betrachtet werden (Dennison, 2019):

- Im psychologischen Sinne sagt Themensalienz, wie wichtig einer Person das Thema ist oder wie viel sie darüber nachdenkt.
- Im verhaltensbezogenen Sinn beschreibt die Themensalienz das Gewicht, dass eine Person dem Thema bei Verhaltensentscheidungen beimisst, z. B. bei Wahlen.

Die „Agenda Setting Theory" (Anantram, 2020; Kiousis, 2004) beschäftigt sich damit, wie die Medien die Wahrnehmung von Themen und somit die Agenda des öffentlichen Interesses beeinflussen. Die Theorie geht davon aus, dass die Publikumsagenda (das persönliche

Interesse der Personen an dem Thema) von der Medienagenda bestimmt wird. Die Salienz wird durch die Medien auf zwei Ebenen beeinflusst:

- **First-Level Agenda Setting:** Durch die Medienberichterstattung zu einem Thema erhöht sich die wahrgenommene Bedeutung dieses Themas in der Öffentlichkeit. Die Höhe der Bedeutung hängt vom Umfang der Berichterstattung über dieses Thema ab. Die Medien beeinflussen, *worüber* ein Individuum nachdenkt. Im Jahr 2020 gab es wohl kein anderes Thema, über das so viel berichtet und (dementsprechend) in der Bevölkerung diskutiert wurde, wie die Corona-Pandemie.
- **Second-Level Agenda Setting:** Attribute, die in den Medien mit einem Thema verknüpft sind, werden auch von der Öffentlichkeit mental mit diesem Thema verbunden. Die Medienberichterstattung beeinflusst, *wie* ein Individuum über ein Thema denkt. Die Berichterstattung in den konsumierten Medien hat dazu beigetragen, wie die Personen über die Corona-Impfung denken.

Die „Assoziative Netzwerktheorie" (ANT) liefert einen Erklärungsansatz, wie Salienz gefördert werden kann. Sie beschreibt, wie Menschen Informationen im Gedächtnis abspeichern und abrufen (Romaniuk & Sharp, 2004, S. 329 f.). Gemäß ANT besteht das Gedächtnis aus verschiedenen Knotenpunkten, die Informationen, Objekte oder Konzepte enthalten. Wenn zwei Informationen zusammengehören, besteht zwischen deren Knotenpunkten eine Verbindung. Ausgelöst durch einen Stimulus oder Reiz wird ein Knoten im Gedächtnis aktiviert, und diese Aktivierung breitet sich über die Verbindungen auch auf die verknüpften Knoten aus. Sind Informationen neu, können neue Verbindungen zwischen Knotenpunkten geknüpft werden. Bestehende Verknüpfungen werden durch wiederholte Assoziation verstärkt. Sowohl die Anzahl der Knoten und Verbindungen (Quantität) als auch die Stärke vorhandener Verbindungen (Qualität) führen zu einer besseren Zugänglichkeit der verknüpften Informationen zu einem späteren Zeitpunkt.

Ulla schaut sich in ihrer heutigen E-Learning-Einheit ein Video zu den Gefahren von USB-Sticks an. Das Video erklärt, dass USB-Sticks unbekannter Herkunft auf keinen Fall mit dem Arbeitsrechner verbunden werden dürfen. Diese Information ist neu für sie, und ihr Gedächtnis speichert die Verknüpfung zwischen „USB-Stick unbekannter Herkunft" und „nicht benutzen" ab. Eine Woche später schaut sie sich das Video erneut an, und die Verknüpfung in ihrem Gedächtnis verstärkt sich. Später fällt ihr in der Kantine ein Plakat auf, welches davor warnt, dass USB-Sticks Schadsoftware übertragen können. Am Abend erzählt ihre Mutter, dass es vor Kurzem einen schlimmen Sicherheitsvorfall in ihrer Firma gab – ausgelöst durch einen USB-Stick. Ullas Gedächtnis hat nun eine starke Verknüpfung zwischen „USB-Stick" und „nicht einstecken". Als sie ein paar Wochen später zufällig auf dem Parkplatz einen USB-Stick findet, warnt ihr Gedächtnis sie sofort davor, diesen einzustecken. Sie nimmt den Stick mit und gibt ihn bei der IT ab.

Auch wenn die Filterung von Informationen in unserem Gehirn notwendig ist, resultieren daraus auch negative Effekte (vgl. auch Abschnitt 3.3.1). Der **Salience Bias** beschreibt einen Effekt, der im Moment der Entscheidungsfindung stattfindet (vgl. Tiefenbeck et al., 2018). Einige Merkmale einer Entscheidung sind anschaulich und wahrnehmbar, andere sind schwer zu quantifizieren und eher diffus. Bei der Entscheidung erfolgt eine Verzerrung zugunsten der hervorstechenden Merkmale. Menschen treffen dadurch oft suboptimale Entscheidungen.

Der leckere Geruch des Kuchens führt dazu, dass negative Aspekte wie Kalorien oder Nährwert bei der Entscheidung vernachlässigt werden. Die Vorteile einer warmen Dusche sind unmittelbar spürbar, während es Wasserverbrauch, Energiekosten und globale Erwärmung nicht sind. Auch zögern viele Menschen nicht, mobilen Apps Einblicke in ihr Nutzungsverhalten zu geben oder weitere persönliche Daten freizugeben, da sich mögliche negative Auswirkungen des Trackings erst später (oder hoffentlich auch gar nicht) zeigen würden.

5.3.2 Förderung der Salienz

Im Kontext Information Security Awareness ist Salienz die Neigung, in einer potenziellen Risikosituation an informationssicherheitskonformes Verhalten zu denken. Die Grundlagen zum Verständnis von Salienz liefern mögliche Ansatzpunkte zur Förderung der Salienz mittels Awareness-Maßnahmen. Zum einen sollten Awareness-Maßnahmen so gestaltet sein, dass sie sich abheben und hervorstechen und möglichst in dem Moment, wo Personen eine sicherheitsrelevante Entscheidung treffen, wahrnehmbar und sichtbar sind. Zum anderen zeigt die Agenda Setting-Theorie, dass durch andauernde Berichterstattung zu einem Thema dessen Bedeutung auch in der Wahrnehmung der Empfangenden steigt und sogar beeinflusst werden kann, wie sie über dieses Thema denken. Ähnlich argumentiert auch die Assoziative Netzwerktheorie. Durch häufige Wiederholung der gleichen Botschaften werden starke Verknüpfungen zwischen assoziierten Informationen im Gedächtnis gebildet. Durch neue Botschaften, die an vorhandene Informationen anknüpfen, können neue Knoten und Verbindungen gebildet werden. Beides führt dazu, dass informationssicherheitsrelevante Informationen schneller zugänglich sind.

Somit können Awareness-Maßnahmen auf der einen Seite allgemein die Wahrnehmung der Informationssicherheit beeinflussen und die generelle Sichtbarkeit des Themas erhöhen. Das wirkt sich z. B. positiv auf die Sicherheitskultur im Unternehmen aus und kann auch die „Grundawareness" bzw. „Mindfulness" der Mitarbeitenden erhöhen (vgl. Abschnitt 4.1.1). Bei einer generell hohen Salienz der Informationssicherheit in der Organisation sollten Mitarbeitende demnach grundsätzlich eher „informationssichere" Entscheidungen treffen.

Durch wiederholte Konfrontation mit einem Thema wird dieses für eine Person bedeutender, präsenter und die entsprechenden Verhaltensweisen dem Bewusstsein leichter zugänglich. Ziel sollte es folglich sein, bei den Mitarbeitenden bestehende Verknüpfungen zur Informationssicherheit zu bestärken und die Anzahl an verknüpften Informationen zu erhöhen. Das kann durch neue bzw. wiederholte Assoziation geschehen. Eine Möglichkeit, regelmäßige Assoziation zu bewirken, stellt Marketing dar (Romaniuk & Sharp, 2004). Marketingmittel sind zum Beispiel Plakate, Flyer, Newsletter, Blogs, Videos, soziale Netzwerke, das Intranet oder Unternehmenszeitschriften. Im Unternehmen könnten also beispielsweise Plakate oder Flyer zu informationssicherheitskonformem Verhalten aufgehängt bzw. verteilt werden.

Ein Beispiel sind die „Tipps des Monats", welche Studierende an der THWS (damals noch FHWS) regelmäßig an die wichtigsten Verhaltensweisen erinnern oder auf Gefahren aufmerksam machen sollen (vgl. Bild 5.10). Die Tipps wurden zeitgleich über die Social-Media-Kanäle der Hochschule sowie auf den in den Gebäuden hängenden Infobildschirmen veröffentlicht.

Bild 5.10 Tipps des Monats für Studierende an der THWS (Quelle: THWS)

Marketing-Maßnahmen können einen direkten oder einen zeitlich verzögerten Effekt auf die Salienz und das Verhalten der Adressierten haben.

Wird Giulia beim Betreten der Kaffeeküche durch ein Plakat darauf aufmerksam gemacht, ihren Bildschirm zu sperren, um so Sicherheitsrisiken zu vermeiden, wird ihr das Verhalten unmittelbar salient gemacht. Sie kehrt zurück, um die Bildschirmsperre zu aktivieren.

Dieses „Echtzeit-Feedback", also das Bewusstmachen der Konsequenzen des eigenen Verhaltens direkt, während dieses ausgeführt wird, ist nachweislich ein wirkungsvolles Instrument, um den Salience Bias zu umgehen (Tiefenbeck et al., 2018).

Zielt die Awareness-Maßnahme darauf ab, bestimmte Reize wie die Merkmale einer Phishing-Mail mit Risiken für die Informationssicherheit zu verbinden, tritt der Effekt zeitlich verzögert ein: Im Gedächtnis der Mitarbeitenden wird die Verbindung zwischen diesen „Triggern" und informationssicherheitskonformem Verhalten verstärkt. Dies führt zu einer verbesserten Zugänglichkeit der Information zu einem späteren Zeitpunkt.

Matteo erhält eine E-Mail mit verdächtigen Merkmalen, z. B. einer unpersönlichen Anrede und vielen Rechtschreibfehlern. Durch diese Trigger wird auch der Gedanke an informationssicherheitskonformes Verhalten aktiviert. Er meldet die vermeintliche Phishing-E-Mail an den IT-Helpdesk, obwohl er zu diesem Zeitpunkt nicht direkt darauf hingewiesen wird. Bild 5.11 zeigt eine vereinfachte Darstellung möglicher Knoten und Verknüpfungen im Gedächtnis von Matteo. Die beim Eingang der verdächtigen E-Mail aktivierten Knoten und Verbindungen sind orange gekennzeichnet.

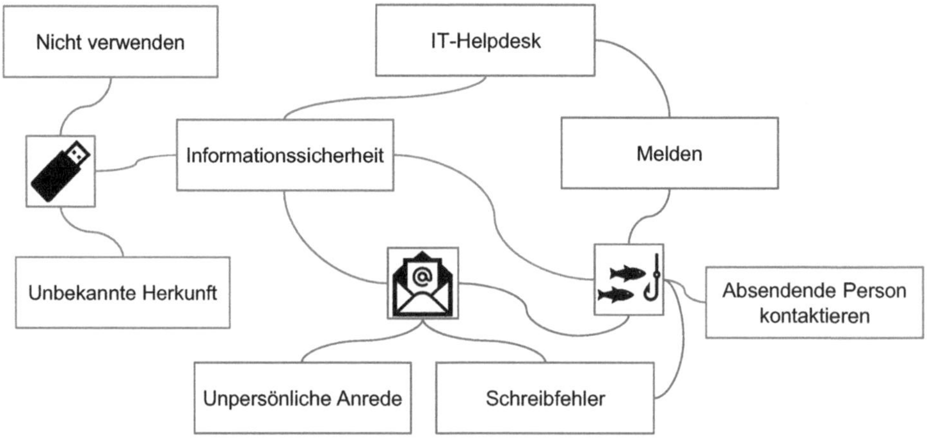

Bild 5.11 Aktivierung von Knoten und Verknüpfungen bei Eingang einer potenziellen Phishing-Mail (eigene Darstellung)

Das Konzept der Relevance Salience sollte insbesondere beim Design und bei der Umsetzung von Sicherheitsmaßnahmen und den geforderten konformen Verhaltensweisen beachtet werden. Werden diese Maßnahmen mit den Zielen und persönlichen Präferenzen der Mitarbeitenden verknüpft, dann werden sie eher wahrgenommen und folglich auch eher umgesetzt. Dieses Prinzip kann folgendermaßen Anwendung finden:

- Botschaften mit bekannten Beispielen aus dem Arbeitsalltag verknüpfen
- Risiken nicht allgemein, sondern spezifisch für die jeweilige Zielgruppe erklären
- Aufzeigen, welche Vorteile ein sicheres Verhalten nicht nur beruflich, sondern auch für den privaten Umgang mit Informationen und Endgeräten haben kann

Sogar der Salience Bias kann positiv für die Awareness genutzt werden, wenn es möglich ist, das sichere Verhalten als in diesem Moment vorteilhafter darzustellen als alternative Verhaltensweisen.

Gemäß Agenda Setting-Theorie sollten Unternehmen in regelmäßigen Abständen über informationssicherheitsbezogene Themen berichten, um zu beeinflussen, dass ihre Mitarbeitenden über Informationssicherheit nachdenken und wie sie das tun (positiv/negativ). Um diese Berichterstattung systematisch durchzuführen, empfiehlt sich eine Orientierung am folgenden Prozess (in Anlehnung an Anantram, 2020; Meffert et al., 2015):

1. Bestimmung der zu nutzenden Kommunikationskanäle und Marketingmittel: Typische Medien sind Intranet, Unternehmenszeitungen, interne Newsletter, unternehmenseigene Social-Media-Kanäle, E-Mail-Verteiler, Unternehmens-TV, Flyer, Plakate oder Give-aways. Auch Teamsitzungen oder abteilungs- und unternehmensübergreifende Konferenzen können genutzt werden, um regelmäßig über das Thema zu berichten und zu informieren.
2. Festlegung der Medienformen: Bestimmt die Form, in welcher die Inhalte dargestellt und verbreitet werden, z. B. als Artikel, Video, Podcast, Infografik, Statistik, Comic, Blogbeitrag, Informationsschreiben oder Richtlinie. Nicht jede Form kann über jeden Kanal vermittelt werden.
3. Festlegung von Zeit und Raum: Grundsätzlich sollte das Thema Informationssicherheit permanent Gegenstand der unternehmensinternen Berichterstattung sein und damit regu-

lärer Bestandteil der internen Kommunikationsplanung des Unternehmens. In speziellen Awareness-Kampagnen, die meist einen begrenzten Zeithorizont von einem Monat bis zu einem Jahr haben, werden Kommunikation und Marketing begleitend eingesetzt. Auch die räumliche Positionierung der Maßnahmen muss festgelegt werden (z. B. Standort, Gebäude, Raum). Ein passender Platz für ein Plakat, das an die Bildschirmsperre erinnert, ist beispielsweise die Innenseite der Bürotür oder die Teeküche.

4. Bestimmung der Inhalte: Zum einen sollte generell über Informationssicherheit und deren Bedeutung für die Organisation informiert werden und darüber, wie entscheidend korrektes Verhalten für die Informationssicherheit ist. Zum anderen sind speziell die Themen im Fokus, bei denen z. B. Nachholbedarf besteht oder ein hohes Risiko für die Organisation gegeben ist. Bei der Bestimmung der Inhalte sollte insbesondere bedacht werden, möglichst häufig potenzielle „Trigger" wie USB-Sticks mit informationssicherheitskonformen Verhalten zu assoziieren, um so die Wahrscheinlichkeit des Abrufs in einer Risikosituation zu erhöhen.
5. Festlegung der Frequenz: Die Frequenz, in der beispielsweise Artikel veröffentlicht, Informations- oder Erinnerungsmails versendet oder Plakate ausgehangen/getauscht werden, muss bestimmt werden. Eine gewisse Regelmäßigkeit erhöht die zugemessene Aufmerksamkeit.
6. Definition der Kreativstrategie (formale Ausgestaltung der Maßnahmen): Repräsentative Elemente wie Bilder oder Grafiken können Themen veranschaulichen, aber vor allem auch die Sichtbarkeit der Kommunikation erhöhen. Insbesondere durch eine auffällige und einzigartige Gestaltung soll die Kommunikation aus der Vielzahl der anderen durch das Unternehmen vermittelten Informationen hervorstechen (In-Salienz).

Die im Prozess getroffenen Entscheidungen sollten die Präferenzen der jeweiligen Zielgruppe berücksichtigen, z. B. bei Wahl der Medienform und des Kommunikationskanals (vgl. Abschnitt 4.1.3).

Zeitlich ordnet sich dieser Prozess in die Umsetzungsphase in Schritt 7 ein (vgl. Abschnitt 4.2.3). Die in der Analysephase gewonnenen Erkenntnisse fließen in die konkrete Ausgestaltung der Maßnahmen ein, und die Inhalte können gezielt auf bestehende Überzeugungen eingehen. Auch wird in der Analyse ersichtlich, in welchen Bereichen am dringendsten Aufmerksamkeit für Informationssicherheit geschaffen werden muss. Die eigentliche Durchführung der Informationsvermittlung erfolgt dann in Schritt 8.

Eine Möglichkeit, Informationssicherheit „sichtbar" zu machen, sind Roadshows. Bild 5.12 zeigt Fotos einer „Roadshow", welche 2019 an der THWS veranstaltet wurde. Ziel war es, generelle Aufmerksamkeit der Hochschulmitglieder auf die Themen Datenschutz und Informationssicherheit an der THWS zu lenken. Zudem sollten die Themen raus aus der Anonymität und „Gesichter bekommen". Die Hochschulmitglieder sollten erfahren, wer für diese Themen zuständig ist und an wen sie sich bei Fragen wenden können. „Goldene Regeln" der Informationssicherheit wurden vorgestellt, Flyer verteilt, und die Interessierten konnten an einem kleinen Quiz teilnehmen und Süßigkeiten „gewinnen".

Die Salienz von informationssicherheitskonformem Verhalten kann beeinflusst werden, indem die richtigen Verhaltensweisen dauerhaft sichtbar sind und Aufmerksamkeit erregen. Stärke und Anzahl der verknüpften Knoten und Verbindungen im Gedächtnis der Mitarbeitenden erhöhen die Wahrscheinlichkeit, dass der Gedanke an informationssicherheitskonformes Verhalten im richtigen Moment aktiviert wird.

Bild 5.12 Roadshow an der THWS (Foto links: Kristin Weber, Foto rechts: Katja Klein/THWS)

5.4 Gewohnheiten fördern

Florian nimmt sich im Januar fest vor, mehr Sport zu treiben, um etwas für seine Fitness zu tun, und gesünder zu leben. An seinen beiden Homeoffice-Tagen Montag und Freitag zieht er sich gleich morgens die Joggingsachen an und läuft eine Runde, sobald die Kinder aus dem Haus und auf dem Weg zur Schule sind. Anfangs legt er sich schon am Abend vorher die Joggingsachen zurecht, damit er das Joggen am nächsten Morgen auch wirklich nicht vergisst. Nach ein paar Wochen spürt und sieht er erste Erfolge und bleibt motiviert am Ball. Im Sommer muss er gar nicht mehr bewusst daran denken, seine Sachen bereitzulegen, und macht dies ganz selbstverständlich, wenn am nächsten Tag ein Homeoffice-Tag ansteht. Das morgendliche Joggen ist zur Gewohnheit geworden.

Gewohnheiten bestimmen unser tägliches Leben und nehmen Einfluss darauf. Die sogenannte „Macht der Gewohnheit" in Bezug auf das Verhalten ist unbestritten und beeinflusst auch das Verhalten in Bezug auf Informationssicherheit. Seit Beginn des 20. Jahrhunderts, im Zuge der Entwicklung der Psychologie als eigenständiges wissenschaftliches Forschungsgebiet, beschäftigen sich Forschende mit Gewohnheiten und konzipieren diese „als eine gelernte Verknüpfung zwischen einem Reiz und der darauffolgenden Reaktion" (Koch, 2010a, S. 32).[5]

Dieser Abschnitt erklärt zunächst die Merkmale von Gewohnheiten. Gewisse Voraussetzungen müssen erfüllt sein, damit eine Verhaltensweise zur Gewohnheit werden kann. Beispiele für gewohnheitsmäßiges Verhalten zeigt Abschnitt 5.4.2. Im Anschluss erklärt Abschnitt 5.4.3, wie die Bildung von Gewohnheiten (Habitualisierung) gefördert werden kann. Zuletzt wird die Frage beantwortet, wie alte (ungewollte) in neue (bevorzugte) Gewohnheiten überführt werden können.

[5] Dieser Abschnitt basiert (nicht ausschließlich) auf den Arbeiten (Fertig et al., 2022; Metzger, 2023; Metzger et al., 2022). Für weiterführende Literatur und Referenzen, vor allem zu den psychologischen Grundlagen von Gewohnheiten und der Gewohnheitsbildung, sei auf diese Arbeiten verwiesen.

5.4.1 Merkmale von Gewohnheiten

Gewohnheiten werden über eine bestimmte Zeitspanne erlernt. Der Lernprozess resultiert aus der regelmäßig wiederholten Durchführung. Es besteht ein Zusammenhang zwischen der Ausprägung von Gewohnheiten und der Wiederholungshäufigkeit eines Verhaltens. Es muss jedoch zwischen der **Regelmäßigkeit** bzw. Rhythmik und der Anzahl der **Wiederholungen** unterschieden werden. Eine häufige Wiederholung kann die Gewohnheitsausprägung beeinflussen, ist jedoch allein nicht immer ausreichend. Die regelmäßige Ausführung eines Verhaltens hingegen führt verlässlich zur Ausprägung einer Gewohnheit.

Florian, der jede Woche Montag- und Freitagmorgen joggen geht, hat eine stärkere Gewohnheit als Taavi, der fünfmal pro Woche an unterschiedlichen Tagen und zu verschiedenen Zeiten joggt.

Gewohnheiten sind als feste Wissensstrukturen anzusehen, genauer gesagt als **Verhaltensskripte**. Skripte bzw. Ereignisschemata sind einfache, mental abgelegte Strukturen, welche Erwartungen über den Eintritt bestimmter Ereignisse enthalten. Die Skripte können simple Assoziationen von Ereignissen oder komplexe Abfolgen von Teilereignissen enthalten. Ein Beispiel ist das „Restaurant-Skript", welches (abhängig von sozialen und kulturellen Faktoren) Elemente wie *Betreten des Restaurants, Suchen eines (freien) Tisches, Hinsetzen* und *Ansehen der Speisekarte* enthält.

Florian legt sich abends seine Joggingsachen zurecht, schläft, wacht auf, zieht die Sachen an und geht laufen, sobald die Kinder aus dem Haus sind. Er dehnt sich nach dem Laufen, duscht sich usw.

Solche Schemata bzw. Skripte werden durch die wiederholte Ausführung eines Verhaltens gebildet und sind bis zu einem gewissen Grad widerstandsfähig gegenüber unerwarteten Veränderungen.

Automatismus ist ein weiteres wichtiges Merkmal von Gewohnheiten. Automatische Prozesse laufen in der Regel unabhängig von einem bestimmten Ziel ab (1), können unbewusst ablaufen und sogar dem Bewusstsein unzugänglich sein (2), erfordern keinerlei anstrengende Aufmerksamkeit oder mentale Verarbeitung (3), sind schnell und werden häufig durch Reize in der Umgebung (4) ausgelöst (vgl. Bargh, 1994). Zudem zeichnen sie sich durch schwere Kontrollierbarkeit (5) aus. Zur automatisierten (gewohnheitsmäßigen) Auslösung eines Verhaltens sind meist drei der fünf genannten Komponenten ausreichend (Verplanken 2005).

Im Sommer entscheidet sich Florian nicht bewusst (2) und weil er fitter sein möchte (1) dafür, morgens laufen zu gehen, er macht es einfach (3), wenn ein Homeoffice-Tag ansteht (4). Er geht sogar laufen, wenn er ausnahmsweise am Donnerstag Homeoffice hat (5).

Bevor eine Gewohnheit etabliert ist, wird ein entsprechendes Verhalten intentional, also zur Erreichung eines Ziels, ausgeführt (Aarts & Dijksterhuis, 2000). Das Zielsystem motiviert die Menschen zu dem entsprechenden Verhalten, welches dann wiederholt ausgeführt wird. Mit der Zeit nimmt die Motivation ab, das angestrebte Ziel zu erreichen, und **Hinweisreize** („Cues") bestimmen dann die Auslösung. Hinweisreize im Zusammenspiel mit einem bestimmten Kontext können emotionale Zustände oder äußere Faktoren wie Ort, Tageszeit und vorangegangene Handlungen sein (Ji & Wood, 2007). Aber auch abstrakte Konzepte wie „bei der Arbeit“ oder „Geselligkeit“ können eine gewohnheitsmäßige Reaktion auslösen (Kaffee holen, rauchen). Nach erfolgreicher Bildung von Gewohnheiten wird deren mentale Repräsentation automatisch bei Vorliegen der Hinweisreize aktiviert – ohne bewusste Verfolgung eines Ziels.

Am Anfang verfolgt Florian mit dem Joggen das Ziel, fitter zu werden. Dieses Ziel motiviert ihn in den ersten Wochen, die Sachen zurechtzulegen und am nächsten Morgen auch wirklich anzuziehen. Mit der Zeit löst der Hinweisreiz „abends vor dem Schlafengehen, wenn am nächsten Tag Homeoffice ist“ automatisch die Handlung „Joggingsachen rauslegen“ aus. Er verfolgt mit der Handlung weiter sein Ziel, dieses ist aber nicht mehr der Auslöser für seine Handlung.

☑ Zusammengefasst haben Gewohnheiten folgende Merkmale (vgl. Koch, 2010a, S. 43 f.):

- Gewohnheiten können durch regelmäßige Wiederholung in einem möglichst stabilen Kontext erlernt werden.
- Gewohnheiten sind Verhaltensskripte oder Reiz- und Reaktionsmuster.
- Gewohnheiten bewirken die automatische Auslösung eines Verhaltens.
- Gewohnheiten werden beim Vorliegen spezifischer Hinweisreize in einem bestimmten Kontext ausgelöst.

■

Habitualisierung ist der Prozess der Etablierung bzw. der Bildung von Gewohnheiten („zu einer Gewohnheit werden“). Ergebnis einer erfolgreichen Habitualisierung ist ein Verhalten, welches sich durch die o. g. Merkmale auszeichnet.

5.4.2 Gewohnheitsmäßiges Verhalten

Aus Sicht der Informationssicherheit stellt sich die Frage, welches sicherheitsrelevante oder informationssicherheitskonforme Verhalten überhaupt zu einer Gewohnheit werden kann. Nach den oben genannten Merkmalen sind dies vor allem Verhaltensweisen, welche sich regelmäßig (wiederholt) in einem stabilen Kontext, ausgelöst durch Hinweisreize, ausführen lassen. Beispiele für solche Verhaltensweisen finden sich in Tabelle 5.3. Die Beispiele sind so formuliert, dass der Kontext bzw. der Hinweisreiz erkennbar ist, z. B. „beim Verlassen des Arbeitsplatzes“, „vor dem Verlassen des Raumes“ oder „am Feierabend“.

Nicht alle informationssicherheitsrelevanten Verhaltensweisen sind habitualisierbar. Verhalten, welches selten und vor allem unregelmäßig ausgeführt wird oder wobei der Kontext wechselt, eignet sich nicht. Beispielsweise findet man unbeaufsichtigte USB-Sticks eher selten und wenn, dann nicht immer auf dem Parkplatz, in der Kantine, am Drucker oder zu Hause. Personen, die sehr unregelmäßig und an wechselnden Orten außerhalb des Büros arbeiten, können keine Gewohnheit entwickeln, das VPN zu aktivieren. Das soll nicht heißen, dass sie es nie tun werden. Sie tun es aber vermutlich nicht aus Gewohnheit.

Tabelle 5.3 Sicherheitsrelevante Verhaltensweisen, die zur Gewohnheit werden können (eigene Darstellung in Anlehnung an (Metzger, 2023, S. 81 ff.))

Beim Verlassen des Arbeitsplatzes den Bildschirm am Rechner sperren
Datensicherungen/Backups/Updates zu bestimmten Zeitpunkten durchführen
Neu erstellte Dokumente beim ersten Speichern klassifizieren
Bei der Annahme eines Telefonats/Videocalls überprüfen, dass keine unbefugten Personen mithören können
Vor dem Verlassen eines Raumes (am Feierabend) die Fenster schließen, Unterlagen wegräumen und Schränke zusperren, dann die Tür schließen
Unbekannte Personen oder Personen, die nicht sichtbar einen Betriebsausweis tragen, im Gebäude oder auf dem Betriebsgelände ansprechen
Vor der Eingabe von Passwörtern oder PINs versichern, dass niemand die Tastatur einsehen kann
Beim Arbeiten im Zug oder Café VPN einschalten
Bei Beendigung der Aufgabe/vor der Mittagspause/am Feierabend von den Anwendungssystemen abmelden
Nicht mehr benötigte Dokumente mit sensiblen Informationen in den Aktenvernichter geben
Neu erstellte Passwörter im Passwortmanager speichern
Beim Lesen bzw. Öffnen einer Mail/vor dem Klicken eines Links/vor dem Öffnen eines Mail-Anhangs auf Anzeichen von Phishing achten
Bei Verdacht auf Phishing den Helpdesk kontaktieren
Am Feierabend den Rechner herunterfahren

Social Engineers versuchen bewusst, Menschen von ihren Gewohnheiten abzubringen, indem sie z. B. den Kontext verändern (vgl. Abschnitt 3.3). Durch eine kleine Ablenkung im richtigen Moment wird das gewohnheitsmäßige Handeln nicht ausgeführt. „Triggern“ sie mit den richtigen Wörtern Neugier, Gier oder Hilfsbereitschaft, wird die gewohnheitsmäßige Überprüfung aller E-Mails auf Hinweise von Phishing vergessen. Einer fremden Person am Telefon verrät niemand sein Passwort. Vielleicht aber doch, wenn man gerade abgehetzt an der Kita ankommt, die gleich zumacht, wo das Kind noch abgeholt werden muss, und dann ein Anruf der hilfsbereiten IT-Technikerin kommt?

5.4.3 Faktoren zur Förderung von Gewohnheiten

Organisationen können Einfluss auf die Bildung von (informationssicherheitsrelevanten) Gewohnheiten bei ihren Mitarbeitenden nehmen und die Habitualisierung von wünschenswerten Verhaltensweisen fördern. Dazu sollten die Faktoren bekannt sein, welche die Entstehung von habitualisiertem Verhalten begünstigen.

Gewohnheiten entstehen durch wiederholtes, regelmäßiges Verhalten in stabilen Umgebungen, durch die gleichzeitige Anwesenheit bestimmter Hinweisreize. So bildet sich eine neuronale Verknüpfung zwischen Kontext und Verhalten. Ist diese stark genug ausgeprägt, so kann ein Verhalten ohne vorgeschalteten Entscheidungsprozess automatisch durch die verknüpften Hinweise ausgelöst werden.

Die Habitualisierung läuft typischerweise in vier Phasen ab (vgl. Bild 5.13) (Gardner & Lally, 2018, S. 210 ff.). In Phase 1 entscheidet sich das Individuum, eine neue Handlung auszuführen, die zur Bildung einer Absicht führt. In Phase 2 mobilisiert das Individuum Ressourcen, die benötigt werden, um die Absicht in eine Handlung umzusetzen. Diese Phase ist durch selbstregulierende Strategien wie z. B. Planung gekennzeichnet und gipfelt in der Einleitung der Handlung. Die Phasen 3a und 3b finden gleichzeitig statt. In Phase 3a wird die Handlung durch anhaltende Motivation und Selbstregulierung wiederholt. In Phase 3b wird die Handlung so wiederholt, dass die Entwicklung von Gewohnheitsassoziationen gefördert wird. In dieser Phase werden die Verknüpfungen zwischen Hinweisreizen und Verhalten entwickelt. Phasen 3a und 3b führen zur Bildung der Gewohnheit, wodurch die Regulierung des Verhaltens von bewussten auf unbewusste mentale Prozesse übertragen wird.

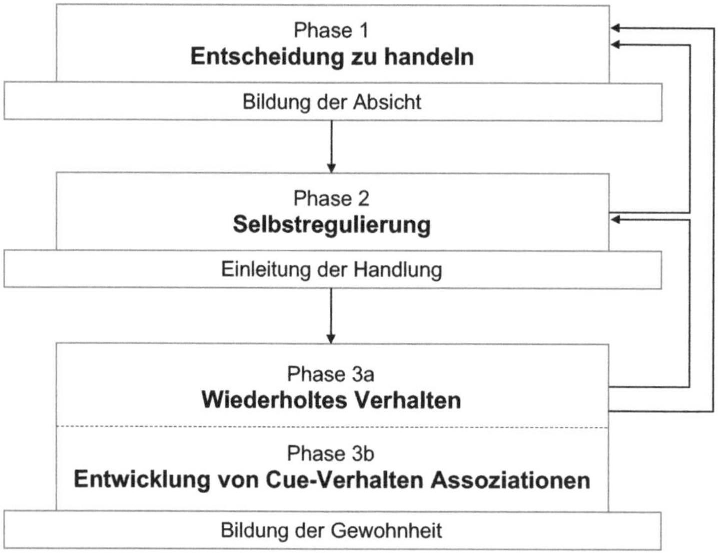

Bild 5.13 Framework zur Bildung von Gewohnheiten (in Anlehnung an Gardner & Lally, 2018, S. 211)

Ein Individuum kann zu früheren Phasen der Gewohnheitsbildung zurückkehren, z. B. wenn erste Ergebnisse des Handelns nicht zufriedenstellend sind und dadurch die Motivation sinkt. Ist die Gewohnheit jedoch erst einmal gebildet, ist sie robust gegen Änderungen.

Es gibt keine gesicherten Erkenntnisse über universelle Grenzwerte darüber, wie oft eine **Wiederholung** und in welchem Rhythmus stattfinden muss, um eine Gewohnheit auszubilden. Danner et al. (2008) zeigen, dass nach nur drei Wiederholungen eine Verknüpfung zwischen einem Hinweisreiz und einem bestimmten Verhalten entstehen kann. Andere Forschungen empfehlen zehnmalige Wiederholungen oder zeigen eine große Spannbreite von Wiederholungen an 18 bis über 250 Tagen auf (s. Metzger, 2023, S. 16).

Wichtiger als die Anzahl der Wiederholungen ist die regelmäßige Wiederholung des Verhaltens. **Regelmäßigkeit** impliziert einen bestimmten „Rhythmus“ und die Einbindung in feste Abläufe im Alltag. Selbst nicht so oft ausgeführte Tätigkeiten können habitualisiert werden, wenn sie regelmäßig und im gleichen Kontext wiederholt werden. Das Hören von Weihnachtsmusik kann habitualisiert werden, wenn es regelmäßig wiederkehrend im gleichen Kontext (also jedes Jahr erneut, beim Aufstellen des Weihnachtsbaumes) ausgeführt wird.

Ein einmaliges Versäumnis einer Regelmäßigkeit hat meist keinen relevanten Einfluss auf die Gewohnheitsbildung. Unregelmäßiges Verhalten hingegen kann die Habitualisierung beeinträchtigen und die Erhaltung der Gewohnheit verhindern (Phase 3a in Bild 5.13).

Ein wichtiger Faktor für die notwendige Anzahl an Wiederholungen ist die **Komplexität** des Verhaltens. Je komplexer das Verhalten ist, desto häufiger muss das Verhalten wiederholt werden, um zu einer Gewohnheit zu werden. Generell gilt, komplexe Handlungen, welche aus vielen psychologisch bedeutsamen Teilhandlungen bestehen und kognitiv anstrengend sind, werden langsamer habitualisiert als einfache Handlungen.

Grundsätzlich kann jedes Merkmal eines Kontexts zu einem Anreiz für Gewohnheiten werden, wie beispielsweise Zeiten, Stimmungen, vorausgegangenes bzw. momentanes Verhalten oder externe Gegebenheiten (z. B. visuelle Reize, Geräusche, Personen oder Orte). Bestimmte Kontexte unterstützen Gewohnheiten allerdings stärker, z. B. regelmäßiger Sport mit denselben Personen in der gleichen Stimmung. Auffällige, zugängliche und wahrnehmbare (saliente) Umweltmerkmale bzw. Hinweise („Cues") fördern die Gewohnheitsbildung. Hinweisreize, welche ereignisbasiert sind (z. B. „nach dem Frühstücken"), sind geeigneter als zeitlich bezogene Reize (z. B. „um 10 Uhr"), welche bewusst überwacht werden müssen. Vorangehende Aktivitäten sind besonders gut als ereignisbasierte Hinweise für Verhaltensweisen geeignet (z. B. „Einnahme von Medikamenten" nach einer Mahlzeit). **Cue-Salienz** und **Stabilität des Kontexts** kommen vor allem in Phase 3b des Gewohnheitsbildungs-Frameworks zum Tragen.

Wenn noch keine Gewohnheit besteht, kann eine **Handlungsplanung** die Ausführung des Verhaltens unterstützen. Ein Aktionsplan spezifiziert detailliert einen bestimmten Kontext und das entsprechende Verhalten. Das kann z. B. eine Illustration sein, die an einer E-Mail zeigt, in welcher Reihenfolge verschiedene Stellen einer E-Mail nach Merkmalen von Phishing abgesucht werden sollen. Der Plan hilft, die positiven Absichten eines Individuums in tatsächliches Verhalten umzusetzen, und stärkt die Assoziation von Verhalten und Hinweisreizen (Phase 3b).

Die Bildung von Verknüpfungen zwischen Auslösern (bzw. Hinweisen) und Verhalten (bzw. Reaktionen) beruht auf wiederholten Paaren dieser beiden Aspekte, welche in **Übereinstimmung** stehen (konsistent sind). Die Ausführung von mehreren Verhaltensweisen als Reaktion auf einen Hinweis verdünnt die mentale Assoziation zwischen diesem Auslöser und einer einzelnen Verhaltensweise und reduziert die Wahrscheinlichkeit, dass ein Verhalten habitualisiert wird. Inkonsistentes Verhalten kann - ebenso wie unregelmäßiges Verhalten - die Erhaltung der Gewohnheit verhindern (Stufe 3a).

Die Chancen für die Habitualisierung eines Verhaltens sind besser, wenn sich daraus zufriedenstellende Konsequenzen ergeben (Aarts et al., 1998). **Belohnungen** führen zu einer Verknüpfung des Verhaltens mit positiven Konsequenzen und erhöhen so die Wahrscheinlichkeit, dass es erneut ausgeführt wird. Positive Erlebnisse möchten wiederholt werden und beschleunigen die Gewohnheitsbildung. Das Verhalten wird nachfolgend automatisch durch bestimmte Reize ausgelöst, welche während der Gewohnheitsbildung präsent waren. Die Bildung von Gewohnheiten ist demnach ähnlich behavioristischen Lernansätzen (vgl. Abschnitt 5.1.2) und Stimulus-(S-)Reaktions-(R-)Systemen: „... if positive outcomes consistently follow a particular response to a particular stimulus an S-R link develops that can be considered a basic habit. As a result, exposure to the stimulus directly and automatically ‚hijacks' the preparation, selection and execution of the associated response, thus rendering human action efficient, intention-independent, nonconscious and uncontrollable." (Marien et al., 2018, S. 57).

Belohnungen können extrinsisch oder intrinsisch sein. Extrinsische Belohnungen zeichnen sich durch verhaltensabhängige Ergebnisse aus (z. B. finanzielle/materielle Anreize). Intrinsische Belohnungen ergeben sich aus einem bestimmten Verhalten selbst, wie beispielsweise Spaß oder Freude. Allerdings ist es möglich, dass extrinsische Belohnungen nur zielgerichtetes automatisches Handeln hervorrufen und nicht die Art von Automatismus, welche für Gewohnheiten charakteristisch ist. Rein zielgerichtetes automatisches Handeln würde nach Wegfall oder Abwertung von Belohnungen eingestellt werden. Gewohnheitsmäßiges Handeln würde weiterhin ausgeführt werden. Daher sollten sich Interventionen zur Gewohnheitsbildung auf intrinsisch belohnende Verhaltensweisen konzentrieren. Eine ungleichmäßige Belohnung in späteren Phasen der Habitualisierung ist dabei erfolgreicher als eine kontinuierliche Belohnung nach jeder korrekten Verhaltensausführung. Der größte Erfolg wird mit einer intermittierenden Belohnung erzielt, bei der die zeitlichen Abstände zwischen den Belohnungen immer größer werden (Selg & Schermer, 2011). Der Belohnungswert eines Verhaltens kann zunächst die Verhaltensabsicht stärken (Phase 1) und dann zur Aufrechterhaltung des Verhaltens beitragen (Phase 3a) (Gardner & Lally, 2018).

Motivation kann ähnlich wie Belohnungen in zwei Kategorien unterteilt werden. Ein Individuum kann intrinsisch motiviert sein, beispielweise durch Interesse oder Freude an der Aktion selbst. Extrinsische Motivation kann darin bestehen, externen Anforderungen mit bestimmtem Verhalten zu entsprechen, z. B. indem Richtlinien umgesetzt werden. Intrinsische Motivation kann die Bildung von Gewohnheiten in jeder Phase der Gewohnheitsbildung erleichtern, indem sie stärkere Absichten (Phase 1) fördert und die Umsetzung der Absichten in nachhaltiges Verhalten (Phasen 2 und 3a) ermöglicht. Gewohnheitsassoziationen werden stärker bzw. schneller gebildet, wenn sie auf intrinsisch motivierten Handlungen beruhen (Phase 3b).

Menschen mit höherer **Selbstkontrolle** haben tendenziell eine stärkere Gewohnheit für „gute" Verhaltensweisen, z. B. fürs Sporttreiben. Sie sind besser in der Lage, ihre persönlichen Absichten umzusetzen und über einen längeren Zeitraum aufrechtzuerhalten (Phasen 2 und 3). Selbstkontrolle kann in frühen Phasen die Etablierung von Gewohnheiten unterstützen, hat allerdings für die Bildung von Cue-Habit-Assoziationen (Phase 3b) keine nennenswerte Relevanz.

Zusammengefasst fördern folgende Faktoren die Habitualisierung von Verhalten:

- gute Planung (z. B. durch Umsetzungsabsichten)
- ereignisbasierte Hinweisreize und stabile Umgebungen
- regelmäßige Ausführung des Verhaltens
- geringe Komplexität des Verhaltens
- intrinsische Belohnungen oder zufriedenstellende Konsequenzen
- intrinsische Motivation
- gutes Maß an Selbstkontrolle durch die ausführende Person

■

Nicht alle dieser Faktoren können durch die Organisation beeinflusst werden. Insbesondere die Selbstkontrolle bzw. die Sicherstellung des Ergebnisses und die konstante Ausführung hängen sehr stark von den Mitarbeitenden selbst ab.

Vor allem aber die Komplexität des Verhaltens und eine gute Planung inklusive ereignisbasierter Hinweisreize kann durch die Organisation gesteuert werden. Beispielsweise würden sehr allgemein gehaltene Anweisungen wie „Prüfen Sie eine E-Mail auf Hinweise von Phishing" nicht zur Gewohnheitsbildung beitragen. Anders wäre folgende Anweisung: „Überprüfen Sie immer, bevor Sie einen Anhang in einer E-Mail öffnen, welches Format die Datei im Anhang hat. Öffnen Sie den Anhang nicht, wenn er auf *.exe, *.zip, *.rar, *.dll ... endet."[6] Die zweite Anweisung reduziert die Komplexität des Verhaltens deutlich. Sie betrachtet zunächst allerdings nur einen Aspekt von Phishing. Die restlichen Aspekte müssten dann in ähnlicher Manier erläutert werden.

Ein anderes Beispiel: „Sperren Sie Ihren Bildschirm immer – auch bei kurzer Abwesenheit vom Arbeitsplatz." Besser wäre: „Sperren Sie Ihren Bildschirm immer, sobald Sie Ihren Arbeitsplatz verlassen. Drücken Sie dazu gleichzeitig die Windows-Taste und die L-Taste." Der ereignisbasierte Hinweis ist in diesem Beispiel das Verlassen des Arbeitsplatzes. Und zwar ausnahmslos, die Mitarbeitenden müssen nicht darüber nachdenken, ob es sich lohnt oder nicht, weil die geplante Abwesenheit eventuell nur sehr kurz ist. Zusätzlich wird eine genaue Handlungsplanung mitgegeben, wie der Bildschirm zu sperren ist.

In beiden Beispielen ist eine hohe Wiederholungshäufigkeit bei Mitarbeitenden, die viel am PC arbeiten, automatisch gegeben. Die meisten verlassen mehrmals täglich ihren Arbeitsplatz und bekommen auch mehrere E-Mails mit Anhängen pro Tag. Bei Verhaltensweisen, die nicht so häufig ausgeführt werden, kann die Organisation durch (regelmäßiges) Training unterstützen. Beispielsweise die Benutzung eines Passwortmanagers oder des VPN könnten so eingeübt werden.

Generell sollten Organisationen darauf achten, dass der Kontext über einen längeren Zeitraum stabil bleibt, indem das Verhalten zunächst intentional ausgeführt werden soll.

(Extrinsische) Belohnungen und Anreize zur Ausführung des Verhaltens können teilweise ebenfalls gegeben werden. Mitarbeitende, die eine verdächtige E-Mail an den Helpdesk melden, bekommen ein „Dankeschön" per Mail zurück. Oder sie bekommen – falls sie wirklich eine Phishing-Mail gemeldet haben – einen Punkt gutgeschrieben, und am Ende des Monats gibt es eine Belohnung für die fünf fleißigsten Phishing-Meldenden. Alle Mitarbeitenden, deren Computer am Feierabend bei einer unangemeldeten „Kontrolle" heruntergefahren ist, bekommen eine kleine Tüte Gummibärchen auf den Schreibtisch gelegt usw.

Auf intrinsische Belohnungen und auf die intrinsische Motivation von Mitarbeitenden Einfluss zu nehmen, ist aufwendiger und komplexer, aber durchaus möglich. Hierfür hängt sehr viel von der Sicherheitskultur im Unternehmen ab und von der Art und Weise, wie Sicherheitsmaßnahmen vermittelt werden. Anwendende sollten sich grundsätzlich wertgeschätzt fühlen und Anerkennung für ihren Beitrag zur Informationssicherheit bekommen, beispielsweise durch eine Grafik im Intranet, in der die Zahl der Phishing-Angriffe auf das Unternehmen mit der Zahl der erfolgreich gemeldeten Vorgänge gegenübergestellt wird.

---

[6] Laut Check Point (2023) sind unter den Top 10 der gefährlichsten Dateitypen auch PDF, XLS(X), DOC(X) und HTML. Es könnte allerdings schwierig werden, deren generelles Öffnen zu verbieten ...

Die Motivation hängt von zwei Faktoren ab: Einerseits von dem Verständnis der Individuen in Bezug auf die Notwendigkeit der Verhaltensänderung, andererseits von deren Favorisierung des Verhaltens gegenüber Alternativen.

5.4.4 Überführung von alten in neue Gewohnheiten

Am Arbeitsplatz gibt es Situationen, in denen bestimmte für die Informationssicherheit relevante Verhaltensweisen bereits habitualisiert sind. Ein Beispiel ist, die „schlechte" Gewohnheit, den Arbeitsplatz ohne Sperren des Bildschirms zu verlassen, durch die „gute" Gewohnheit, den Bildschirm automatisch beim Verlassen des Arbeitsplatzes zu sperren, abzulösen. Aus Sicht der Informationssicherheit ist das erstgenannte Verhalten unerwünscht, weil damit u. a. das Risiko einhergeht, dass Unbefugte an vertrauliche Unternehmensdaten kommen.

Sollen diese Verhaltensweisen geändert werden, um die Information Security Awareness zu erhöhen und die Informationssicherheit zu verbessern, müssen sich neue und „richtige" Gewohnheiten bilden, um damit die bereits habitualisierten „schlechten" bzw. „falschen" Verhaltensweisen zu verdrängen oder abzulösen. „Richtig" ist ein von der Organisation gewünschtes habitualisiertes Verhalten, von dem erwartet wird, dass es positiv zur Informationssicherheit beiträgt. „Schlecht" oder „falsch" bedeutet hingegen, dass dieses Verhalten negative Auswirkungen auf die Informationssicherheit hat.

Das Modell von Dahlstrand und Biel (1997) beschreibt einen möglichen Ansatz zur Überführung von natur- und umweltschädlichen Gewohnheiten in umweltschützende habitualisierte Verhaltensweisen in sieben Teilschritten oder Stufen (vgl. Bild 5.14). Das Modell kann allgemein für die Etablierung neuer positiver Gewohnheiten aus bereits bestehenden schädlichen Gewohnheiten verwendet werden – und damit auch im Kontext Informationssicherheit. Der erste Teilschritt ist die Aktivierung. Das Ziel ist erreicht, wenn das neue Verhalten habitualisiert wurde. Nicht in jedem Anwendungsfall ist jeder Teilschritt notwendig, um im Prozess vorzurücken.

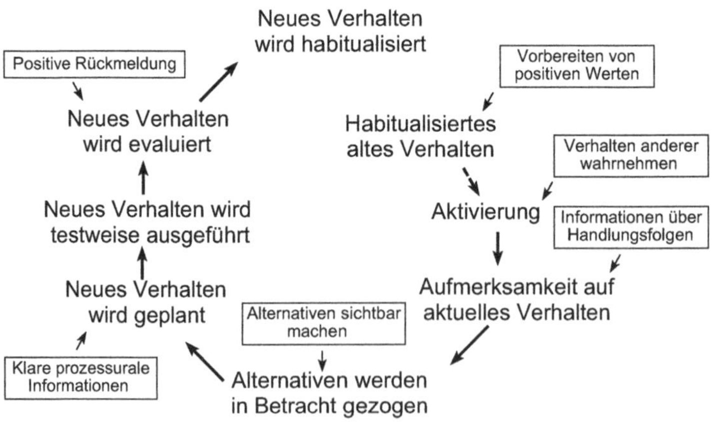

Bild 5.14 Überführung von alten in neue Gewohnheiten
(Quelle: (Metzger et al., 2022, S. 357), in Anlehnung an (Klöckner, 2005, S. 19))

Die Wahrscheinlichkeit eines Übergangs auf die nächste Stufe hängt vom Einfluss verschiedener Faktoren ab. Negative Überzeugungen bezüglich der möglichen Alternativen, der Mangel an spezifischem Wissen bei der Planung des neuen Verhaltens, physische Hürden bei der Ausführung oder unerwartete negative Konsequenzen nach der Ausführung können den Erfolg des Prozesses beeinträchtigen. Unterstützende Faktoren können hingegen im Hinblick auf die Überführung dienlich sein. In Bild 5.14 sind die unterstützenden Faktoren, die jeweils auf den verschiedenen Ebenen einwirken können, als rechteckige Kästen dargestellt.

Der erste, gestrichelte Pfeil zwischen *Habitualisiertes altes Verhalten* und *Aktivierung* kennzeichnet die Tatsache, dass der Prozess zwar mit der Aktivierung beginnt, das alte Verhalten aber gewissermaßen dazugehört und durch die Vorbereitung von positiven Werten des gewünschten Verhaltens Einfluss auf die Habitualisierung nehmen kann.

Im Schritt Aktivierung kann die Wahrnehmung des (richtigen) Verhaltens anderer Personen unterstützend wirken. Im nächsten Teilschritt wird die Aufmerksamkeit einer Person auf das eigene aktuelle, schädliche Verhalten geleitet. Informationen über die Folgen des momentanen Handelns wirken sich bestenfalls positiv auf die Einstellung der Person aus. Im Anschluss daran sollen Alternativen sichtbar gemacht werden, sodass diese leichter in Betracht gezogen werden können. Darauffolgend plant die Person im Idealfall das angestrebte Verhalten, dabei können klare prozessuale Informationen helfen. Anschließend wird das neue Verhalten testweise ausgeführt. Hier trifft die Person die Entscheidung über die Ausführung des Verhaltens zunächst intentional. Im nächsten Schritt wird das Verhalten evaluiert. Positive Rückmeldung ist in diesem Punkt der unterstützende Faktor (vgl. Feedback in Abschnitt 5.2.3). Von Zeit zu Zeit wird das Verhalten nun immer mehr habituell und weniger intentional durchgeführt – das gewünschte Verhalten wird habitualisiert.

Die Anwendung des Modells[7] wird im Folgenden anhand der gewünschten Verhaltensweise „Herunterfahren des Rechners am Feierabend zur Installation von Updates“ konkretisiert. Versetzen Mitarbeitende ihren Rechner am Feierabend nur in den Stand-by-Modus statt ihn herunterzufahren, verhindern sie die automatische Installation von Updates beim Hochfahren am nächsten Morgen. Die „schlechte“ habitualisierte Verhaltensweise ist also das automatische Zuklappen des Notebooks oder das Versetzen eines PC in den Ruhezustand am Feierabend.

Zu Beginn sollten die positiven Auswirkungen des Herunterfahrens des Rechners hinsichtlich Updates vorbereitet und den Mitarbeitenden bewusst gemacht werden. Das falsche Verhalten sollte auf verschiedene Arten und Weisen (beispielsweise durch Mails, Banner, den/die CISO oder allgemein das Topmanagement) angesprochen werden. Zudem sollte die Anweisung gegeben werden, für einen täglichen Neustart des Rechners und somit für die Installation der Updates zu sorgen. Die Gewohnheitsänderung läuft dann folgendermaßen ab:

1. Anwendende nehmen das Verhalten ihrer Kolleg:innen wahr, die ihren Rechner jeden Abend herunterfahren.
2. Durch weitere Informationen, beispielsweise über einen Newsletter, werden spezifische Informationen über die Risiken von Rechnern verbreitet, welche durch unzureichende Aktualisierung für bestimmte Angriffe anfälliger sind und so das gesamte Firmennetzwerk gefährden. Die Handlungsfolgen werden den Mitarbeitenden bewusst gemacht, sodass sie ihr momentanes Verhalten überdenken.

[7] Dieses und zwei weitere Beispiele (Vermeidung von USB-Sticks, Bildschirmsperre) finden sich in (Metzger et al., 2022, S. 359 ff.).

3. Es werden Anweisungen gegeben, wie dieses Problem behoben werden kann: Es genügt, den PC herunterzufahren oder für einen Neustart zu sorgen. Die Anweisungen sorgen dafür, dass Mitarbeitende dieses alternative Verhalten in Betracht ziehen.
4. Das alternative Verhalten wird untermauert, indem geraten wird, dass Angestellte die Zeit des Hochfahrens des PC sinnvoll nutzen. Sie könnten sich in dieser Zeit beispielsweise morgens einen Kaffee oder Tee in der Küche zubereiten. Es werden Tipps gegeben, wie wichtige Programme automatisch mit dem Neustart geöffnet werden können. Wird Hilfe benötigt, steht der IT-Helpdesk zur Verfügung. Die eigene aktive Handlung hilft dabei, das neue Verhalten zu planen.
5. Schlussendlich ist bekannt, wie wichtig das Thema ist, welche alternativen Möglichkeiten es gibt und wie der PC eingerichtet sein muss, und das neue Verhalten wird zunächst testweise und intentional ausgeführt.
6. Die Mitarbeitenden evaluieren dieses Verhalten zunächst für sich selbst. Vorgesetzte und die Unternehmensleitung reagieren positiv auf das Verhalten.
7. Die Mitarbeitenden sind nun überzeugt von ihrem Verhalten und werden dieses immer häufiger ausführen, ohne darüber nachzudenken. Das habitualisierte Herunterfahren bzw. das habitualisierte Neustarten des Rechners ist etabliert.

Die Erkenntnisse dieses Abschnitts können Unternehmen helfen, Umstände zu schaffen, die zu einer Gewohnheitsbildung beitragen. Letztendlich liegt es jedoch an den Menschen selbst, ob sie eine Gewohnheit etablieren oder nicht.

6 Messen von Information Security Awareness

Obwohl das Messen bzw. Bewerten der Information Security Awareness eine als wichtig und dringend wahrgenommene Aufgabe der Awareness-Verantwortlichen ist, gibt es dafür aktuell wenig konkrete Hilfestellungen. Dieses Kapitel möchte einige Ideen und Ansätze anbieten, um Information Security Awareness in Organisationen zu erfassen, zu bewerten oder zu messen. Der Fokus liegt auf der Bewertung der vier Faktoren von Information Security Awareness – Wissen/Fähigkeiten, Verhaltensabsicht, Salienz und Gewohnheiten. Die Ansätze zur Bewertung basieren auf dem Verständnis der Sozial- bzw. Verhaltenspsychologie über diese vier Faktoren.

Das Ziel der Bewertung ist, aus dem aktuellen Awareness-Stand Erkenntnisse über zukünftige, zielgerichtete Awareness-Maßnahmen abzuleiten und den Erfolg der Maßnahmen zu bewerten. Regelmäßig und automatisiert auswertbare Kennzahlen für Awareness stehen nicht im Fokus.

Das Kapitel stellt – ohne Anspruch auf Vollständigkeit – verschiedene Techniken und Methoden vor und illustriert sie nach Möglichkeit anhand von Beispielen. Eine Bewertung der Methoden wird nicht vorgenommen, es erfolgt keine Gegenüberstellung von Vorteilen und Nachteilen der einzelnen Methoden, und auch mögliche Einschränkungen ihres Einsatzes werden nicht betrachtet. Das Kapitel soll lediglich Hinweise geben, was in der Praxis möglich ist. Ob und mit welchem Aufwand die jeweilige Methode in der eigenen Organisation einsetzbar wäre, muss durch eigene Analysen herausgefunden werden.

6.1 Hintergrund – warum, was und wie messen

Neben der Frage „Wie können wir die Awareness unserer Mitarbeitenden steigern oder verbessern?“ ist „Wie können wir die Awareness unserer Mitarbeitenden messen oder bewerten?“ häufig die zweitwichtigste Frage, die Awareness-Verantwortliche umtreibt. Bevor dieses Kapitel mögliche Antworten auf diese Frage liefert, betrachtet es zunächst die Gründe für das Messen oder Bewerten von Information Security Awareness und gibt einen kurzen Überblick über den State of the Art.

Das Messen bzw. Bewerten des aktuellen Zustands der Awareness der Belegschaft sollte den Ausgangspunkt für Maßnahmen zur Steigerung der Awareness bilden. Awareness-Maßnahmen können nur zufällig erfolgreich sein, wenn nicht bekannt ist, wo die Mitarbeitenden aktuell stehen, welches Wissen sie haben, wie sie sich und warum sie sich so verhalten sowie welche Emotionen, Überzeugungen oder Meinungen sie bezüglich Informationssicherheit haben. Der aktuelle Zustand der Awareness muss gemessen werden, um Defizite im Wissen aufzuzeigen, hinderliche Emotionen zu identifizieren sowie falsche Überzeugungen, Annahmen und Gewohnheiten aufzudecken. Dann können die Maßnahmen dort zielgerichtet ansetzen, wo (dringend) verbessert oder beeinflusst werden muss. Das Messen der Awareness ist daher elementarer Bestandteil der Analysephase des Vorgehensmodells zur gezielten Sensibilisierung der Mitarbeitenden (vgl. Abschnitt 4.2.2).

Wurden Awareness-Maßnahmen durchgeführt, ist eine erneute Messung sinnvoll, um den Erfolg der Maßnahmen zu bewerten. Gegenüber der ursprünglichen Messung sollten sich Veränderungen – hoffentlich in die gewünschte Richtung – zeigen. Es ist zu sehen, ob die Maßnahmen bei den Zielgruppen wie gewünscht gewirkt haben, wo die Wirkung eventuell nicht stark genug gewesen ist und wo immer noch Nachholbedarf besteht. Somit kann auf Basis einer erneuten Messung entschieden werden, welche weiteren Maßnahmen erforderlich sind und ob nicht erfolgreiche Maßnahmen eingestellt werden.

Die Messung des Erfolgs der Maßnahmen ist in den meisten Unternehmen auch aus betriebswirtschaftlichen Gründen erforderlich. Die Erstellung, Auswahl und Durchführung der Awareness-Maßnahmen sind mit Kosten, Aufwand und Ausgaben verbunden. Damit die Maßnahmen als wirtschaftlich angesehen werden, sollten Kosten durch einen entsprechenden Nutzen gegenüber den Budgetgebenden gerechtfertigt werden (Janik et al., 2018). Es sollte eine tatsächliche Steigerung der Awareness in der Belegschaft nachweisbar sein. So sollten beispielsweise weniger Beschäftigte auf Phishing-E-Mails hereinfallen und die Schäden durch Identitätsdiebstahl, Accountmissbrauch oder Datenverlust sinken.

Gemäß dem in Bild 4.1 (vgl. Abschnitt 4.1.1) dargestellten Zusammenhang gibt es mehrere Ansätze, um den Nutzen von Awareness-Maßnahmen nachzuweisen. Awareness-Maßnahmen sollen zu einer Steigerung der Information Security Awareness führen, welche wiederum positiv auf informationssicheres Verhalten wirkt. Das richtige Verhalten der Belegschaft sollte zu höherer Informationssicherheit im Unternehmen führen. Letztendlich sind die Maßnahmen dann erfolgreich, wenn sich die Informationssicherheit im Unternehmen verbessert. Eine höhere Awareness führt also zur Minderung von Informationssicherheitsvorfällen und deren negativen Auswirkungen auf das Unternehmen.

Messungen können sich somit auf die folgenden Aspekte beziehen:

1. die Awareness der Belegschaft,
2. deren informationssicherheitsrelevantes Verhalten und
3. die Informationssicherheit im Unternehmen.

Wobei Ergebnisse von Messungen zu (2) und (3) aus Sicht des Unternehmens die vermeintlich relevanteren Kennzahlen darstellen. Letztendlich ist Awareness in den meisten Fällen kein Selbstzweck, sondern soll zu einer Verbesserung der Situation des Unternehmens beitragen. Nur wenn die Mitarbeitenden sich wirklich sicherer verhalten, haben Awareness-Maßnahmen einen betriebswirtschaftlichen Sinn. Um aber gezielte Maßnahmen zu erstellen, welche tatsächlich dazu geeignet sind, die Awareness zu verbessern, welche dann wiederum zu besserem Verhalten usw. führt, muss die Awareness selbst (1) gemessen oder bewertet werden.

Das gezeigte Verhalten der Mitarbeitenden (2) ist nur ein möglicher Indikator für die Awareness. Die Belegschaft hält sich vielleicht nur „stur" an die Regeln, ohne ihre Rolle für die Informationssicherheit wirklich zu verstehen. Dennoch ist es wichtig zu wissen, ob die Mitarbeitenden sich an die vorgegebenen Regeln halten und ob sie sich sicher verhalten (Beyer et al., 2015). Eine Beobachtung oder Bewertung des Verhaltens kann Erkenntnisse darüber liefern, wo die Awareness noch nicht stark genug ausgeprägt sein könnte oder dass es andere Hindernisse gibt, die dem richtigen Verhalten im Wege stehen.

Ein möglicher und sehr beliebter Ansatz, um das richtige Verhalten der Belegschaft zu messen, sind Phishing-Simulationen. In einer Phishing-Simulation sendet das Unternehmen oder eine beauftragte Person gefälschte Phishing-Nachrichten an die Mitarbeitenden. Diese Nachrichten sind so konzipiert, dass sie echten Phishing-Versuchen ähneln, jedoch keinen schädlichen Code oder Links zu gefährlichen Webseiten enthalten. Stattdessen führt das Klicken auf den Link in der Nachricht dazu, dass der Zähler für nicht sicheres Verhalten um 1 hochgezählt wird. Die Durchführung von Phishing-Simulationen ist in den letzten Jahren allerdings deutlich in die Kritik geraten, aufgrund z. B. hoher versteckter Kosten, Gefährdung der Informationssicherheit durch bewusstes Aushebeln der Sicherheitseinstellungen für die Durchführung der Simulation und negativer Wirkung auf die Awareness (Brunken et al., 2023; Volkamer et al., 2020). Es sollte also kritisch geprüft werden, ob das Durchführen einer Phishing-Simulation in Unternehmen eine sinnvolle Messmethode ist.

Eine andere Möglichkeit, um zu messen, ob sich die Belegschaft richtig verhält, ist das gezielte Platzieren von manipulierten USB-Sticks (z. B. Tischer et al., 2016). Ähnlich wie bei den Phishing-Simulationen kann gezählt werden, wie viele Personen einen USB-Stick mitgenommen und in ihren Computer gesteckt haben, obwohl dies mit hohen Risiken für die Informationssicherheit verbunden ist.

Wird die Informationssicherheit im Unternehmen (3) selbst gemessen, sind kaum Rückschlüsse auf die Awareness möglich, da die Informationssicherheit von vielen weiteren Faktoren wie anderen Sicherheitsmaßnahmen oder der aktuellen Bedrohungslage abhängt.

Einen Überblick über den *State of the Art* zum Thema Messen von Information Security Awareness geben Fertig et al. (2020). Das Ergebnis ihrer Literaturanalyse zeigt, dass die meisten Ansätze entweder darauf abzielen, (nur) das Wissen zu messen oder das Informationssicherheitskonforme Verhalten. Richtige Awareness-Kennzahlen gibt es nicht. Einige Veröffentlichungen sehen die Anzahl der Trainingstage oder den Anteil der Mitarbeitenden, die an Trainings teilgenommen haben, als relevante Awareness-Kennzahl an. Diese beiden Kennzahlen lassen sich allerdings keiner der oben genannten Kategorien zuordnen. Sie beziehen sich auf die durchgeführten Maßnahmen und nicht deren Wirkung. Neben Erfolgsquoten von Phishing-Simulationen sind die Passwortstärke oder die Anzahl von Passwortänderungen nach einem Training weitere verwendete verhaltensbasierte Kennzahlen.

Die meisten Ansätze zur Messung der Awareness basieren auf Umfragen bzw. dem Ausfüllen von Fragebögen (z. B. Beris et al., 2015; Filippidis et al., 2018; Haucke & Pokoyski, 2009; Kruger & Kearney, 2006; Schütz et al., 2020b).

Ein erprobter und häufig verwendeter Fragebogen im Zusammenhang mit dem menschlichen Faktor in der Informationssicherheit ist der „Human Aspects of Information Security Questionnaire“ (HAIS-Q) (Parsons et al., 2017). Der Fragebogen stellt Fragen zu sieben Fokusthemen der Informationssicherheit, u. a. zu Passwortmanagement, mobilen Endgeräten, Meldung von Sicherheitsvorfällen und Umgang mit E-Mails. Für jedes der sieben Themen werden drei Bereiche betrachtet: das Wissen der Person über sichere Verhaltensweisen, die Einstellung der Person zu den Verhaltensweisen und das tatsächliche Verhalten der Person.

Damit deckt der Fragebogen zwei Bestandteile von Information Security Awareness (1), nämlich Wissen und Einstellungen (als Teil der Verhaltensabsicht), ab, und es wird das Verhalten selbst (2) erfragt. Zu jedem Thema und jedem der drei Bereiche werden jeweils drei Aussagen getätigt, zu denen die befragten Personen auf einer fünfstufigen Likert-Skala von „stimme überhaupt nicht zu“ bis „stimme voll zu“ ihre Meinung äußern sollen. Tabelle 6.1 zeigt einen Ausschnitt aus dem HAIS-Q.

Tabelle 6.1 Ausschnitt aus dem HAIS-Q zum Fokusthema „Passwortmanagement“ (übersetzt aus Parsons et al., 2017, S. 47)

	Knowledge	Attitude	Behaviour
Das gleiche Passwort verwenden	Es ist akzeptabel, mein Social-Media-Passwort für meinen dienstlichen Account zu nutzen.	Es ist sicher, das gleiche Passwort für Social-Media- und dienstliche Accounts zu nutzen.	Ich verwende unterschiedliche Passwörter für meinen Social-Media- und meinen dienstlichen Account.
Passwörter mitteilen	Ich darf mein dienstliches Passwort meinen Arbeitskolleg:innen mitteilen.	Es ist eine schlechte Idee, mein dienstliches Passwort meinen Arbeitskolleg:innen mitzuteilen, auch wenn ein/e Kolleg:in danach fragt.	Ich teile mein dienstliches Passwort meinen Arbeitskolleg:innen mit.
Ein sicheres Passwort verwenden	Ein Mix aus Buchstaben, Zahlen und Sonderzeichen ist notwendig für mein dienstliches Passwort.	Es ist sicher, ein dienstliches Passwort zu haben, das nur aus Buchstaben besteht.	Ich verwende eine Kombination aus Buchstaben, Zahlen und Sonderzeichen in meinem dienstlichen Passwort.

Obwohl Umfragen bzw. Fragebögen eine sehr aufwendige Methode sind, um die Awareness zu erfassen und zu bewerten, führt nach aktuellem Kenntnisstand fast kein Weg daran vorbei, zumindest, wenn es um das Erfassen der Verhaltensabsicht geht. Ziel der Forschung sollte es sein, Kennzahlen und Messmethoden zu entwickeln, die in Unternehmen ohne großen Aufwand anzuwenden sind und quasi jederzeit einen Überblick über den aktuellen Stand der Awareness der Belegschaft zulassen.

6.2 Messen von Wissen und Fähigkeiten

Wissen wird häufig durch Lernen erworben. Formales Lernen ist eng mit Didaktik und Pädagogik verbunden. Das Überprüfen, Bewerten oder Messen des Lernerfolgs ist ein zentraler Bestandteil dieser Disziplinen. Sollen das Wissen und die Fähigkeiten der Mitarbeitenden in Bezug auf Informationssicherheit erhoben werden, lohnt sich grundsätzlich ein Blick auf die Erkenntnisse und Empfehlungen der beiden Disziplinen und das gesamte Repertoire an Tests und Prüfungen, welches dort vorgeschlagen wird (z. B. Petko, 2020, S. 107 ff.; Rölke, 2018).

Wird ein Learning Management System (LMS) für betriebliche Schulungen verwendet, sind dort meist auch viele verschiedene Arten von Wissensabfragen und Tests zu finden. Diese können einfach erstellt und durchgeführt werden, z. B. direkt im Anschluss an das Absolvieren einer Lerneinheit oder auch unabhängig davon zu einem späteren Zeitpunkt. Bekommen die Teilnehmenden sofort Feedback, ob ihre Antworten richtig oder falsch sind, dann besteht die Möglichkeit, dass sie aus ihren Fehlern auch wiederum etwas lernen. Erfasst das System Teilnahmequoten und Erfolgsquoten, bekommt das Unternehmen einen Überblick über den Wissensstand der Mitarbeitenden. Richtig eingesetzt, bieten digitale Lernumgebungen eine breite Palette an Unterstützung für Lernende (z. B. Erinnerungsfunktionen, Self-Assessments, Interaktion mit anderen Lernenden, Vergleiche mit anderen) und Lehrende (z. B. Einsicht in den Lernerfolg über einen längeren Zeitraum, Möglichkeiten der Individualisierung, Abbildung des Wissensstands) (Seiler et al., 2018).

Die folgenden Abbildungen zeigen ein paar Beispiele von einfachen Tests und Abfragen, die in der Lernplattform Moodle[1] mit der Erweiterung H5P[2] erstellt wurden.

Bild 6.1 zeigt eine klassische Multiple-Choice-Frage, in welcher die Teilnehmenden eine oder mehrere richtige Antworten auswählen müssen. Hierüber wird deklaratives Wissen (Faktenwissen) abgefragt.

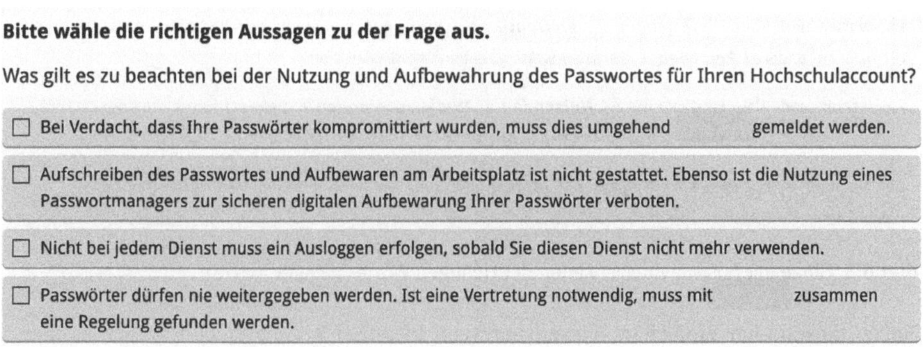

Bild 6.1 Multiple-Choice-Frage zu Passwörtern (Quelle: THWS)

[1] *https://moodle.de/*
[2] *https://h5p.org/*

Für Bild 6.2 gilt dies ebenso. Hier müssen die Teilnehmenden sich allerdings mehr anstrengen, da sie nicht nur aus einer Liste vorgegebener Antworten wählen dürfen, sondern die richtigen Wörter in die Freitextfelder eingeben müssen. Diese Art der Abfrage kann schnell frustrierend sein, je nachdem, wie tolerant das System bei kleinen Abweichungen zur richtigen Antwort ist bzw. ob auch Synonyme eingegeben werden können. Die letzte Aussage zielt auf prozedurales Wissen (Handlungswissen) ab und stellt daher auch die Fähigkeiten der Teilnehmenden auf die Probe, indem hier ein sicheres Passwort erstellt werden soll. Bei dieser Aussage steht daher das Einüben im Vordergrund.

Bitte trage die fehlenden Wörter ein.

Wie sieht ein sicheres Passwort aus?

Ein Passwort sollte immer mindestens ______ Zeichen lang sein.

Den Namen meines Hundes oder andere persönliche Details als Passwort zu verwenden ist ______ gute Idee.

Um sich ein Passwort besser merken zu können, kann eine ausgedachte Geschichte oder ein Satz helfen. Man nimmt die Anfangsbuchstaben / Endbuchstaben jedes ______ und ergänzt diese um Sonderzeichen und ______.

Bei dem Satz "Heute ist nicht alle Tage, ich komm wieder keine Frage!1" könnte man nach Verwendung der Anfangsbuchstaben also das Passwort ______ erstellen.

Bild 6.2 Ausfüllen von Freitextfeldern (Quelle: THWS)

Eine Mischung aus den vorherigen beiden Tests beinhaltet Bild 6.3. Hier müssen für jeden Satz die richtigen fehlenden Wörter aus einer Liste vorgegebener Wörter ausgewählt werden.

Bitte markieren Sie im folgenden Text mit der Maus die richtigen Aussagen. z.B. [Wort1 / Wort2]

Passwörter und PINs sind ***[geheim / veröffentlicht / einfach]*** zu halten. Dies bedeutet, dass sie niemals an andere ***[Personen / Geräte]*** weitergegeben werden dürfen!

Passwörter und PINs sind nur dem ***[Nutzenden / Administrierenden / Dekan]*** selbst zugänglich und dürfen beispielsweise nicht am / in einem ***[Schreibtisch / Passwort-Manager]*** aufbewahrt werden.

Die Nutzung eines ***[Passwort-Managers / Merkzettels]*** zur sicheren digitalen Aufbewahrung von Passwörtern ist zulässig.

Bild 6.3 Sätze mit Auswahlmöglichkeiten der richtigen Wörter (Quelle: THWS)

Neben diesen eher einfachen Wissensabfragen bieten sich auch spielerischere Elemente an. Diese sorgen für Abwechslung und regen auf andere Weise das Nachdenken und Lernen an, insbesondere wenn nicht nur Texte, sondern auch Bilder verwendet werden. Zudem müssen die Teilnehmenden hier aktiver werden, indem sie z. B. Karten verschieben oder Bildschirmbereiche auswählen. Die nächsten Abbildungen zeigen ein paar dieser spielerischen Wissensabfragen.

In Bild 6.4 müssen die Teilnehmenden die Bilder auf der linken Seite der richtigen Beschreibung auf der rechten Seite zuordnen.

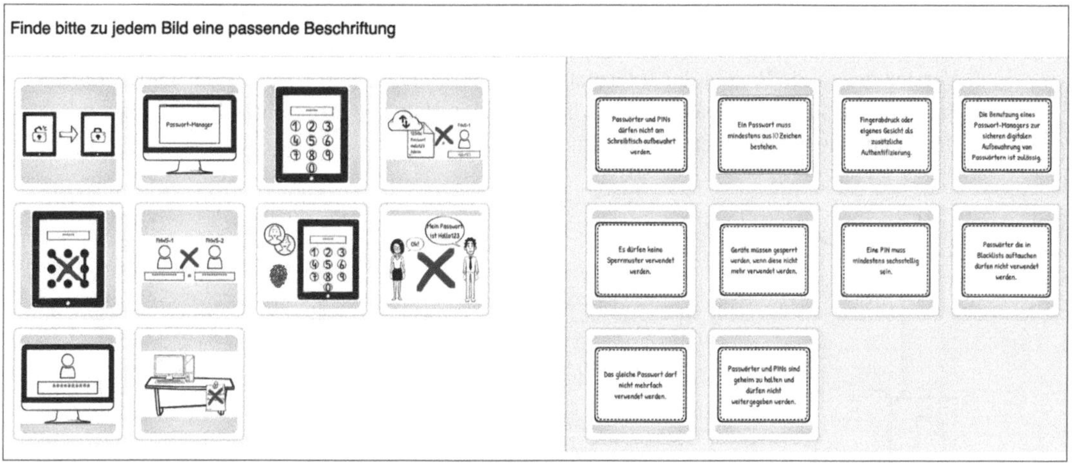

Bild 6.4 Zuordnung von Bildern zu Beschreibungen (Quelle: THWS)

In Bild 6.5 ist ein Test zu sehen, bei dem die Teilnehmenden die Bilder in die richtige Reihenfolge bringen müssen. Bild 6.6 zeigt die Auswertung eines Versuchs. Die Teilnehmenden bekommen sofort Feedback und können die Fehler korrigieren. Es ist ebenfalls möglich, sich die richtige Lösung anzuzeigen. Somit sollte hier kein Frust bei wiederholt falschen Lösungen aufkommen.

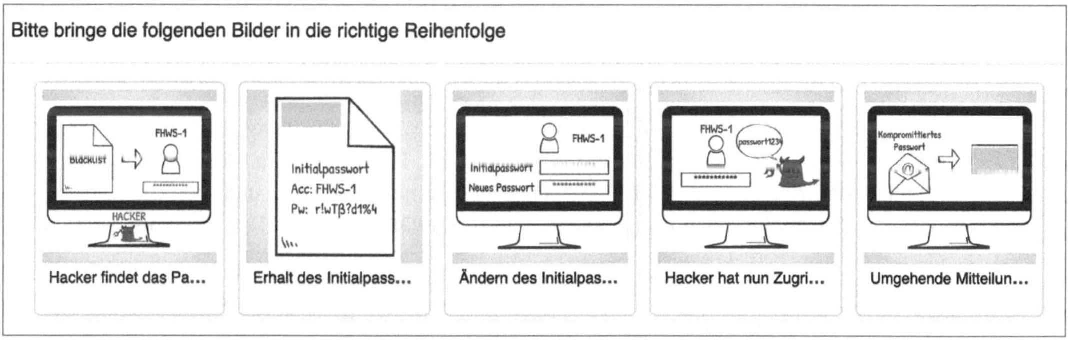

Bild 6.5 Bilder in die richtige Reihenfolge bringen (Quelle: THWS)

Bild 6.6 Auswertung des Versuchs mit direktem Feedback (Quelle: THWS)

Bild 6.7 lässt eine Art Wimmelbild erkennen. Die Teilnehmenden können in diesem Bild verschiedene Bereiche des Bildes („Hotspots“) anklicken, bei denen sie vermuten, dass ein Verstoß gegen die Regeln der Informationssicherheit begangen wird. Liegen sie richtig, bekommen sie sofort Feedback in Form eines grünen Häkchens. Der Fortschrittsbalken unten deutet an, wie viele Fehler noch zu finden sind.

Bild 6.7 Sicherer Arbeitsplatz: Wimmelbild mit Hotspots (Quelle: THWS)

Umfragen können auch dazu verwendet werden, das Wissen der Belegschaft zu erheben. Je nachdem, wie die Fragen gestellt werden, schätzen die Teilnehmenden ihr Wissen allerdings selbst ein. Als Indikator, wo noch Nachholbedarf in puncto Wissen besteht, funktioniert dies auch sehr gut. Bild 6.8 zeigt eine solche Selbsteinschätzungsfrage. Das Ergebnis zeigt ein

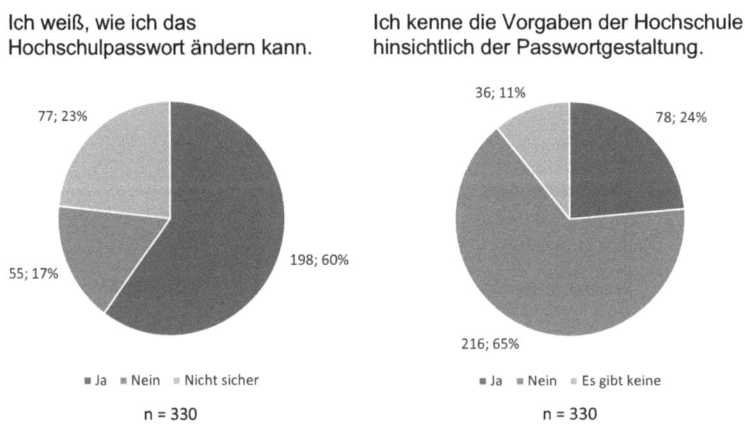

Bild 6.8 Umfrage zum Wissen über Passwörter (Quelle: THWS)

erhebliches Wissensdefizit über die Regeln der Passwortgestaltung, und auch das Handlungswissen darüber, wie Passwörter geändert werden können, ist sehr ausbaufähig.

Die Fragen können so ähnlich wie die Tests bei Schulungen gestaltet werden und dann das tatsächliche Wissen abfragen (vgl. Bild 6.9). Insbesondere in Kombination mit zuvor gestellten Selbsteinschätzungsfragen können solche Fragen eine Lücke zwischen dem von den Teilnehmenden selbst vermuteten und ihrem tatsächlichen Wissen aufdecken.

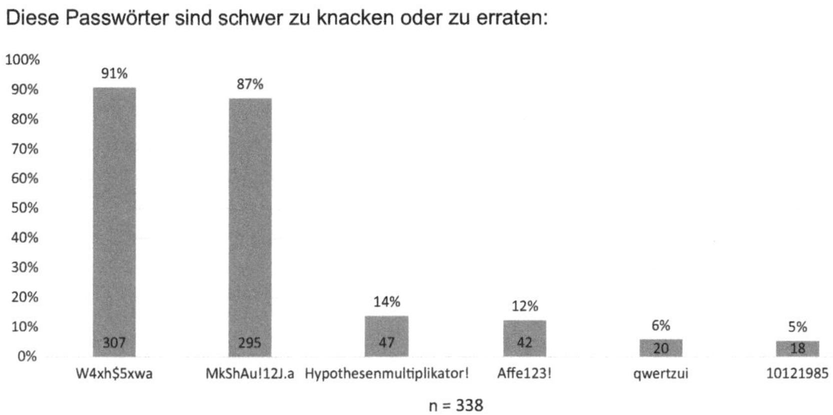

Bild 6.9 Wissensabfrage zu sicheren Passwörtern (Quelle: THWS)

Umfragen können auch falsche Annahmen oder gefährliches Halbwissen aufdecken. Die linke Seite von Bild 6.10 offenbart, dass die Befragten keineswegs sicher sind, welche Wirkung ein Antiviren-Programm hat. Insbesondere die Personen, die der Meinung sind, dass Schadsoftware immer zuverlässig erkannt wird, werden vermutlich weniger vorsichtig an ihrem Computer agieren. Die Ergebnisse zu der Aussage auf der rechten Seite zeigen, dass doch einige der Befragten der Meinung sind, dass eine Bildschirmsperre unnötig ist. Sie schätzen das mögliche Risiko ihres vermutlich abweichenden Verhaltens falsch ein.

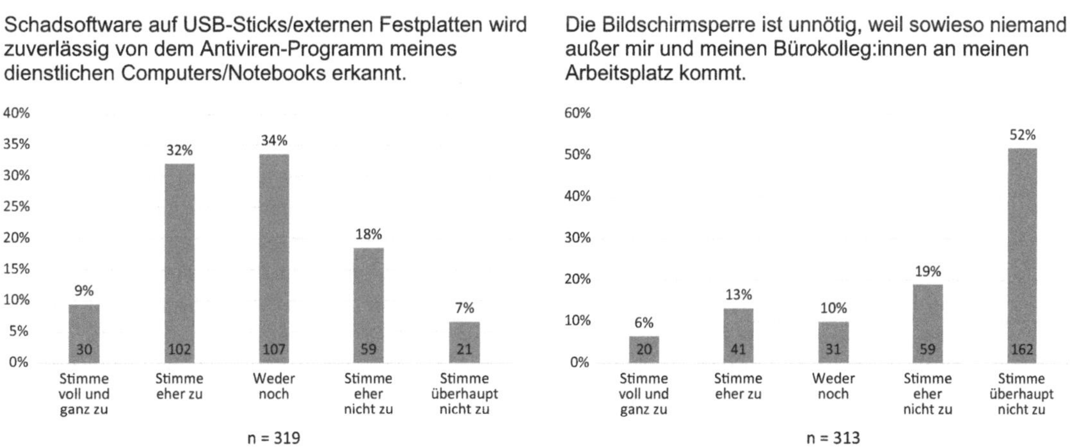

Bild 6.10 Annahmen zur Wirkungsweise und Sinnhaftigkeit von Sicherheitsmaßnahmen (Quelle: THWS)

Die meisten dieser Arten von Wissensabfragen zielen vor allem auf Faktenwissen ab und damit auf die unteren Stufen der Lernzieltaxonomien (erinnern und verstehen). Für richtiges Verhalten ist es aber besonders wichtig, dass die gelernten Inhalte auch tatsächlich richtig angewendet werden. Diese Art Wissen zu vermitteln ist aufwendiger und auch schwerer zu überprüfen. Bei der Abfrage in Bild 6.9 geht es nicht nur darum, Wissen zu reproduzieren, sondern das Wissen über sichere Passwörter konkret auf Beispiele anzuwenden. Die Abfrage könnte Stufe 5 (beurteilen) zugeordnet werden.

Auf ähnliche Art und Weise funktionieren Tests, bei denen die Probanden bei E-Mails entscheiden müssen, ob es sich um einen Phishing-Versuch handelt oder ob sie eine legitime E-Mail vor sich haben. Sie müssen dazu die Merkmale von Phishing-Mails kennen und auf den vorliegenden Fall anwenden können.[3] Ein kostenloses, und sogar in Teilen individualisierbares, Beispiel ist das PhishingQuiz des Forschungsprojekts BAKGame[4]. In zwei Schwierigkeitsstufen müssen die Spielenden hier jeweils sechs E-Mails bewerten. Für jede richtige Lösung gibt es zehn Punkte, bei falscher Lösung null Punkte. Ist die Lösung falsch, werden Tipps angezeigt, woran die Spielenden hätten erkennen können, dass es eine Phishing-Mail war oder warum die E-Mail kein Phishing ist.

Dieses „Trial-and-Error“-Prinzip mit Belohnung des richtigen Verhaltens bzw. Bestrafung des falschen Verhaltens ist der Lerntheorie des Behaviorismus zuzuordnen. Ein ähnliches Prinzip wird beim Vokabellernen – bzw. Vokabelabfragen – mittels Lernkästen angewendet (vgl. Abschnitt 5.1). Wird dieses Prinzip auf Abfragen zu informationssicheren Verhaltensweisen angewendet und mittels einer Lernsoftware umgesetzt, ließe sich damit auch das aktuelle Wissen der Belegschaft ermitteln. Würden alle Mitarbeitenden bei diesem Programm mitmachen, kann auf Knopfdruck eine Übersicht über den aktuellen Wissensstand erstellt werden. Es ist zu sehen, welche Verhaltensweise bei den meisten Mitarbeitenden in welcher Phase ist etc.

6.3 Messen der Verhaltensabsicht

Die Verhaltensabsicht beschreibt, wie sehr Personen ein Verhalten ausführen wollen und wie sehr sie sich selbst dazu in der Lage sehen. Die Verhaltensabsicht ist von den Emotionen, den Einstellungen, der Wahrnehmung, dem Selbstbewusstsein und den Meinungen der Person abhängig. Diese Aspekte tatsächlich zu messen ist sehr schwierig. Beobachtbar ist häufig nur das Verhalten selbst und nicht, welche Gründe dazu geführt haben, dass sich die Person so verhalten hat. Daher führt beim Bewerten der Verhaltensabsicht kein Weg an der direkten Befragung der Personen vorbei. Die folgenden Vorschläge basieren fast ausschließlich auf der Erhebung mittels Fragebögen. Die Personen selbst werden gebeten, Auskunft über ihre innere Welt zu geben. Diese Bewertung ist natürlich nicht objektiv. Sie hilft aber dennoch, sehr wertvolle und nutzbringende Einblicke für die zielgerichtete Vorbereitung und Durchführung von Awareness-Maßnahmen zu erhalten.

---

[3] Gemeint sind wirklich Tests und keine Phishing-Simulationen (vgl. Abschnitt 6.1).

[4] *https://play.bakgame.de/PhishingQuiz/*

Um die Anzahl der Fragen in einem Fragebogen auf das notwendige Minimum zu reduzieren und die richtigen Fragen zu stellen, ist der quantitativen Untersuchung eine qualitative Untersuchung voranzustellen. Es ist vorab eine Vorstudie z. B. in Form von Interviews durchzuführen, wie im Vorgehensmodell zur zielgerichteten Sensibilisierung beschrieben (vgl. Abschnitt 4.2.2). In diesen Interviews gilt es herauszufinden, welche Einstellungen, Überzeugungen etc. relevant sind und nach welchen Aspekten es sich lohnt zu fragen. Bei Befragungen muss grundsätzlich sehr vorsichtig und sensibel vorgegangen werden. Es sollte den Interviewpersonen vor allem klargemacht werden, dass ihre Antworten keine negativen Konsequenzen für sie haben werden.

6.3.1 Einstellungen bewerten

Einstellungen sind individuelle Bewertungen, Meinungen oder Emotionen gegenüber den zu betrachtenden informationssicheren Verhaltensweisen, und sie beeinflussen, wie sich Personen verhalten. Ihre Einstellungen können einer Person bewusst oder unbewusst sein. Bei expliziten (bewussten) Einstellungen ist sich die Person über das Vorhandensein und den Einfluss der Einstellungen bewusst. Implizite (unbewusste) Einstellungen beeinflussen die Bewertung der Verhaltensweisen, ohne dass sich das Individuum darüber bewusst ist (Garms-Homolová, 2020, S. 48).

Bewusste Einstellungen werden durch subjektive, direkte Messverfahren wie quantitative Fragebögen ermittelt. Die befragte Person denkt über ihre Haltung nach, um eine aussagekräftige Antwort zu geben. Unbewusste Einstellungen können durch objektive, indirekte Messungen ermittelt werden; zum Beispiel auf Basis der Reaktionszeit bei der Beantwortung von Fragen. Der Vorteil dieses Verfahrens ist, dass die Einstellung erfasst wird, ohne direkt nach einer Haltung zu fragen. Dieses Messverfahren kann Aufschluss darüber geben, ob die subjektive Bewertung einer Person tatsächlich ihrer Einstellung gegenüber dem Verhalten entspricht oder ob sie die Beurteilung manipuliert hat.

William weiß, dass er keine öffentliche Cloud verwenden darf, um unternehmensinterne Dokumente mit seinen Kolleg:innen auszutauschen. Die offiziellen Methoden zum Datenaustausch sind ihm aber zu umständlich. Er kann sich seine Zugangsdaten nicht merken, und die Performance ist eine Katastrophe. Und dann stürzt die Anwendung auch noch ständig ab. Also nutzt er weiterhin myCloud. Zugeben würde er das natürlich nie ...

Es gibt keine standardisierten Fragebögen, um Einstellungen zum Verhalten zu messen (Ajzen, 2020). Es muss zunächst immer eine Pilotstudie durchgeführt werden, um die häufigsten oder vorherrschenden Überzeugungen der Zielgruppe zu ermitteln. Dies entspricht den Schritten 3 und 4 in der Analysephase zur zielgerichteten Sensibilisierung (vgl. Abschnitt 4.2.2). Auf dieser Basis können dann unten stehende Ansätze gewählt und angepasst werden, um diese Überzeugungen in der gesamten Zielgruppe zu erheben.

Sowohl Erfahrungseinstellungen als auch instrumentelle Einstellungen der untersuchten Verhaltensweisen sollten bewertet werden. Menschen streben nach einer Übereinstimmung dieser beiden Einstellungsarten mit ihrer Verhaltensabsicht (vgl. Abschnitt 5.2.1). Für die erfolgreiche Beeinflussung der Einstellungen ist es daher wichtig, ein vollständiges Bild zu bekommen. Passen beide Arten der Einstellungen zusammen, steigt die Wahrscheinlichkeit, dass sich die Person entsprechend verhält.

Bewertung expliziter (bewusster) Einstellungen

Eine **Likert-Skala** wird häufig verwendet, um explizite Einstellungen zu bewerten. Die Befragten werden gebeten, ihre Meinung bezüglich einer Aussage auf einer mehrstufigen Bewertungsskala abzugeben. Die Skala hat typischerweise fünf bis sieben Antwortmöglichkeiten, von „stimme überhaupt nicht zu“ bis „stimme voll und ganz zu“. Die Antworten werden auf einer numerischen Skala (z. B. von 1 bis 5) erfasst. Dadurch können Summen über mehrere Aussagen, Mittelwerte einzelner Aussagen etc. berechnet werden.

In Bild 6.11 sind zwei Beispiele dargestellt, welche eine Likert-Skala verwenden, um Einstellungen zu informationssicherheitsrelevanten Verhaltensweisen zu bewerten. Beide Aussagen zielen auf negative Emotionen der Personen ab (Ängste/Bedenken bzw. Unbehagen/Verärgerung). Die Ergebnisse geben einen Hinweis darauf, ob die Personen die Absicht haben, sich informationssicher zu verhalten. In beiden Fällen ist dies für die Mehrheit der Fall. Es gibt jedoch auch viele Personen, die sich aufgrund der hier geäußerten Einstellungen vermutlich nicht richtig verhalten.

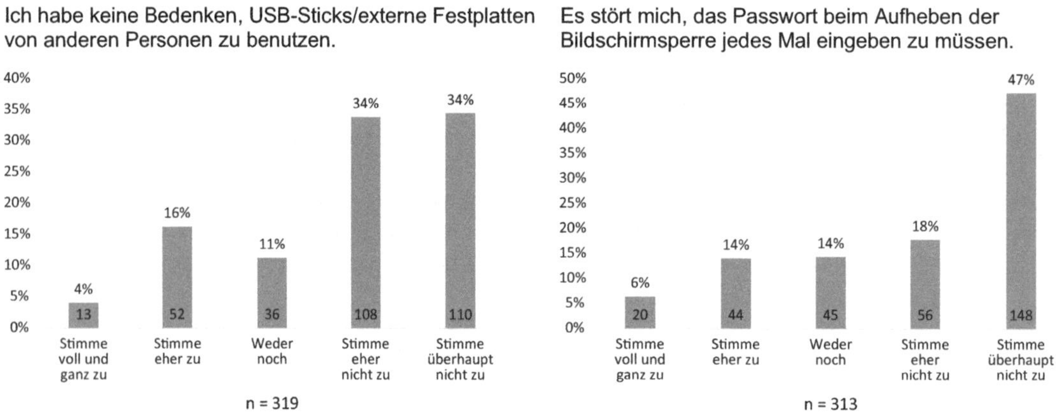

Bild 6.11 Verwendung der Likert-Skala, um Einstellungen zu Informationssicherheits-Verhaltensweisen zu bewerten (Quelle: THWS)

Eine weitere Messmethode für explizite Einstellungen ist das **semantische Differenzial**. Es basiert auf der Idee, dass die Bewertung eines Konzepts oder eines Begriffs durch die Einstufung polarisierter Adjektive vorgenommen werden kann. Ein semantisches Differenzial enthält eine Reihe von Paaren gegensätzlicher Adjektive (gut - schlecht, effizient - ineffizient, angenehm - unangenehm) bezogen auf das zu bewertende Objekt. Die Teilnehmenden werden aufgefordert, jedes Adjektivpaar bezogen auf das Objekt auf einer siebenstufigen Skala (gut (1) ... (7) schlecht) zu bewerten. Der Mittelwert (4) ist als neutral anzusehen.

Die Methode kann auch für die Bewertung der Einstellungen hinsichtlich Verhaltensweisen verwendet werden, wenn die Adjektivpaare Aspekte des Verhaltens erfassen (Fishbein & Ajzen, 2011, S. 81). Die Abbildung auf eine numerische Skala erlaubt auch bei dieser Methode die Anwendung verschiedener statistischer Auswertungen, um die Ergebnisse zu analysieren.

Bild 6.12 zeigt ein Beispiel, welche Eigenschaftspaare zur Bewertung einer informationssicherheitsrelevanten Verhaltensweise herangezogen werden könnten. Das Beispiel zeigt die fiktive Bewertung der Verhaltensweise „Ich verwende immer die Bildschirmsperre". Die Person empfindet die Bildschirmsperre offensichtlich als eher positiv (hilfreich, wichtig, leicht, vernünftig) und wird sie vermutlich tatsächlich regelmäßig anwenden.

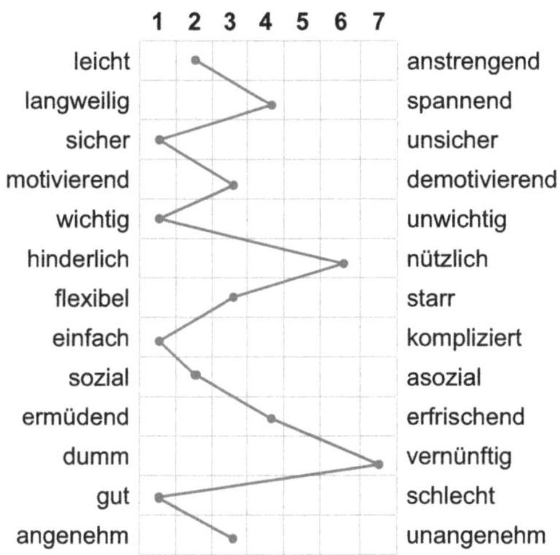

Bild 6.12 Semantisches Differenzial zur Bewertung der Einstellung zu Verhaltensweisen (eigene Darstellung)

Das **Modell von Fishbein und Ajzen** kann zur Messung der Einstellungen hinsichtlich eines Objekts oder gegenüber verschiedenen Alternativen verwendet werden (Fishbein & Ajzen, 2011, S. 94 ff.). Es wird zum Beispiel bei Kaufentscheidungen benutzt. Zunächst werden relevante Merkmale des Objektes festgelegt, um die Bewertung der Personen auf die Aspekte zu lenken, die von Interesse sind (z. B. Nachhaltigkeit, Effizienz und Lautstärke bei Elektroautos). Die befragte Person bewertet zunächst ihre emotionale Reaktion auf das Objekt in Bezug auf die genannten Merkmale (auf einer Skala von −3 sehr negativ bis +3 sehr positiv). Sie empfindet Elektroautos als leise, umweltfreundlich und effizient (+2). Dann schätzt die Person ihre Absicht ein, eine bestimmte Handlung in Bezug auf das betreffende Objekt auszuführen (auf einer Skala von −3 sehr unwahrscheinlich bis +3 sehr wahrscheinlich). Die Person gibt an, dass sie sich ernsthaft damit beschäftigt, in den nächsten sechs Monaten ein Elektroauto zu kaufen (+3). Um die Einstellung der Person zu ermitteln, ein Elektroauto zu kaufen, werden emotionale Reaktion und Verhaltensabsicht miteinander multipliziert ($+2 \times +3 = +6$).

Beispielsweise könnte die Einstellung „Die Bildschirmsperre am Arbeitsplatz kostet mich immer Zeit." gemessen werden, die Skala würde von −3 (ich empfinde es als wenig zeitaufwendig) bis +3 (ich empfinde es als sehr zeitaufwendig) reichen. Dann soll die Person die Wahrscheinlichkeit bewerten, dass sie das Verhalten (Bildschirmsperre) ausübt. Die Person bewertet ihre Emotionen mit +3 (sehr zeitaufwändig) und die Wahrscheinlichkeit mit −3 (sehr unwahrscheinlich). Das Ergebnis der Bewertung ist −9 ($+3 \times -3 = -9$). Die Person hat also eine sehr negative Einstellung zu diesem Verhalten.

Messung impliziter (unbewusster) Einstellungen

Evaluative Priming ist eine experimentelle Methode, die dazu dient, die unbewussten Einstellungen von Menschen gegenüber verschiedenen Konzepten oder Objekten zu untersuchen. Diese Methode basiert auf der Idee, dass das menschliche Gehirn Informationen schneller verarbeitet, wenn sie mit einer bereits vorhandenen positiven oder negativen Bewertung in Einklang stehen.

Die Teilnehmenden werden zwei Arten von Reizen präsentiert; zunächst der Priming-Stimulus, der bei den Teilnehmenden eine positive oder negative Stimmung oder Bewertung hervorrufen soll. Das können z. B. positive Wörter wie „glücklich", „freundlich", „Frieden" oder „Lächeln" oder negative Wörter sein wie „gefährlich", „traurig", „Angst" oder „Hass". Danach wird der eigentliche Untersuchungsgegenstand, der Ziel-Stimulus präsentiert, z. B. ein Bild eines Produkts oder einer Person. Die Teilnehmenden werden gebeten, auf diesen Reiz auf bestimmte Art zu reagieren, z. B. ihn positiv oder negativ zu bewerten. Gemessen wird die Reaktionszeit der Person zwischen dem Auslösen des Reizes und der Reaktion (Bewertung) der Person. Wenn Priming-Stimulus und Ziel-Stimulus in Übereinstimmung sind (z. B. beide positiv), dann sollte die Reaktion schneller erfolgen, da sie auf der bereits vorhandenen Bewertung basiert. Durch die Analyse der Reaktionszeiten können Rückschlüsse gezogen werden, wie positiv oder wie negativ die implizite Einstellung der Teilnehmenden gegenüber dem Ziel-Stimulus ist. Wenn positive (negative) Priming-Stimuli die Reaktion auf positive (negative) Ziel-Stimuli beschleunigen, kann dies darauf hinweisen, dass die Person eine positive (negative) Einstellung gegenüber diesen Zielen hat (Garms-Homolová, 2020, S. 55 f.).

Dieses Verfahren kann genutzt werden, um implizite positive oder negative Einstellungen gegenüber informationssicheren Verhaltensweisen zu erfassen. Mithilfe einer computergestützten Anwendung könnten den Mitarbeitenden zunächst positive oder negative Attribute als Priming-Stimuli gezeigt werden. Im Anschluss sollen sie dann Aussagen zu informationssicheren Verhaltensweisen zustimmend oder ablehnend bewerten. Der Computer misst die Zeit, welche diese Bewertung dauert.

6.3.2 Bewertung wahrgenommener Normen

Die von Personen wahrgenommenen Normen hängen im Wesentlichen von den zugrunde liegenden Überzeugungen ab. Zum einen sind es Überzeugungen darüber, welches Verhalten von den anderen Personen im sozialen Umfeld als positiv oder negativ bewertet wird, also auch welche Erwartungen an das Verhalten der Person gestellt werden (injunktive Normen). Zum anderen sind es Überzeugungen darüber, wie sich die anderen Personen im sozialen Umfeld tatsächlich verhalten (deskriptive Normen).

Injunktive Normen drücken sich vor allem in der Stärke der Akzeptanz eines Verhaltens aus. In der Regel wird die injunktive Norm auf einer Skala von „akzeptiert" bis „nicht akzeptiert" gemessen oder auf einer ähnlichen Skala, welche die soziale Zustimmung oder Missbilligung des Verhaltens widerspiegelt. Deskriptive Normen werden oft auf einer Skala gemessen, welche die wahrgenommene Häufigkeit des Verhaltens in der Umgebung wiedergibt, beispielsweise von „häufig" bis „selten" oder von „viel" bis „wenig".

Eine Likert-Skala kann zur Bewertung der den wahrgenommenen Normen zugrunde liegenden Überzeugungen verwendet werden. Beispielsweise können die Aussagen „Ich denke, dass das Kollegium von mir erwartet, dass ich meine Bildschirmsperre aktiviere, sobald ich den Arbeitsplatz verlasse, um sensible Unternehmensdaten zu schützen." und „Ich denke, dass die mir vorgesetzte Person möchte, dass ich potenzielle Phishing-E-Mails an unser IT-Helpdesk melde." auf einer fünf- oder siebenstufigen Skala von „ich stimme voll und ganz zu" bis „ich stimme überhaupt nicht zu" bewertet werden.

Ebenso kann das **Modell von Fishbein und Ajzen** in einer ähnlichen Form zur Messung der injunktiven Normen herangezogen werden (Fishbein & Ajzen, 2011, S. 133 ff.). Es werden pro Verhaltensweise zwei Konstrukte gemessen. Die Person gibt zunächst auf einer Skala von -3 bis +3 ihre Einschätzung dazu an, was die Meinung anderer Personen zu ihrem Verhalten ist. Zum Beispiel: „Die meisten Personen, die mir wichtig sind, möchten (nicht), dass ich mehr Sport treibe." Mögliche verbale Beschreibungen der Skalen sind: ich sollte ... ich sollte nicht, ich stimme zu ... ich stimme nicht zu, angemessen ... nicht angemessen, unterstützen ... ablehnen (z. B. „Die meisten Personen, deren Meinung ich schätze, würden es unterstützen/ablehnen, dass ich mehr Sport treibe.").

Zusätzlich gibt die Person an, wie wichtig es ihr ist, sich danach zu richten, was die anderen Personen denken. Diese „Motivation to Comply" kann ebenfalls auf einer Skala von -3 bis +3 gemessen werden: „Ich möchte mich (nicht) so verhalten, wie Personen, die mir wichtig sind, denken, dass ich mich verhalten sollte." Die Einstellung dazu kann so generisch für alle Verhaltensweisen bewertet werden. In der Praxis kann sie aber auch für jede Verhaltensweise oder für eine bestimmte Art von Verhaltensweisen variieren.

Kiara hat ein gutes Verhältnis zu ihrer Mutter. Sie legt viel Wert auf ihre Meinung und bespricht wichtige Entscheidungen immer mit ihr. Beim Thema Familienplanung darf sie Kiara jedoch nicht hineinreden.

Die beiden Bewertungen werden miteinander multipliziert und geben dann einen Indikator für die Stärke der injunktiven Norm der Person. Beide Konstrukte können für verschiedene Personen im sozialen Umfeld (Freundin, Mutter, Sohn, Arbeitskollegin) gemessen werden oder für eine oder mehrere Gruppen (Verein, Freunde, Team). Bei mehreren Personen/Gruppen werden die Produkte der Bewertung aufsummiert.

Soll beispielsweise die injunktive Norm bezüglich der Bildschirmsperre erhoben werden, könnte folgende Aussage zur Bewertung herangezogen werden (vgl. Tabelle 6.2): „Die meisten Personen in meinem sozialen Umfeld denken, dass ich die Bildschirmsperre beim Verlassen des Arbeitsplatzes aktivieren sollte ... nicht aktivieren sollte." [1] Die Skala zwischen „sollte" und „nicht sollte" hat sieben mögliche Bewertungsmöglichkeiten (von -3 bis +3). In diesem Fall bedeutet +3, dass die Person der Aussage stark zustimmt und dass sie davon überzeugt ist, dass die Bildschirmsperre gewünscht/akzeptiert ist. Eine weitere Möglichkeit: „Die meisten Personen, die mir wichtig sind, möchten, dass ich beim Verlassen des Arbeitsplatzes die Bildschirmsperre aktiviere." Hier geht die Skala dann von „ich stimme zu" bis „ich stimme nicht zu". Oder: „Die meisten Personen, auf deren Meinung ich Wert lege, empfinden das Aktivieren der Bildschirmsperre beim Verlassen des Arbeitsplatzes als angemessen ... unangemessen."

Statt „die meisten Personen ..." kann konkret nach Personen, Rollen oder Gruppen von Personen gefragt werden, z. B. Vorgesetzte, Abteilung, Team, Informationssicherheitsbeauftragte (ISB), Unternehmensleitung, IT.

Tabelle 6.2 Berechnung der injunktiven Norm einer Person für die Bildschirmsperre (eigene Darstellung in Anlehnung an Fishbein & Ajzen, 2011, S. 136)

Person/Gruppe	Stärke der Überzeugung [1]	Motivation [2]	Injunktive Norm [1 × 2]
Team	-2	2	-4
Vorgesetzte Person	1	1	1
Unternehmensleitung	1	-1	-1
IT/ISB	3	0	0
Gesamt			**-4**

Als Zweites wird erhoben, inwiefern der befragten Person wichtig ist, sich gemäß den Erwartungen der einzelnen Personen oder Gruppen von Personen zu verhalten: „Grundsätzlich möchte ich tun ... nicht tun, was Personen in meinem sozialen Umfeld von mir erwarten." [2] Eine spezifischere Variante wäre: „Wenn es um Informationssicherheit geht, möchte ich mich so verhalten ... nicht so verhalten, wie mein Team möchte, dass ich mich verhalte." Bewertet wird wieder auf einer Skala von -3 (ich möchte die Erwartungen nicht erfüllen) bis +3 (ich möchte die Erwartungen erfüllen).

An diesem Beispiel zeigt Tabelle 6.2, wie die Berechnung der injunktiven Norm erfolgen kann. Die befragte Person ist insgesamt nicht davon überzeugt, dass die anderen denken, dass sie den Bildschirm beim Verlassen des Arbeitsplatzes sperren sollte. Größten Einfluss darauf hat hier das Team, von welchem die befragte Person vielleicht annimmt, dass es als Vertrauensbruch angesehen wird, den Bildschirm zu sperren.

Deskriptive Normen bezüglich einer Verhaltensweise können ähnlich bewertet werden (Fishbein & Ajzen, 2011, S. 144 ff.). Es soll herausgefunden werden, was eine Person denkt, wie oft andere ein bestimmtes Verhalten ausführen. Es kann wieder eine Skala von -3 bis +3 verwendet werden: „Die meisten Personen, die mir wichtig sind, zeigen Verhalten X ... zeigen Verhalten X nicht." (-3 verhalten sich nicht so, +3 verhalten sich so). Oder: „Die meisten Personen in meinem sozialen Umfeld zeigen Verhalten X." Die hier passende siebenstufige Skala geht dann von „immer" bis „niemals".

Es können auch von diesem Prinzip abweichende Skalen verwendet werden, z. B. bei der Frage „Was denkst du, wie viele deiner Mitstudierenden regelmäßig die Vorlesung besuchen?" sind die Auswahlmöglichkeiten: keine, wenige, einige, die meisten, fast alle, alle. Oder die befragte Person soll zu dieser Frage eine Angabe in Prozent machen.

Beispiele aus dem Kontext Informationssicherheit sind:

- Die Kolleg:innen in meinem Büro sperren immer ... niemals ihren Bildschirm beim Verlassen des Arbeitsplatzes.
- Wie viele Kolleg:innen versenden E-Mails mit sensiblem Inhalt verschlüsselt? sehr wenige ... fast alle
- Wie viel Prozent der Mitarbeitenden im Unternehmen haben ihr geschäftliches Smartphone oder ihren Laptop schon einmal verloren? ... %
- Die Mitarbeitenden meiner Abteilung melden dem IT-Helpdesk, wenn sie eine Phishing-Mail bekommen. Ich stimme zu ... ich stimme nicht zu
- Die meisten Kolleg:innen fahren ihren Rechner abends herunter ... nicht herunter.

6.3.3 Bewerten der persönlichen Handlungsfähigkeit

Die persönliche Handlungsfähigkeit bezieht sich auf die Überzeugung einer Person, in der Lage zu sein, ein bestimmtes Verhalten auszuführen. Die persönliche Handlungsfähigkeit besteht aus den zwei Konstrukten wahrgenommene Kontrolle (Kontrolle über die Ausführung eines Verhaltens) und Selbstwirksamkeitserwartung (wahrgenommene Schwierigkeit, ein Verhalten auszuführen). Der Selbstwirksamkeitserwartung liegen Wirksamkeitsüberzeugungen zugrunde, der wahrgenommenen Kontrolle Kontrollüberzeugungen. Beide Konstrukte können direkt gemessen werden oder indirekt über die zugrunde liegenden Überzeugungen.

Kontrollüberzeugungen reflektieren, wie stark eine Person daran glaubt, dass sie mit ihrem eigenen Verhalten Einfluss auf Ereignisse und Ergebnisse hat. Sie sind abhängig von den wahrgenommenen oder vorhandenen Ressourcen wie Zeit, Wissen oder soziale Unterstützung. Wirksamkeitsüberzeugungen reflektieren das individuelle Vertrauen in die eigenen Fähigkeiten, in bestimmten Situationen erfolgreich zu handeln, trotz Hindernissen oder Schwierigkeiten. Sie sind z. B. vom Selbstvertrauen der Person abhängig.

Speziell für die (indirekte) Messung der Überzeugungen müssen vor der eigentlichen Messung Interviews geführt werden. Es gilt herauszufinden, ob es bestimmte situations- oder umweltbedingte Erleichterungen oder Hindernisse gibt, welche die Ausführung eines Verhaltens erschweren oder vereinfachen. Dafür können Fragen nach dem Vorhandensein oder der Abwesenheit von unterstützenden Ressourcen wie Zeit, Wissen, Tools, finanzielle Mittel gestellt werden:

- Was vereinfacht Ihnen die Ausführung von Verhalten X?
- Was erschwert Ihnen die Ausführung von Verhalten X?

Es werden nun mit den Ergebnissen der Befragung zu Verhalten X die wahrgenommene Kontrolle und die Selbstwirksamkeitserwartung gemessen.

Wahrgenommene Kontrolle

Die wahrgenommene Kontrolle kann direkt mithilfe einer siebenstufigen Likert-Skala gemessen werden. Die Proband:innen werden gefragt, ob sie der Meinung sind, die Kontrolle über ein Verhalten zu besitzen. Gemeint ist, inwiefern es allein in ihrer Macht liegt, ob sie das Verhalten ausführen können oder nicht. Die Skala bewegt sich zwischen „ich habe Kontrolle über Verhalten X“ (+3) und „ich habe keine Kontrolle über Verhalten X“ (-3). Beispielsweise kann gefragt werden: „Wie schätzen Sie Ihre Kontrolle über das Einhalten der Passwortregelungen ein?“

Es können auch Aussagen formuliert werden, denen die Person dann zustimmt oder die sie ablehnt: „Wenn ich es wirklich möchte, dann schaffe ich es, den Rechner jeden Abend herunterzufahren.“ (Skala: sehr wahrscheinlich ... sehr unwahrscheinlich) oder „Den Rechner jeden Abend herunterzufahren, hängt überhaupt nicht von mir ab ... hängt ganz von mir ab.“ oder „Ich habe die absolute Kontrolle darüber, ob ich den Rechner jeden Abend herunterfahre.“ (ich stimme voll zu ... ich stimme überhaupt nicht zu). Tabelle 6.3 zeigt einige weitere mögliche Formulierungen von passenden Fragen bzw. Aussagen zur Messung der wahrgenommenen Kontrolle.

Indirekt kann die wahrgenommene Kontrolle über die Kontrollüberzeugungen gemessen werden. In Summe führen die Kontrollüberzeugungen zu der Annahme, dass man die Fähigkeit hat, das Verhalten auszuführen, oder dass man sie nicht hat. Zunächst wird die wahrgenommene Wahrscheinlichkeit des Auftretens der einzelnen erleichternden oder einschränkenden

Tabelle 6.3 Beispielformulierungen zu Fragen nach/Aussagen zur wahrgenommenen Kontrolle (Fishbein & Ajzen, 2011, S. 156 ff.)

Die Anzahl der externen Einflüsse, die mich von ... abhalten könnten, ist (extrem gering ... extrem hoch).
Was denkst/fühlst du, wie viel (persönliche) Kontrolle du über ... hast?
Wie viel denkst du, dass ... außerhalb deiner Kontrolle liegt?
Es liegt vor allem an mir, ob ...
Ich habe die vollständige Kontrolle über ... (komplett falsch ... komplett richtig)
Ob oder ob nicht ..., hängt allein von mir ab.
Wie sehr hast du das Gefühl, dass ... sich deiner Kontrolle entzieht?
Wie sehr hättest du ... unter deiner Kontrolle? (überhaupt nicht unter Kontrolle ... extrem unter meiner Kontrolle)

Bedingungen gemessen. Die befragte Person soll die Wahrscheinlichkeit des Auftretens eines bestimmten Faktors einschätzen. Dies wird auf einer Skala von „sehr unwahrscheinlich" (1) bis „sehr wahrscheinlich" (7) bestimmt (oder -3 bis +3), z. B.:

- Wie wahrscheinlich ist es, dass Sie genug Zeit haben, um die Echtheit aller E-Mails zu verifizieren?
- Wie wahrscheinlich ist es, dass Ihr Mail-Programm Sie auf eine mögliche Phishing-E-Mail hinweist?

Auch hier können statt Fragen wieder Aussagen verwendet werden (ich stimme voll und ganz zu ... ich stimme überhaupt nicht zu):

- Ich habe genug Zeit, um die Echtheit aller E-Mails zu verifizieren.
- Mein Mail-Programm weist mich zuverlässig auf mögliche Phishing-E-Mails hin.

Im Anschluss wird die Person nach der „Macht" dieser Kontrollüberzeugung über das Verhalten gefragt - also eine Einschätzung, wie stark der Faktor die Ausführung erleichtert oder erschwert. Dies wird auf einer Skala von -3 bis +3 gemessen, wobei -3 eine starke negative Wirkung (erschwerend) auf die Kontrollüberzeugungen und +3 eine starke positive Wirkung (erleichternd) hätte.

- Dass ich genug Zeit habe, erleichtert ... erschwert es mir, die Echtheit aller E-Mails zu verifizieren.
- Wenn ich im Stress bin/es kurz vor Feierabend ist/eine Deadline naht, dann ist es für mich leichter ... schwerer, die Echtheit aller E-Mails zu verifizieren.
- Weist mein Mail-Programm auf mögliche Phishing-E-Mails hin, dann ist es für mich leichter ... schwerer, die Echtheit aller E-Mails zu verifizieren.

Oder die Einschätzung kann analog wieder als Aussage formuliert werden mit den Extremen „ich stimme voll und ganz zu" und „ich stimme überhaupt nicht zu":

- Ausreichend Zeit erleichtert mir die Echtheit aller E-Mails zu verifizieren.
- Zu viel Stress erschwert mir die Echtheit aller E-Mails zu verifizieren.
- Die Kennzeichnung möglicher Phishing-E-Mails durch mein Mail-Programm erleichtert mir die Echtheit aller E-Mails zu verifizieren.

Daraufhin wird das Produkt der jeweiligen Kontrollüberzeugung und der wahrgenommenen Macht gebildet. Die Produkte werden aufsummiert, um den finalen Wert der indirekten Messung der wahrgenommenen Kontrolle zu erhalten.

Tabelle 6.4 fasst die genannten Fragen und Aussagen zu einem fiktiven Beispiel zusammen. Die hier befragte Person vertraut sehr stark darauf, dass ihr E-Mail-Programm sie zuverlässig darauf hinweist, wenn sie eine Phishing-Mail bekommt. Sie schätzt die Wahrscheinlichkeit, dass sie Stress und der nahende Feierabend davon abhalten, E-Mails gewissenhaft zu bewerten, eher gering ein. Insgesamt ist ihre wahrgenommene Kontrolle über das Verhalten leicht positiv.

Tabelle 6.4 Berechnung der Kontrollüberzeugung einer Person für das Erkennen von Phishing-Mails (eigene Darstellung in Anlehnung an Fishbein & Ajzen, 2011, S. 171)

Kontrollfaktor	Wahrscheinlichkeit [1]	Macht [2]	Wahrgenommene Kontrolle [1 × 2]
Zeit	5	1	5
Stress	3	-2	-6
E-Mail-Programm	6	2	12
Feierabend	2	-1	-2
Gesamt			**9**

Selbstwirksamkeitserwartung

Bei der direkten Messung der Selbstwirksamkeitserwartung bewertet eine Person ihre allgemeine Fähigkeit, ein Verhalten ausführen zu können. Häufig geht es dabei um die wahrgenommene Einfachheit oder Schwierigkeit, ein Verhalten auszuführen (Fishbein & Ajzen, 2011, S. 163). Die Selbstwirksamkeitserwartung kann auf einer Skala von „Ich traue mir das nicht zu" bis „Ich traue mir das zu" eingeschätzt werden (von -3 bis +3 bzw. von 1 bis 7). Oder die Person wird gefragt, wie gut sie das angegebene Verhalten ihrer Meinung nach ausführen kann. Bewertet wird auf einer siebenstufigen Skala von 1 (überhaupt nicht gut) über 3 (nicht sehr gut) und 5 (ziemlich gut) bis 7 (sehr gut). Weitere Möglichkeiten sind, passende Fragen bzw. Aussagen zu formulieren (in Anlehnung an Fishbein & Ajzen, 2011, S. 161 ff.):

- Ich glaube, dass ich die Fähigkeit habe, Phishing-E-Mails zu erkennen. (Ich stimme voll und ganz zu ... ich stimme überhaupt nicht zu)
- Inwieweit sehen Sie sich in der Lage, ein sicheres Passwort zu wählen? (überhaupt nicht gut ... sehr gut)
- Wie zuversichtlich sind Sie, dass Sie den Bildschirm bei jedem Verlassen des Arbeitsplatzes sperren können? (sehr wenig ... sehr viel)
- Wenn es ganz nach mir ginge, wäre ich sicher in der Lage, sensible Informationen nur verschlüsselt per E-Mail zu versenden. (Ich stimme voll und ganz zu ... ich stimme überhaupt nicht zu)
- Ich bin sicher, dass ich einen Social Engineering-Angriff zuverlässig erkennen kann. (Ich stimme voll und ganz zu ... ich stimme überhaupt nicht zu)
- Es gibt eine Menge, was ich tun kann, um sicher zu sein, dass mir bei sensiblen Telefonaten niemand zuhört. (Ich stimme voll und ganz zu ... ich stimme überhaupt nicht zu)

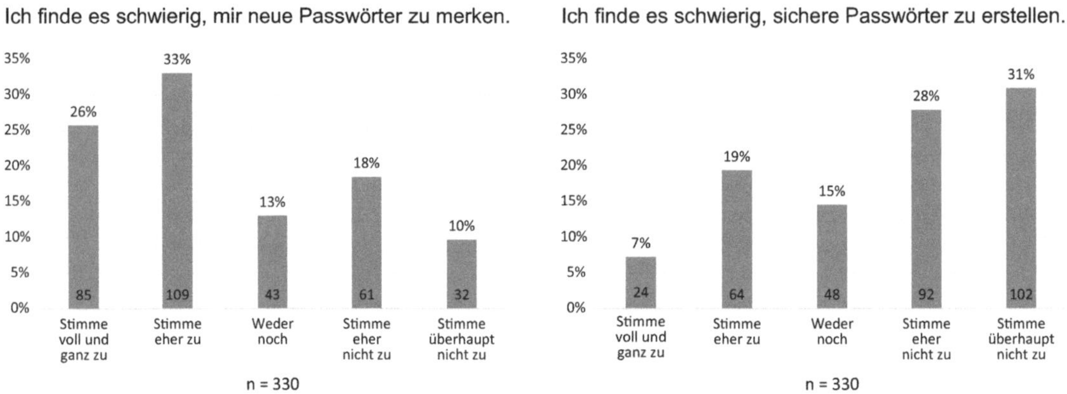

Bild 6.13 Abfrage der Selbstwirksamkeitserwartung zum Thema Passwörter (Quelle: THWS)

Die Ergebnisse einer Umfrage unter mehr als 300 Teilnehmenden sind in Bild 6.13 aufgeführt. Dargestellt sind die Bewertungen zweier Aussagen in Bezug auf die Selbstwirksamkeitserwartung beim Erstellen bzw. Merken von Passwörtern. Während die Teilnehmenden relativ zuversichtlich sind, sichere Passwörter erstellen zu können, haben sie eine eher geringe Selbstwirksamkeitserwartung beim Merken von Passwörtern.

Die indirekte Messung misst die Selbstwirksamkeitsüberzeugung, also wie sicher sich die Person ist, das Verhalten auch angesichts schwieriger Hindernisse ausführen zu können. Dies wird auf einer Likert-Skala von „Ich bin mir nicht sicher, dass ich das kann“ bis zu „Ich bin mir sicher, ich kann das“, mit einer Gewichtung von -3 bis +3 oder von 1 bis 7 gemessen. Hier wird die wahrgenommene Fähigkeit gemessen, behindernde Bedingungen zu überwinden. Zwei mögliche Frage sind: „Wie sicher sind Sie, dass Sie Verhalten X ausführen können, auch wenn ...“ oder „Wie sicher sind Sie, dass Sie Ergebnis X erreichen, auch wenn ...“.

Es könnten auch Aussagen zu verschiedenen Hindernissen bewertet werden: „Bitte geben Sie an, wie sicher Sie sind, dass Sie in den folgenden Situationen Verhalten X ausführen können!“ (überhaupt nicht sicher ... absolut sicher) Das Ergebnis gibt die wahrgenommene Fähigkeit der Person an, durchzuhalten und mögliche Hindernisse zu überwinden.

Bild 6.14 zeigt zwei weitere Ergebnisse der Umfrage. Die Frage auf der linken Seite wurde zu möglichen Erleichterungen für die Ausführung des Verhaltens gestellt (wahrgenommene Kontrolle). Es wird deutlich, dass sich die Teilnehmenden eine Erleichterung für das Verhalten der regelmäßigen Passwortänderung wünschen. Es wurde nicht gemessen, wie stark diese Erleichterung wirken würde. Die Aussage auf der rechten Seite zielt auf die Selbstwirksamkeitserwartung zum Thema Datenschutz ab.

Die Frage nach möglichen Hindernissen ist sehr ähnlich zu erschwerenden Faktoren, deren Wirkung bei der wahrgenommenen Kontrolle erhoben wird. Überhaupt sind die beiden Konstrukte Selbstwirksamkeitserwartung und wahrgenommene Kontrolle in der Messung sehr ähnlich, und laut (Fishbein & Ajzen, 2011) ergibt es daher auch nicht viel Sinn, Unterschiede zu machen: Beide Konstrukte führen zu einer Verbesserung der persönlichen Handlungsfähigkeit.

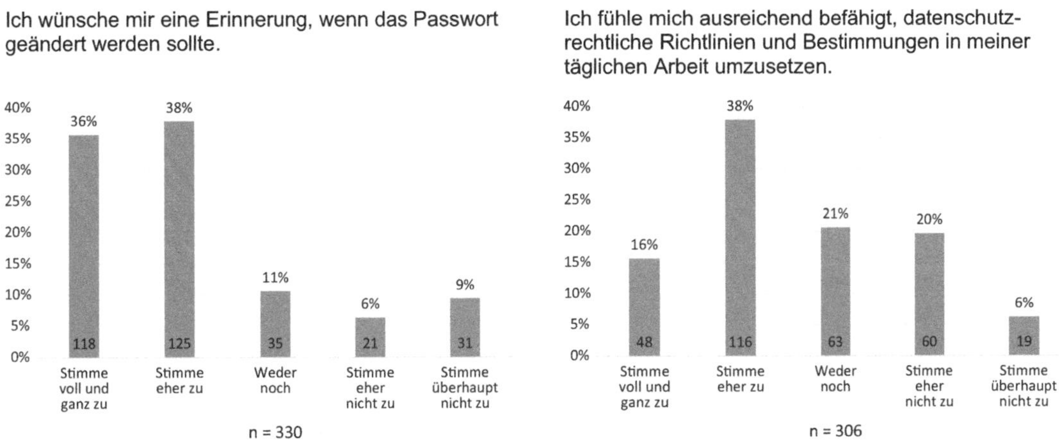

Bild 6.14 Frage zu Erleichterungen bei der Passwortänderung und zur Selbstwirksamkeitserwartung zum Thema Datenschutz (Quelle: THWS)

6.4 Messen von Salienz

Etwas ist salient, wenn es sich gegenüber der Umwelt abhebt oder daraus hervorsticht. Es ist also besonders gut wahrnehmbar oder sichtbar. Salienz bezeichnet aber auch etwas, woran eine Person in einem Moment denkt oder ob ein gewisses Verhalten im Moment sichtbar ist. Soll die Salienz bestimmter Verhaltensweisen bei einzelnen Personen gemessen werden, so ist das nur generell möglich, aber nicht für den genauen Moment. Es kann also gemessen oder bewertet werden, wie sichtbar eine bestimmte informationssichere Verhaltensweise für die Person generell ist, also ob ihr z. B. bewusst ist, dass sie keine USB-Sticks verwenden darf. Es ist damit nicht gesagt, dass die Person in dem Moment, in dem sie einen USB-Stick geschenkt bekommt, auch tatsächlich daran denkt, dass sie ihn nicht benutzen darf. Es darf aber davon ausgegangen werden, dass eine generelle Sichtbarkeit bzw. Salienz eines Verhaltens dann auch tatsächlich zu der Ausführung des Verhaltens im richtigen Moment führt.

Neben der personenbezogenen Messung kann die Salienz für Informationssicherheit auch auf das Unternehmen bezogen gemessen werden. Somit wird die Sichtbarkeit von Informationssicherheit bzw. informationssicherheitsrelevanten Verhaltensweisen generell im Unternehmen betrachtet. Eine hohe Salienz ist dann immer noch kein Garant für informationssicheres Handeln der Mitarbeitenden. Dennoch würde es zeigen, dass und gegebenenfalls wie die Themen im Unternehmen wahrgenommen werden, und dies beeinflusst gemäß Agenda Setting Theory durchaus indirekt das Verhalten (z. B. durch wahrgenommene Normen) (vgl. Abschnitt 5.3).

Im Folgenden werden zunächst zwei Ansätze zur Messung der personenbezogenen Salienz vorgestellt und im Anschluss einige Ideen und Kennzahlen zur Messung der unternehmensbezogenen Salienz.

6.4.1 Salienz personenbezogen messen

Der „Salience of Lifestyle Index" (hier kurz **Salienzindex**) wurde ursprünglich entwickelt, um das Ausmaß wiederzugeben, in dem Personen ihre täglichen Entscheidungen in Bezug auf Ernährung, Bewegung, Rauchen und Trinken als beeinflussend für ihre zukünftige Gesundheit wahrnehmen (Pill & Stott, 1987). Dieser Index bestimmt den Umfang, in dem einstellungsbezogene Aussagen in Interviews mit freien Antwortmöglichkeiten getätigt werden. Der Umfang wird als Maß für die Salienz einzelner Personen gesehen.

In angepasster Form kann der Salienzindex einen Ansatz liefern, Salienz personenbezogen im Hinblick auf informationssicherheitskonformes Verhalten zu messen. Er kann wiedergeben, inwiefern Mitarbeitende ihre täglichen Entscheidungen, beispielsweise in Bezug auf Passwortwahl, Bildschirmsperre und den Umgang mit USB-Sticks sowie Mails, als beeinflussend für die Informationssicherheit in ihrem Unternehmen wahrnehmen.

Zur Messung des Salienzindex werden Interviews mit den Mitarbeitenden durchgeführt, in denen diese Fragen frei beantworten. Somit wird der spontane Abruf von informationssicherheitskonformem Verhalten ausgehend von diesen Fragen geprüft. Die Mitarbeitenden können die Fragen auch schriftlich beantworten. Möglicherweise sind die Antworten dann allerdings nicht so ausführlich.

In den Antworten auf die folgenden Fragen wird für jede Erwähnung einer informationssicheren Verhaltensweise (Bildschirm sperren, sicheres Passwort wählen etc.) ein Punkt vergeben:

1. Was sind Ihrer Meinung nach die Hauptgründe für Informationssicherheitsvorfälle?
2. Glauben Sie, dass manche Unternehmen stärker von Informationssicherheitsvorfällen betroffen sind als andere? Warum?
3. Sind Sie der Meinung, dass Menschen schuld an Informationssicherheitsvorfällen in Unternehmen sein können? Unter welchen Umständen?
4. In den meisten Unternehmen gibt es früher oder später Informationssicherheitsvorfälle, aber manche scheint es schlimmer zu treffen als andere. Woran liegt das Ihrer Meinung nach?
5. Glauben Sie, dass sich manche Informationssicherheitsvorfälle leichter verhindern lassen als andere? Welche Arten von Vorfällen und wie kann man sie verhindern?

Erzielt werden kann ein Ergebnis von null (keine Erwähnung) bis fünf Punkten (mindestens eine Erwähnung bei jeder Frage), wobei null eine niedrige und fünf eine hohe Salienz bezüglich informationssicherem Verhalten indiziert. Der Ansatz hat den Vorteil, dass er spontane Antworten liefert, welche die Einstellung der Befragten womöglich besser widerspiegelt als direkte Fragen zum Zusammenhang von richtigem Verhalten und Informationssicherheit im Unternehmen.

Das Vorgehen kann auch dazu genutzt werden, um genauere Auskunft über die Salienz einzelner Verhaltensweisen zu erhalten, z. B. der Bildschirmsperre. Dazu wird gezählt, wie oft speziell diese einzelne Verhaltensweise erwähnt wurde. Oder die Fragen werden etwas spezifischer gestellt, beim Beispiel Bildschirmsperre möglicherweise zu Informationssicherheit im Büro.

Involvement fasst alle persönlichen Faktoren, wie persönliche Ziele und Interessen, zusammen, die einen Einfluss darauf haben, dass ein Reiz von einer Person als salient wahrgenommen wird. Da Involvement somit eine Ursache für Salienz ist, ist ein möglicher Ansatz für die Messung der Salienz, das Involvement der Mitarbeitenden bezüglich Informationssicherheit zu bewerten.

Mit den „Consumer Involvement Profiles“ (hier kurz **Involvement Profile**) entwickelten Laurent und Kapferer (1985) ein methodisch fundiertes Maß für das Involvement bezüglich bestimmter Produkte. Das Konzept lässt sich aber, zumindest theoretisch, in großen Teilen auf das Verhalten übertragen. Das Involvement-Profil berücksichtigt, dass Involvement sich nicht nur in einer Zahl ausdrücken lässt, sondern verschiedene Aspekte umfasst (z. B. emotionale und rationale). Die verschiedenen Facetten können unterschiedliche Auswirkungen auf das Verhalten der Verbrauchenden haben. Es werden somit fünf Aspekte gemessen, um in Form eines Involvement-Profils ein vollständiges Bild zu erhalten:

1. die wahrgenommene Bedeutung des Produkts
2. das wahrgenommene Risiko, das mit dem Produktkauf verbunden ist, als
   a) die wahrgenommene Bedeutung negativer Konsequenzen im Falle einer Fehlentscheidung
   b) die wahrgenommene Wahrscheinlichkeit, einen solchen Fehler zu machen
3. die symbolische Bedeutung, welche die Person dem Produkt, seinem Kauf oder seinem Konsum beimisst
4. der hedonische Wert des Produkts, seine emotionale Anziehungskraft sowie seine Fähigkeit, Freude zu bereiten

Die Messung der einzelnen Aspekte des Involvements erfolgt mit einer 5-Punkte Likert-Skala von „stimme überhaupt nicht zu“ bis „stimme voll zu“. Beispiele für Items, angepasst an den Kontext der Informationssicherheit im Unternehmen, zeigt Tabelle 6.5.

Tabelle 6.5 Fünf Aspekte des Involvements bezogen auf ein informationssicheres Verhalten allgemein und am Beispiel der Bildschirmsperre
(eigene Darstellung in Anlehnung an Laurent & Kapferer, 1985, S. 44)

Aspekt	Beispiele für Items
Wahrgenommene Bedeutung des Verhaltens	Informationssicheres Verhalten ist sehr wichtig für mich. Die Bildschirmsperre ist ein wichtiger Bestandteil meines Arbeitsalltags.
Wahrgenommenes Schadensausmaß bei Fehlverhalten	Es ist nicht schlimm, wenn man sich nicht informationssicherheitskonform verhält. Meinen Bildschirm nicht zu sperren, kann schwerwiegende Folgen für das Unternehmen haben.
Wahrgenommene Wahrscheinlichkeit eines Fehlverhaltens	Es ist unwahrscheinlich, dass man sich nicht informationssicherheitskonform verhält. Es ist wahrscheinlich, dass ich vergesse, die Bildschirmsperre zu aktivieren.
Wahrgenommene symbolische Bedeutung des Verhaltens	Ihr Verhalten in Bezug auf Informationssicherheit sagt viel über eine Person aus. Meinen Bildschirm zu sperren, macht mich zum Vorbild.
Hedonischer Wert des Verhaltens	Ich kann nicht sagen, dass ich mich gerne informationssicher verhalte. Es fällt mir leicht, meinen Bildschirm zu sperren.

Die einzelnen Items können auch auf einzelne Verhaltensweisen bezogen werden, um so genauere Auskunft über das Involvement darin zu erhalten.

Die Ergebnisse können durch die Berechnung des Mittelwerts und weiterer statistischer Kennzahlen, wie der Standardabweichung, ausgewertet werden. Das Profil kann aufgrund seiner verschiedenen Aspekte auch spezifischer Auskunft darüber geben, warum das Involvement bezüglich Informationssicherheit gering und das gewünschte Verhalten daher möglicherweise nicht salient ist. So kann eine Person beispielsweise das Verhalten zwar grundsätzlich als wichtig ansehen, aber den möglichen Schaden eines Fehlverhaltens als eher gering einschätzen. Dazu sollte die Auswertung pro Aspekt und nicht für alle fünf Aspekte zusammen vorgenommen werden. So kann nicht nur erkannt werden, wie hoch das Involvement ist, sondern auch, wo die Ursache hierfür liegt.

6.4.2 Salienz unternehmensbezogen messen

Es gibt verschiedene Messmethoden, die Aufschluss darüber geben können, wie salient das Thema Informationssicherheit im Unternehmen generell ist. Dazu zählen die Erhebung der Anzahl an Suchanfragen zu Themen der Informationssicherheit im Web oder Internet oder die Messung der Anzahl der Anfragen an den IT-Helpdesk. Es kann auch die Zeit gemessen werden, mit denen sich Mitarbeitende mit dem Lesen von Artikeln oder Schulungskursen auseinandersetzen. Umfragen können Auskunft darüber geben, welche Themen den Mitarbeitenden im Moment wichtig sind.

Hat das Unternehmen mehrere Standorte, kann die Einbeziehung der geografischen Herkunft z. B. bei Webseiten-Aufrufen oder Helpdesk-Anfragen einbezogen werden, um die Zahlen standortbezogen auszuwerten. Die Kennzahlen sollten regelmäßig, z. B. einmal im Monat, erhoben werden, um eine Aussage über die Entwicklung der Salienz zu treffen.

Umfragen

Eine häufige Methode, die Salienz eines Themas festzustellen, sind Umfragen nach dem aktuell wichtigsten Problem (Dennison, 2019). Mitarbeitende können befragt werden, für wie bedeutend sie Informationssicherheit halten und welchen Stellenwert sie dem Thema beimessen. Die Salienz der Informationssicherheit kann absolut oder relativ betrachtet werden.

Bei einer absoluten Messung werden die Mitarbeitenden gebeten, auf einer Skala (z. B. von gar nicht bedeutend bis sehr bedeutend) anzugeben, für wie bedeutend sie informationssicherheitskonformes Verhalten oder generell Informationssicherheit halten. Sie sollten gefragt werden, für wie relevant sie die Themen in Bezug auf sich selbst und in Bezug auf das ganze Unternehmen halten. Dieses Vorgehen kann auf einzelne Verhaltensweisen, wie Verwendung von VPN beim remote Arbeiten, Kennzeichnung sensibler Dokumente oder Abschließen von Türen, heruntergebrochen werden.

Die Ergebnisse der Umfrage in Bild 6.15 lassen Rückschlüsse auf die Salienz des Themas Datenschutz zu. Anhand der Aussage auf der linken Seite könnte man annehmen, dass die Salienz eher hoch ist: Mehr als 80 % der Befragten geben an, dass sie der Aussage zustimmen, dass Datenschutz ein wichtiges Thema ist. Es scheint sich jedoch eher um eine allgemeine

Sichtbarkeit oder Bedeutung des Themas zu handeln. Denn die Ergebnisse auf der rechten Seite zeigen, dass sich - wenn konkreter gefragt - mehr als ein Drittel der Befragten noch nicht viel mit Datenschutz auseinandergesetzt zu haben (Angabe „weiß nicht").

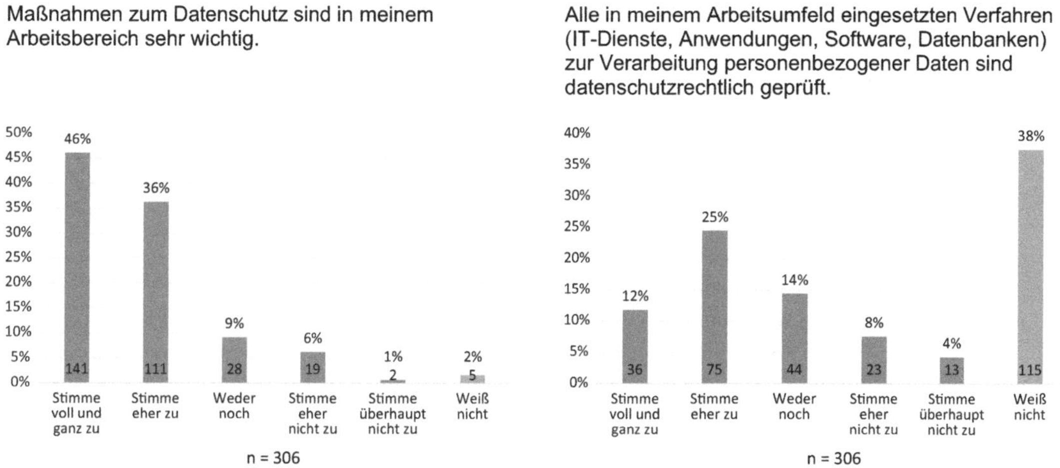

Bild 6.15 Bewertung der Salienz am Beispiel Datenschutz (Quelle: THWS)

Der relative Ansatz kann interessant sein, um die Sichtbarkeit (oder Bedeutung) von Informationssicherheit im Vergleich zu anderen potenziell bedeutsamen Themen (z. B. Compliance, Nachhaltigkeit, Arbeitssicherheit, Diversität, Digitalisierung) abzufragen. Der Vergleich zwingt die Mitarbeitenden dazu, eindeutig Stellung zu beziehen. Gemessen würde dann über Aussagen wie: „Ich finde Informationssicherheit ist wichtiger / weniger wichtig als X." Oder die Teilnehmenden werden gebeten, die Themen in eine Reihenfolge von wichtig bis weniger wichtig zu bringen. Dieses Verfahren kann auch angewendet worden, um verschiedene informationssichere Verhaltensweisen miteinander zu vergleichen und deren relative Bedeutung bzw. Salienz zu erfahren.

Medienberichterstattung

Basierend auf der Annahme, dass die Medienagenda auch die Agenda des Publikums, also dessen wahrgenommene Bedeutung der Themen, bestimmt (vgl. Abschnitt 5.3), kann das Ausmaß an Medienberichterstattung zu einem Thema als Indikator für die Salienz betrachtet werden (Anantram, 2020; Kiousis, 2004). Voraussetzung ist allerdings, dass die entsprechenden Medien vom Publikum auch tatsächlich konsumiert werden.

Wird die Berichterstattung innerhalb eines Unternehmens betrachtet, kann sie als Indikator für die Salienz im Unternehmen dienen. Zur Messung der Salienz kann der Prozess des Media-Trackings verwendet werden (vgl. Abschnitt 5.3). Es sind zunächst die relevanten Quellen wie Intranet, Newsletter oder Social-Media-Kanäle festzulegen. Begriffe, nach denen in diesen Kanälen gesucht werden soll, müssen bestimmt werden, z. B. Informationssicherheit, IT-Sicherheit, Cyber Security, Phishing, Malware oder Passwort. Dann wird für einen festgelegten Zeitraum gemessen, wie oft diese Begriffe in Artikeln, Posts oder Informationsschreiben vorkommen.

Medienkonsum und Nutzungsverhalten

Indikatoren für den tatsächlichen Konsum der gefundenen Medien kann Website Tracking liefern. Mittels Website Tracking können Unternehmen verschiedene Kennzahlen über das Verhalten der Nutzenden auf den eigenen Webseiten oder noch besser im Intranet erheben. Es könnte erhoben werden, wie häufig die Seiten zu Themen der Informationssicherheit besucht werden, wie lange die Nutzenden dort verweilen oder wie viele Suchanfragen es mit relevanten Keywords gab.

Tools für E-Mail-Marketing können auch zahlreiche Kennzahlen zu Newslettern liefern. Diese geben Hinweise, wie intensiv die Newsletter konsumiert wurden. Typische Kennzahlen sind Öffnungsrate (Prozentsatz der geöffneten Mails), Click-Through-Rate (Prozentsatz der geklickten Links), Click-to-Open-Rate (Prozentsatz der geklickten Links bezogen auf die Anzahl der geöffneten Mails) (vgl. GetResponse, 2023).

Über die unternehmenseigenen oder internen Social-Media-Kanäle und Social-Media-Plattformen können Mitarbeitende eigene Posts erstellen oder andere Posts kommentieren und „liken". Ähnlich wie bei der Medienberichterstattung kann ermittelt werden, wie viele Beiträge es mit relevanten Keywords in einem bestimmten Zeitraum gibt. Die Anzahl der „Likes" oder Kommentare auf informationssicherheitsrelevante Postings kann gezählt werden. Anders als bei der Medienberichterstattung ist dies ein Indikator dafür, wie viele Mitarbeitende sich aktiv mit dem Thema beschäftigt haben. Gibt es spezielle Kanäle für Informationssicherheit, so kann auch die Anzahl der Follower ein Indikator für das Interesse an dem Thema und damit für die Salienz sein (vgl. Bild 6.16).

Bild 6.16 Anzahl Follower bei einem Instagram-Account für Studierende (Quelle: Instagram/infosec.thws)

Bild 6.17 illustriert ein Beispiel von einem Instagram-Post, bei dem die „Likes" gezählt werden können.

Mittels Sentiment-Analysen könnten nicht nur die Anzahl von Posts oder kommentierten Artikeln bestimmt werden, sondern auch deren Inhalte automatisiert bewertet werden. Sentiment-Analysen analysieren mithilfe von Machine Learning Texte und extrahieren die Meinungen, Präferenzen und Stimmungen der Schreibenden (Nanli et al., 2012). Dieses Vorgehen ist aufwendiger, erlaubt aber auch zu erfahren, wie Mitarbeitende über Informationssicherheit denken (eher positiv oder eher negativ) oder mit welchen Themen sie sich am meisten beschäftigen.

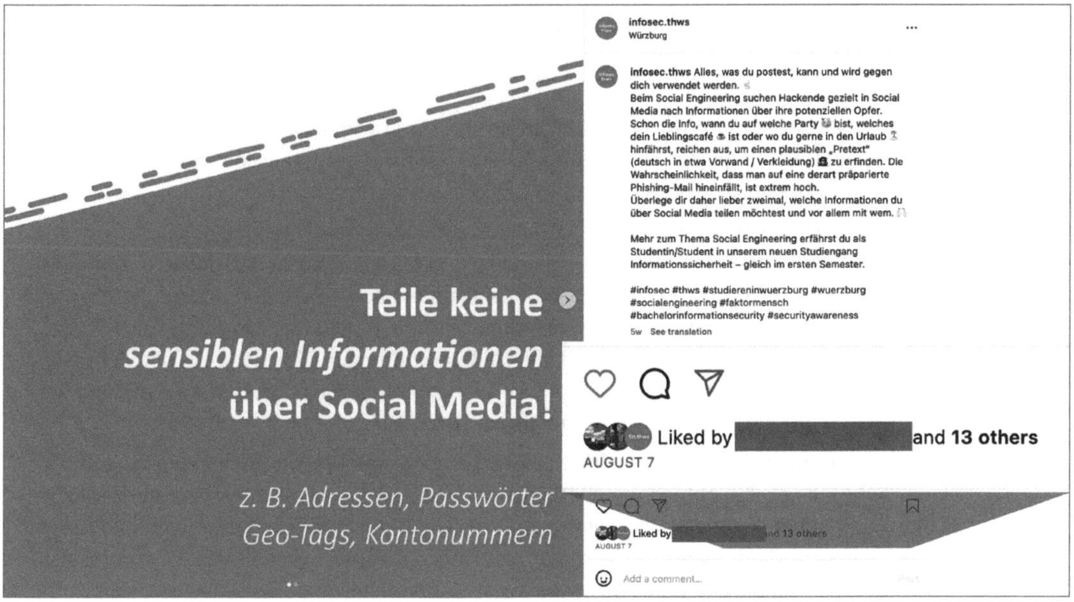

Bild 6.17 Instagram-Post für Studierende mit Anzahl „Likes" (Quelle: Instagram/infosec.thws)

Sofern nicht ohnehin verpflichtend, liefern Learning-Management-Systeme (LMS) auch verschiedene Möglichkeiten, das Verhalten der Lernenden in Bezug auf Schulungskurse zur Informationssicherheit auszuwerten. Neben der Anzahl der Personen, die in einen Kurs eingeschrieben sind (vgl. Bild 6.18), kann auch ausgewertet werden, welche Lerneinheiten von wie vielen Personen vollständig absolviert wurden, wie viele Videos angeschaut wurden etc. Auch die Zeit, welche die Mitarbeitenden mit dem Kurs verbracht haben, ist ein Indikator für die Relevanz/Salienz der Informationssicherheit.

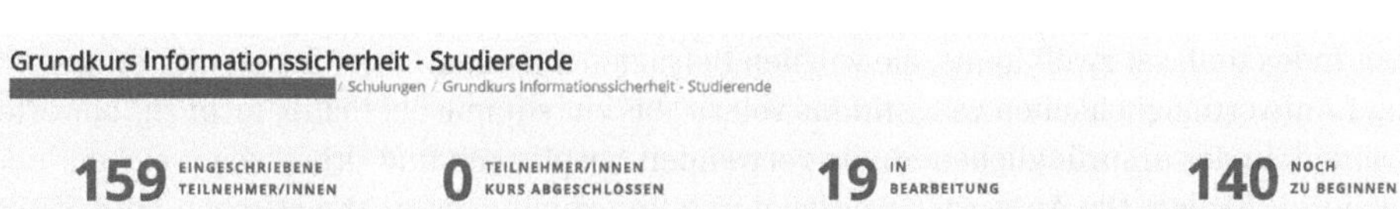

Bild 6.18 Kennzahlen zu Nutzenden eines Schulungskurses (Quelle: Moodle/THWS)

Die Anzahl der Anfragen an den IT-Helpdesk zu sicherheitsrelevanten Themen lassen darauf schließen, wie präsent das Risiko potenzieller Angriffe oder der sichere Umgang mit Informationstechnik im Bewusstsein der Mitarbeitenden ist. Typischerweise sind dies Meldungen über Phishing-Mails, zu vermuteter Kompromittierung von Passwörtern oder zu gestohlenen Geräten. Mit einem Ticketsystem oder Incident-Management-System können die eingehenden Anfragen entsprechend mit „Informationssicherheit" klassifiziert und die Zahlen dann leicht ausgewertet werden. Achtung – steigt diese Kennzahl, dann kann dies zwar zeigen, dass sich die Mitarbeitenden vermehrt mit diesen Themen beschäftigen, es zeigt vermutlich aber eher, dass das Unternehmen verstärkt angegriffen wird.

6.5 Messen der Gewohnheitsstärke

Die Bildung informationssicherer Gewohnheiten ist ein vielschichtiges und komplexes Unterfangen. Um den Erfolg eines Habitualisierungsprozesses einzuschätzen, muss die Gewohnheitsstärke über einen Zeitraum hinweg gemessen werden.

Gewohnheiten zu messen ist schwierig, da Gewohnheiten den Personen selbst unbewusst sind und daher nicht einmal Befragungen nach Gewohnheitsstärken verwertbare Aussagen liefern (Klöckner et al., 2003). Da ein valider Zusammenhang zwischen Gewohnheiten und dem gezeigten Verhalten existiert, gibt es einige Ansätze, welche das Auftreten eines Verhaltens in der Vergangenheit messen – z. B. durch Beobachtungen. Alternativ werden Personen über die Häufigkeit einer Handlung in der Vergangenheit befragt („Wie oft haben Sie in der letzten Woche ihren Rechner heruntergefahren?").

Wird ein bestimmtes Verhalten regelmäßig direkt am Rechner der Mitarbeitenden ausgeführt, so kann dieses gegebenenfalls automatisiert mithilfe eines Tools gemessen werden. Fertig et al. (2022) entwickelten einen Prototyp, mit welchem die Häufigkeit und Regelmäßigkeit bestimmter sicherheitsrelevanter Verhaltensweisen gemessen werden kann. Es eignen sich z. B. die Verwendung der Bildschirmsperre, die Aktualisierung des Betriebssystems und anderer Software sowie die Vermeidung von Wechseldatenträgern für eine automatisierte Messung. Sperrt eine Mitarbeiterin beispielsweise immer gegen 12:30 Uhr ihren Bildschirm, so ist dies ein Anzeichen dafür, dass sie eine Gewohnheit entwickelt hat, immer vor dem Gang in die Mittagspause den Bildschirm ordnungsgemäß zu sperren.

Da eine häufige Wiederholung des Verhaltens nur eine Eigenschaft von Gewohnheiten ausmacht und damit nicht zuverlässig auf eine Gewohnheit schließen lässt, entwickelten Verplanken und Orbell (2003) den „Self-Report Habit Index" (SRHI). Sie legten dem Index (fast) alle konstituierenden Merkmale von Gewohnheiten zugrunde (vgl. Abschnitt 5.4), z. B. regelmäßige Wiederholung, schwere Kontrollierbarkeit und unbewusste Auslösung des Verhaltens und die mentale Leistungseffizienz (Koch, 2010b, S. 93).

Der Index umfasst zwölf Items, die von den Befragten auf einer Likert-Skala mit mindestens fünf Antwortmöglichkeiten von „stimme voll zu" bis zu „stimme überhaupt nicht zu" bewertet werden. In der ursprünglichen Studie verwenden Verplanken und Orbell sogar sieben- und elfstufige Skalen. Die Antworten werden durch Berechnung des arithmetischen Mittels und weiterer statistischer Werte wie der Standardabweichung ausgewertet. Die deutsche Übersetzung des Self-Report Habit Index enthält Tabelle 6.6.

Ein Kritikpunkt am SRHI ist, dass die Autoren die „Identität" der Person als ein Merkmal von Gewohnheiten abfragen. Da die Identität nicht zur Definition von Gewohnheiten gehört, ist die Empfehlung, die zwei dazugehörenden Aussagen (4) und (11) aus dem Index herauszunehmen (Koch, 2010b, S. 94 ff.). Ein weiterer Kritikpunkt ist, dass der SRHI nicht alle konstitutiven Kennzeichen von Gewohnheiten berücksichtigt und misst. Es fehlt die „Auslösung des Verhaltens durch Hinweisreize".

Tabelle 6.6 Die zwölf Items des deutschsprachigen Self-Report Habit Index (dSRHI) (in Anlehnung an Thurn, 2014, S. 50)

Verhalten X ist etwas, ...
(1) ... das ich häufig tue.
(2) ... das ich automatisch tue.
(3) ... das ich tue, ohne mich bewusst daran erinnern zu müssen.
(4) ... bei dem ich mich komisch fühle, wenn ich es nicht tue.
(5) ... das ich tue, ohne nachzudenken.
(6) ... das mich Anstrengung kosten würde, es nicht zu tun.
(7) ... das zu meiner wöchentlichen Routine gehört.
(8) ... mit dem ich anfange, ohne zu bemerken, dass ich es tue.
(9) ... das ich schwer fände, es nicht zu tun.
(10) ... über das ich nicht nachdenken muss, um es zu tun.
(11) ... das typisch für mich ist.
(12) ... das ich seit langer Zeit mache.

Sollen die Gewohnheiten in Bezug auf informationssicheres Verhalten erhoben werden, kann auf Basis der Items ein Fragebogen erstellt werden, welcher für jedes Verhalten alle zehn (oder zwölf) Items abfragt. Die Aussagen zum Verhalten könnten z. B. so formuliert werden:

- Das Durchführen von Datensicherungen/Backups/Updates ist etwas ...
- Das Klassifizieren von neu erstellten Dokumenten beim ersten Speichern ist etwas ...
- Das Überprüfen, ob unbefugte Personen mithören können bei der Annahme eines Telefonats/Videocalls, ist etwas ...
- Das Wegräumen der Unterlagen vor dem Verlassen meines Arbeitsplatzes am Feierabend ist etwas ...

Aussage (7) muss eventuell je nach Verhaltensweise angepasst werden, da „wöchentliche Routine" nicht auf alle Verhaltensweisen zutrifft. Bei den drei letztgenannten Beispielen oben könnte es durch „tägliche Routine" ersetzt werden.

Bei der Auswertung können je nach Aggregation Aussagen über die Gewohnheitsstärke einer Person, einer Abteilung bzw. eines Teams oder des gesamten Unternehmens bezüglich der abgefragten Verhaltensweisen getroffen werden.

Die oben erwähnte prototypische Entwicklung zur automatischen Messung von Gewohnheit misst nur die drei Items (1), (7) und (12) des SRHI.

7 Zukunft Mensch

Es ist Montagmorgen. Annika sitzt – noch immer etwas verkatert nach der Faschingsparty am Wochenende – an ihrem Rechner. Ein kleines „Bing“ ertönt, als eine neue E-Mail eingeht. Die Mail enthält einen Link mit Fotos von der Faschingsparty. Plötzlich ist Annika hellwach. Nicht schon wieder, denkt sie. Noch einmal fällt sie nicht auf diesen billigen Trick herein. Nach dem letzten kleinen Zwischenfall hat ihr Laura vom IT-Support genau erklärt, was Phishing ist und wie die Betrügenden vorgegangen sind, um sie hereinzulegen. Sie klickt auf den Button im E-Mail-Programm, um diese Mail als Phishing an den IT-Helpdesk zu melden. Wenig später ruft Laura an und bedankt sich bei Annika, dass sie so besonnen reagiert und die Mail gleich gemeldet hat.

In diesem Fall waren die Awareness-Maßnahmen sehr erfolgreich. Nicht immer gelingt es jedoch, Cybersicherheitsvorfälle zu verhindern. Irren ist menschlich und Fehler machen ebenso. Unter Stress oder durch Ablenkung kann es ganz schnell passieren, dass trotz aller Awareness etwas schiefgeht. Umso wichtiger ist es, dass sich alle Mitglieder einer Organisation ihrer wichtigen Rolle für die Informationssicherheit bewusst sind. So können Fehler oder Unachtsamkeiten Einzelner durch achtsames Verhalten anderer aufgefangen werden, und die Organisation ist insgesamt gerüstet gegen Angriffe von außen und kann Sicherheitsvorfälle verhindern.

Ein Umdenken über die Rolle des Menschen in der Informationssicherheit hin zum Verständnis „Humans as a Solution“ muss stattfinden und findet statt – so ersichtlich an einigen neueren Schlagzeilen:

- „Es kommt auf die menschliche Firewall an“
- „Der Mensch im Sicherheitskonzept – Sicherheits- statt Risikofaktor“
- „Erfolgsfaktor Security Awareness – Mitarbeitende und ihre Leistungsfähigkeit im Fokus“
- „Menschliche Firewall – Stärken Sie die Security Awareness Ihrer Mitarbeitenden!“

Eine neue Sichtweise auf den Menschen wird auch in der Praxis vermehrt diskutiert, z. B. beim 2. Regensburger Cybersecurity-Kongress des IT-Sicherheitsclusters im April 2023: „Der ... Kongress ... hat gezeigt, dass hier ein massives Umdenken erforderlich ist. Der Mensch ist die erste und letzte Bastion in der Abwehr von Hackern. Der Mensch trägt zwar zu Fehlern bei, kann aber auch massiv zur Sicherheit beitragen. Die Technik erkennt Angriffe, wenn sie stattfinden. Der Mensch kann sie im Vorfeld durch bewusstes und sicheres Handeln verhindern.“[1]

[1] *https://www.it-sicherheitscluster.de/rueckblick-2-regensburger-cybersecurity-kongress/*, letzter Zugriff am 21.09.2023

Die Information Security Awareness der Mitarbeitenden wird in diesem Umbruch weiterhin im Mittelpunkt stehen. Das Verständnis, was Awareness bedeutet und wie sie gezielt gefördert werden kann, wird wichtiger werden. Dieses Buch hat gezeigt, wie vielfältig Awareness ist und wie vielfältig die Maßnahmen sind, um sie zu erhöhen bzw. zu fördern. Die Sicherheitskultur in den Organisationen wird stark an Bedeutung gewinnen. Nicht die einzelnen Mitarbeitenden stehen im Fokus, sondern die Awareness der gesamten Organisation.

Eine gute Sicherheitskultur mit sichtbaren und klar definierten Idealen und Werten stärkt die Motivation der Mitglieder einer Organisation, informationssicher zu handeln und Verantwortung zu übernehmen. „No blaming, no shaming" sind wichtige Merkmale einer Sicherheitskultur. Es geht nicht darum, mit dem Finger auf vermeintlich Schuldige zu zeigen und sie an den Pranger zu stellen. Redet die Organisation über vergangene Sicherheitsvorfälle, ist das ein Zeichen von Vertrauen und einem offenen Umgang mit Fehlern. Alle können aus diesen Fehlern lernen. Mitarbeitende sollten gefeiert werden – für jeden Verdachtsfall, den sie melden, und für jeden Sicherheitsvorfall, den sie durch ihr achtsames Verhalten verhindern. Führungskräfte sollten sich nicht als etwas Besonderes ansehen – über jede Regel erhaben. Sie sollten stattdessen mit gutem Beispiel vorangehen, selbst besonders aufmerksam sein und die Mitarbeitenden ermutigen, es ihnen gleichzutun.

Interdisziplinarität ist ein Schlüssel für die weitere Forschung zum Faktor Mensch in der Informationssicherheit. Unterschiedliche Disziplinen tragen zum Verständnis bei, wie der Mensch „funktioniert" und wie er dabei unterstützt werden kann, sich sicher und achtsam zu verhalten. Ausgewählte relevante Fragestellungen zu verschiedenen Disziplinen sind:

- Verhaltenspsychologie: Wie bildet sich Verhalten? Wie lassen sich Gewohnheiten etablieren und ändern? Wie lassen sich Menschen beeinflussen bzw. manipulieren?
- Soziologie/Sozialpsychologie: Wie beeinflussen Gemeinschaften das Handeln der Individuen? Wie interagieren Personen in Gemeinschaften? Wie bilden sich gemeinsame Werte und Normen?
- Informatik: Welchen Bedrohungen ist die Informationssicherheit in Organisationen ausgesetzt und wie können sie sich davor schützen? Welche Rolle spielt der Mensch in Informationssystemen? Wie können Informationssysteme „menschenfreundlich" gestaltet werden?
- Didaktik/Bildungswissenschaften: Wie lernen Menschen? Wie kann Wissen effektiv vermittelt werden?
- Marketing/Kommunikation: Wie werden Botschaften verständlich überbracht? Mit welchen Mitteln wird die Zielgruppe erreicht? Wie können Maßnahmen effizient individualisiert werden?
- Management/Organisation: Welchen Einfluss hat die Unternehmens-/Führungskultur auf das Verhalten der Mitarbeitenden? Wie kann eine förderliche Fehler-/Sicherheitskultur geschaffen werden? Welche organisatorischen Voraussetzungen müssen für sicheres Handeln geschaffen werden?

Auch die für Informationssicherheit Verantwortlichen, die häufig in der IT verortet sind, sollten sich in ihren Organisationen mit Expert:innen aus anderen Disziplinen – Kommunikation, Marketing, Legal, HR – zusammentun, um die bestmöglichen Maßnahmen zur Förderung des Faktors Mensch einzusetzen.

Dieses Buch hätte so viel mehr Themen aufgreifen können, die letztendlich den Rahmen erheblich gesprengt hätten. Vielleicht ist das der Ausblick auf die zweite und deutlich längere Ausgabe des Buches:

- Sicherheitskultur: Wie sieht eine förderliche Sicherheitskultur aus? Wie kann sie in Organisationen etabliert werden?
- Reifegradmodelle: Wie kann der Reifegrad von Organisationen hinsichtlich Information Security Awareness ermittelt werden?
- ISMS-Standards: Welche Anforderungen sollen Organisationen gemäß gängigen ISMS-Standards (BSI IT-Grundschutz, ISO2700x, CISIS12) hinsichtlich des Faktors Mensch erfüllen?
- Awareness-Maßnahmen-Portfolio: Welche Maßnahmen zur Förderung der Awareness gibt es konkret? Wie und wann können z. B. Gamification, Storytelling, Videos, E-Learning, Phishing-Simulationen effektiv eingesetzt werden?
- Praxisbeispiele: Wie sehen erfolgreiche Awareness-Kampagnen in der Praxis aus?
- Kommunikation: Wie können Sicherheitsmaßnahmen kommunikativ begleitet werden, damit deren Nutzen von den Mitarbeitenden gesehen wird? Wie werden verständliche und motivierende Richtlinien geschrieben? Wie sollte in Krisenfällen kommuniziert werden? Wie wird die Belegschaft richtig über Sicherheitsvorfälle informiert?
- Organisation: Welche typischen Barrieren für informationssicheres Handeln gibt es und wie können sie abgebaut werden? Wie können Ansprechpersonen und Vorbilder für Informationssicherheit etabliert werden?
- Ausbildung und Skills: Welche Skills brauchen Verantwortliche für Informationssicherheit für ihre Aufgabe?

Für Interessierte an diesen und vielen weiteren spannenden Themen zu Information Security Awareness und zum Faktor Mensch in der Informationssicherheit sind hier zum Abschluss noch zwei Empfehlungen, wo sich die (deutschsprachige) Community regelmäßig trifft und austauscht: der Swiss Security Awareness Day in Bern, organisiert von SWITCH (immer im Oktober)[2] und die Konferenz Take Aware an wechselnden Orten (immer im April/Mai)[3]. Und ein allerletzter Tipp: Sehr empfehlenswert und inspirierend ist der Security Awareness Insider Podcast[4] von und mit Katja Dörlemann und Marcus Beyer, der einmal im Monat eine neue Ausgabe herausbringt.

Mögen alle Menschen, die dieses Buch gelesen haben, eine Inspiration darin finden. Eine Inspiration, wie sie dazu beitragen können, den Menschen als Teil der Lösung zu sehen.

> *„Wer seriöse Awareness meint, verlässt die Komfortzone, schaut auf die sicherheitskulturellen Aspekte und macht vor allem die Zielgruppe sprechfähig zum Thema Informationssicherheit – ... von Mensch zu Mensch."*
>
> (Pokoyski & Röniger, 2023)

---

[2] *https://www.switch.ch/security/security-awareness/security-awareness-day/*
[3] *https://take-aware-events.com/*
[4] *https://www.securityawarenessinsider.ch/*

Literaturverzeichnis

Aarts, H., & Dijksterhuis, A. (2000). Habits as knowledge structures: Automaticity in goal-directed behavior. Journal of Personality and Social Psychology, 78(1), Article 1.

Aarts, H., Verplanken, B., & Knippenberg, A. (1998). Predicting Behavior From Actions in the Past: Repeated Decision Making or a Matter of Habit? Journal of Applied Social Psychology, 28(15), 1355–1374. *https://doi.org/10.1111/j.1559-1816.1998.tb01681.x*

Adams, A., & Sasse, M. A. (1999). Users Are Not the Enemy. Commun. ACM, 42(12), 40–46. *https://doi.org/10.1145/322796.322806*

Ajzen, I. (2020). The theory of planned behavior: Frequently asked questions. Human Behavior and Emerging Technologies, 2(4), 314–324. *https://doi.org/10.1002/hbe2.195*

Allen, M. (2006). Social Engineering: A Means To Violate A Computer System (529). SANS Institute. *https://www.sans.org/white-papers/529/*

Anantram, K. (2020). Media salience as a key advocacy strategy: Concept and measurement (S. 4). Evaluating Advocacy. *https://evaluatingadvocacy.org/doc/Media-Salience.pdf*

Anderson, L. W., & Krathwohl, D. R. (Hrsg.). (2001). A taxonomy for learning, teaching, and assessing: A revision of Bloom's taxonomy of educational objectives (Complete Ed.). Longman.

AO Kaspersky Lab. (2020). Recognizing different types of insiders. Encyclopedia by Kaspersky. *https://encyclopedia.kaspersky.com/knowledge/recognizing-different-types-of-insiders/*

Bada, M., Sasse, A., & Nurse, J. (2015). Cyber Security Awareness Campaigns: Why do they fail to change behaviour? International Conference on Cyber Security for Sustainable Society. *https://ora.ox.ac.uk/objects/uuid:cfed4907-d32a-4450-b075-ad37477b10d8*

Bair, J., Bellovon, S. M., Manley, A., Reid, B., & Shostak, A. (2018). That Was Close! Reward Reporting of Cybersecurity „Near Misses". Colo. Tech. L.J., 16, 327–364.

Bandura, A. (2000). Exercise of Human Agency Through Collective Efficacy. Current Directions in Psychological Science, 9(3), 75–78. *https://doi.org/10.1111/1467-8721.00064*

Bargh, J. A. (1994). The four horsemen of automaticity: Intention, awareness, efficiency, and control as separate issues. In R. Wyer & T. Srull (Hrsg.), Handbook of Social Cognition (S. 1–1). Lawrence Erlbaum.

Barker, W. C. (2003). Guideline for Identifying an Information System as a National Security System (NIST Special Publication NIST Special Publication 800-59). NIST. *https://nvlpubs.nist.gov/nistpubs/Legacy/SP/nistspecialpublication800-59.pdf*

Beautement, A., Sasse, M. A., & Wonham, M. (2008). The compliance budget: Managing security behaviour in organisations. Proceedings of the 2008 New Security Paradigms Workshop, 47–58. *https://doi.org/10.1145/1595676.1595684*

Becker, I., Parkin, S., & Sasse, M. A. (2017). Finding Security Champions in Blends of Organisational Culture. Proceedings 2nd European Workshop on Usable Security. European Workshop on Usable Security, Paris, France. *https://doi.org/10.14722/eurousec.2017.23007*

Becker, K. B., Das Gupta, O., & Schulte von Drach, M. C. (2014, Juli 10). Agenten, Informanten, Verräter – Ein historischer Überblick von Mata Hari bis zu Günter Guillaume. Süddeutsche Zeitung. *https://www.sueddeutsche.de/politik/spione-verraeter-1.2040631*

Beris, O., Beautement, A., & Sasse, M. A. (2015). Employee Rule Breakers, Excuse Makers and Security Champions: Mapping the risk perceptions and emotions that drive security behaviors. Proceedings of the 2015 New Security Paradigms Workshop, 73–84. *https://doi.org/10.1145/2841113.2841119*

Beyer, M. (2009). Warum Weiß nicht gleich Weiß und Schwarz nicht gleich Schwarz ist – Interkulturalität in Awareness-Kampagnen. In M. Helisch & D. Pokoyski (Hrsg.), Security Awareness (S. 185–242). Vieweg+Teubner. *https://doi.org/10.1007/978-3-8348-9594-3_7*

Beyer, M., Ahmed, S., Dörlemann, K., Arnell, S., Parkin, S., Sasse, A., & Passingham, N. (2015). Awareness is only the first step – A framework for progressive engagement of staff in cyber security [Business White Paper]. Hewlett Packard Enterprise.

Bishnoi, A., Garv, Bishnoi, S., & Gupta, N. (2023). Comprehensive Assessment of Reverse Social Engineering to Understand Social Engineering Attacks. 2023 5th International Conference on Smart Systems and Inventive Technology (ICSSIT), 681–685. *https://doi.org/10.1109/ICSSIT55814.2023.10061054*

Blankenship, J., & O'Malley, C. (2019). Best Practices: Mitigating Insider Threats – Defend Your Organization Against The Threats Insiders Pose. Forrester Research, Inc.

Bloom, B. S. (Hrsg.). (1956). Taxonomy of educational objectives: The classification of educational goals ([1st ed.]). Longman Group.

Brunken, L., Buckmann, A., Hielscher, J., & Sasse, A. M. (2023, August). „To Do This Properly, You Need More Resources“: The Hidden Costs of Introducing Simulated Phishing Campaigns. Proceedings of the 32nd USENIX Security Symposium. 32nd USENIX Security Symposium, Anaheim, CA, USA. *https://www.usenix.org/conference/usenixsecurity23/presentation/brunken*

Brushwood, B. (2011). Social Engineering – How to Scam Your Way into Anything. *https://www.youtube.com/watch?v=yY-lMkeZVuY*

BSI. (2016). IT-Grundschutz-Kataloge: 15. Ergänzungslieferung.

BSI. (2017). BSI-Standard 200-2 – IT-Grundschutz-Methodik. Bundesamt für Sicherheit in der Informationstechnik. *https://www.bsi.bund.de/SharedDocs/Downloads/DE/BSI/Grundschutz/BSI_Standards/standard_200_2.html*

BSI (Hrsg.). (2023). IT-Grundschutz-Kompendium. Reguvis. *https://www.bsi.bund.de/SharedDocs/Downloads/DE/BSI/Grundschutz/Kompendium/IT_Grundschutz_Kompendium_Edition2023.pdf?__blob=publicationFile&v=4#download=1*

BSI. (2021, Dezember 16). Update: Warnstufe Rot: Schwachstelle Log4Shell führt zu extrem kritischer Bedrohungslage. Bundesamt für Sicherheit in der Informationstechnik. *https://www.bsi.bund.de/DE/Service-Navi/Presse/Pressemitteilungen/Presse2021/211211_log4Shell_WarnstufeRot.html*

Bullée, J.-W., & Junger, M. (2019). Social Engineering. In The Palgrave Handbook of International Cybercrime and Cyberdeviance (S. 1–28). Springer International Publishing. *https://doi.org/10.1007/978-3-319-90307-1_38-1*

Burgess, C. (2017, Juli 10). Insider wreaks havoc on company – After he resigns. CSO. *https://www.csoonline.com/article/3206626/insider-wreaks-havoc-on-companyafter-he-resigns.html*

Burkhead, R. L. (2014). A phenomenological study of information security incidents experienced by information security professionals providing corporate information security incident management [Capella University]. *https://www.proquest.com/openview/99b9a26ae6ba188163d5aab0e10b7ddb/1?pq-origsite=gscholar&cbl=18750*

Cappelli, D., Moore, A., & Trzeciak, R. (2012). The CERT guide to insider threats: How to prevent, detect, and respond to information technology crimes (theft, sabotage, fraud). Addison-Wesley.

Chanti, S., & Chithralekha, T. (2022). A literature review on classification of phishing attacks. International Journal of Advanced Technology and Engineering Exploration, 9(89), 446–476. *https://doi.org/10.19101/IJATEE.2021.875031*

Check Point. (2023). 2023 Cyber Security Report. Checkpoint. *https://pages.checkpoint.com/cyber-security-report-2023.html*

Cialdini, R. B. (2007). Influence: The psychology of persuasion (Rev. ed., [Nachdr.]). Collins.

Conger, K. (2020, August 4). Star Technologist Who Crossed Google Sentenced to 18 Months in Prison. The New York Times. *https://www.nytimes.com/2020/08/04/technology/levandowski-google-uber-sentencing-trade-secrets.html*

Crane, C. (2020, November 3). What Is Smishing? Definition, Examples & Protection Tips. Hashedout by The SSL Store. *https://www.thesslstore.com/blog/what-is-smishing-definition-examples-protection-tips/*

Dahlstrand, U., & Biel, A. (1997). Pro-Environmental Habits: Propensity Levels in Behavioral Change. Journal of Applied Social Psychology, 27(7), Article 7. *https://doi.org/10.1111/j.1559-1816.1997.tb00650.x*

Danner, U. N., Aarts, H., & de Vries, N. K. (2008). Habit vs. Intention in the prediction of future behaviour: The role of frequency, context stability and mental accessibility of past behaviour. British Journal of Social Psychology, 47(2), 245–265. *https://doi.org/10.1348/014466607X230876*

Deimann, M. (2016). Stärkere Individualisierung der Lehre durch Neue Medien (Arbeitspapier 26). Hochschulforum Digitalisierung. *https://hochschulforumdigitalisierung.de/sites/default/files/dateien/HFD_AP_Nr26_Trendpapier_Individualisierung.pdf*

Dennison, J. (2019). A Review of Public Issue Salience: Concepts, Determinants and Effects on Voting. Political Studies Review, 17(4), 436–446. *https://doi.org/10.1177/1478929918819264*

Dodier-Lazaro, S., Abu-Salma, R., Becker, I., & Sasse, A. (2017, Mai 9). From Paternalistic to User-Centred Security: Putting Users First with Value-Sensitive Design. 3rd CHI Workshop on Values in Computing, Denver, Colorado, USA. *https://discovery.ucl.ac.uk/id/eprint/1557895/*

Drechsler, D. (Hrsg.). (2019). Schutz vor Social Engineering: Angriffspunkte und Abwehrmöglichkeiten in digitalwirtschaftlichen Ökosystemen. Erich Schmidt Verlag.

Dupuis, M., & Khadeer, S. (2016). Curiosity Killed the Organization: A Psychological Comparison between Malicious and Non-Malicious Insiders and the Insider Threat. Proceedings of the 5th Annual Conference on Research in Information Technology, 35–40. *https://doi.org/10.1145/2978178.2978185*

DXC Technology. (2017). IWC Schaffhausen protects its business with employee security awareness campaign. *https://assets1.dxc.technology/manufacturing/downloads/DXC-Security-IWC_Schaffhausen-4AA6-7718ENW.pdf*

Ebert, N., Schaltegger, T., Ambuehl, B., Schöni, L., Zimmermann, V., & Knieps, M. (2023). Learning from safety science: A way forward for studying cybersecurity incidents in organizations. Computers & Security, 134, 103435. *https://doi.org/10.1016/j.cose.2023.103435*

ENISA. (2012). Introduction to Return on Security Investment [Deliverable]. ENISA. *https://www.enisa.europa.eu/publications/introduction-to-return-on-security-investment/*

Ferreira, A., Coventry, L., & Lenzini, G. (2015). Principles of persuasion in social engineering and their use in phishing. International Conference on Human Aspects of Information Security, Privacy, and Trust, 36–47.

Fertig, T., Schütz, A. E., & Weber, K. (2020). Current Issues Of Metrics For Information Security Awareness. Proceedings of the 28th European Conference on Information Systems (ECIS). 28th European Conference on Information Systems (ECIS), An Online AIS Conference. *https://aisel.aisnet.org/ecis2020_rp/184*

Fertig, T., Schütz, A., & Weber, K. (2022). Automated Measuring of Information Security Related Habits. Proceedings of the 55th Hawaii International Conference on System Sciences, 7702–7711. *http://hdl.handle.net/10125/80267*

Festinger, L., & Carlsmith, J. M. (1959). Cognitive consequences of forced compliance. The Journal of Abnormal and Social Psychology, 58(2), 203–210. *https://doi.org/10.1037/h0041593*

Filippidis, A. P., Hilas, C. S., Filippidis, G., & Politis, A. (2018). Information security awareness of greek higher education students – Preliminary findings. Modern Circuits and Systems Technologies (MOCAST), 2018 7th International Conference on, 1–4.

Fishbein, M., & Ajzen, I. (2011). Predicting and changing behavior the reasoned action approach. Taylor and Francis.

Freiling, F., Grimm, R., Großpietsch, K.-E., Keller, H. B., Mottok, J., Münch, I., Rannenberg, K., & Saglietti, F. (2014). Technische Sicherheit und Informationssicherheit. Informatik-Spektrum, 37(1), 14–24.

Fritz, C., Passey, D., & Morris, P. (2009). phase-6 AG: Analyses and Results of Initial Research Studies – An Independent Report. Lancaster University. *http://www.phase-6.de/system/galleries/download/lernsoftware/phase-6-Research-Final-Report.pdf*

Gardner, B., & Lally, P. (2018). Modelling Habit Formation and Its Determinants. In B. Verplanken (Hrsg.), The Psychology of Habit (S. 207–229). Springer International Publishing. *https://doi.org/10.1007/978-3-319-97529-0_12*

Garms-Homolová, V. (2020). Sozialpsychologie der Einstellungen und Urteilsbildung: Lässt sich menschliches Verhalten vorhersagen? Springer.

GetResponse. (2023). 2023 Email Marketing Benchmarks by GetResponse. GetResponse. *https://www.getresponse.com/resources/reports/email-marketing-benchmarks*

Gleßmer, M. S., & Lüth, T. (2016). Lernzieltaxonomische Klassifizierung und gezielte Gestaltung von Fragen. Zeitschrift für Hochschulentwicklung, 11(5), 205–224. *https://doi.org/10.3217/ZFHE-11-05/12*

Grassi, P., Perlner, R., Fenton, J., Burr, W., & Picher, J. (2017). Digital Identity Guidelines – Authentication and Lifecycle Management (NIST Special Publication 800-63B). U.S. Department of Commerce. *https://doi.org/10.6028/NIST.SP.800-63b*

Greenwald, G., MacAskill, E., & Poitras, L. (2013, Juni 11). Edward Snowden: The whistleblower behind the NSA surveillance revelations. The Guardian. *https://www.theguardian.com/world/2013/jun/09/edward-snowden-nsa-whistleblower-surveillance?CMP=twt_gu*

Gröblinghoff, F. (2015). Lernergebnisse praktisch formulieren (nexus impulse für die Praxis Nr. 2: Lernergebnisse praktisch formulieren). Hochschulrektorenkonferenz. *https://www.hrk-nexus.de/fileadmin/redaktion/hrk-nexus/07-Downloads/07-02-Publikationen/Lernergebnisse_praktisch_formulieren_01.pdf*

Guido, G. (2001). The Salience of Marketing Stimuli. Springer US. *https://doi.org/10.1007/978-1-4615-1621-7*

GWI. (2021). Leading active social media and messaging platforms in Germany in 2021 [dataset]. *https://www.statista.com/statistics/867539/top-active-social-media-platforms-in-germany/*

Hadnagy, C., & Wilson, P. (2011). Social Engineering: The Art of Human Hacking. Wiley.

Hadnagy, C., & Wozniak, S. (2018). Social Engineering: The Science of Human Hacking (Second edition). Wiley.

Hänsch, N., & Benenson, Z. (2014). Specifying IT Security Awareness. 2014 25th International Workshop on Database and Expert Systems Applications, 326–330. *https://doi.org/10.1109/DEXA.2014.71*

Happ, C., Melzer, A., & Steffgen, G. (2016). Trick with treat–Reciprocity increases the willingness to communicate personal data. Computers in Human Behavior, 61, 372–377.

Haucke, A., Matas, I., & Pokoyski, D. (2018, Oktober). Social Engineering-Wheel. TAKE AWARE sec&life magazine, 01, 39.

Haucke, A., & Pokoyski, D. (2009). Das geheime Drehbuch der Security – Awareness in Gestalt- und Tiefenpsychologie. In M. Helisch & D. Pokoyski (Hrsg.), Security Awareness (S. 75–130). Vieweg+Teubner. *https://doi.org/10.1007/978-3-8348-9594-3_5*

Heartfield, R., & Loukas, G. (2018). Detecting semantic social engineering attacks with the weakest link: Implementation and empirical evaluation of a human-as-a-security-sensor framework. Computers & Security, 76, 101–127. *https://doi.org/10.1016/j.cose.2018.02.020*

Helisch, M. (2009). Definition von Awareness, Notwendigkeit und Sicherheitskultur. In M. Helisch & D. Pokoyski (Hrsg.), Security Awareness – Neue Wege zur erfolgreichen Mitarbeiter-Sensibilisierung (S. 9–28). Vieweg + Teubner.

Hunker, J., & Probst, C. W. (2011). Insiders and Insider Threats-An Overview of Definitions and Mitigation Techniques. Journal of Wireless Mobile Networks, Ubiquitous Computing, and Dependable Applications, 2(1), 4–27.

IS Decisions. (2015). User Security in 2015: The Future of Addressing Insider Threat. IS Decisions. *https://cdn.isdecisions.com/pdf/future-insider-threat-user-security.pdf*

ISACA. (2022). State of Cybersecurity 2022. Information Systems Audit and Control Association. *https://www.isaca.org/go/state-of-cybersecurity-2022*

ISO/IEC (Hrsg.). (2022). ISO/IEC 27001 – Information security, cybersecurity and privacy protection – Information security management systems – Requirements.

Jaeger, L., Ament, C., & Eckhardt, A. (2017, Dezember). The Closer You Get the More Aware You Become – A Case Study about Psychological Distance to Information Security Incidents. Thirty Eighth International Conference on Information Systems, South Korea 2017.

Janik, M., Weber, K., Schütz, A. E., & Fertig, T. (2018). Informationssicheres Verhalten automatisiert messen (P. Schartner & N. Pohlmann, Hrsg.; S. 1–12). syssec.

Jansen, T. (2022). Rechtliche Rahmenbedingungen der IT-Sicherheit. In M. Lang & H. Löhr (Hrsg.), IT-Sicherheit (S. 61–76). Hanser.

Jaschob, A., & Pokoyski, D. (2023). Gamifizierte Cyber-Sicherheit. TAKE AWARE sec&life magazine, 5(6), 20–27.

Ji, M. F., & Wood, W. (2007). Purchase and Consumption Habits: Not Necessarily What You Intend. Journal of Consumer Psychology, 17(4), Article 4.

Kahneman, D. (2011). Thinking, fast and slow (1st Ed.). Farrar, Straus and Giroux.

Katsuki, F., & Constantinidis, C. (2014). Bottom-Up and Top-Down Attention: Different Processes and Overlapping Neural Systems. The Neuroscientist, 20(5), 509–521. *https://doi.org/10.1177/1073858413514136*

Kaur, M., van Eeten, M., Janssen, M., Borgolte, K., & Fiebig, T. (2021). Human Factors in Security Research: Lessons Learned from 2008-2018 (arXiv:2103.13287). arXiv. *http://arxiv.org/abs/2103.13287*

Kersten, H., & Klett, G. (2015). Der IT Security Manager: Aktuelles Praxiswissen für IT Security Manager und IT-Sicherheitsbeauftragte in Unternehmen und Behörden. Springer-Verlag.

Kersten, H., Klett, G., Reuter, J., & Schröder, K.-W. (2020). IT-Sicherheitsmanagement nach der neuen ISO 27001: ISMS, Risiken, Kennziffern, Controls (2., aktualisierte Auflage). Springer Vieweg.

Khan, B., Alghatbar, K. S., Nabi, S. I., & Khan, M. (2011). Effectiveness of information security awareness methods based on psychological theories. African Journal of Business Management, 26(5), 10862–10868.

Ki-Aries, D., Faily, S., & Beckers, K. (2016, Juli). Persona-Driven Information Security Awareness. Proceedings of the 30th International BCS Human Computer Interaction Conference. *https://doi.org/10.14236/ewic/HCI2016.97*

Kimmel, J. (2015). What Is Your Password? *https://www.youtube.com/watch?v=opRMrEfAIiI*

Kiousis, S. (2004). Explicating Media Salience: A Factor Analysis of New York Times Issue Coverage During the 2000 U.S. Presidential Election. Journal of Communication, 54(1), 71–87. *https://doi.org/10.1111/j.1460-2466.2004.tb02614.x*

Kirlappos, I., & Sasse, M. A. (2014). What Usable Security Really Means: Trusting and Engaging Users. In T. Tryfonas & I. Askoxylakis (Hrsg.), Human Aspects of Information Security, Privacy, and Trust (Bd. 8533, S. 69–78). Springer International Publishing. *https://doi.org/10.1007/978-3-319-07620-1_7*

Klipper, S. (2015). Information Security Risk Management. Springer Fachmedien Wiesbaden. *https://doi.org/10.1007/978-3-658-08774-6*

Klipper, S. (2022). Weird Sociotechnical Systems. In K. Weber & S. Reinheimer (Hrsg.), Faktor Mensch (S. 331–347). Springer Fachmedien Wiesbaden. *https://doi.org/10.1007/978-3-658-34524-2_18*

Klöckner, C. A. (2005). Das Zusammenspiel von Gewohnheiten und Normen in der Verkehrsmittelwahl – ein integriertes Norm-Aktivations-Modell und seine Implikationen für Interventionen [Ruhr-Universität Bochum]. *http://webdoc.sub.gwdg.de/ebook/dissts/Bochum/Kloeckner2005.pdf*

Klöckner, C. A., Matthies, E., & Hunecke, M. (2003). Problems of operationalizing habits and integrating habits in normative decision-making models. Journal of Applied Social Psychology, 33(2), Article 2.

Koch, T. (2010). Macht der Gewohnheit? Der Einfluss der Habitualisierung auf die Fernsehnutzung (1. Aufl). VS Verlag für Sozialwissenschaften.

Kocher, P., Horn, J., Fogh, A., Genkin, D., Gruss, D., Haas, W., Hamburg, M., Lipp, M., Mangard, S., Prescher, T., Schwarz, M., & Yarom, Y. (2019). Spectre Attacks: Exploiting Speculative Execution. 40th IEEE Symposium on Security and Privacy (2019).

Kont, M., Pihelgas, M., Wojtkowiak, J., Trinberg, L., & Osula, A.-M. (2018). Insider Threat Detection Study (S. 59). CCDCOE. *https://ccdcoe.org/uploads/2018/10/Insider_Threat_Study_CCDCOE.pdf*

KPMG. (2022). e-Crime 2022 – Computerkriminalität in der deutschen Wirtschaft (S. 66). KPMG Wirtschaftsprüfungsgesellschaft. *https://hub.kpmg.de/computerkriminalitaet-in-der-deutschen-wirtschaft-2022*

Krombholz, K., Judmayer, A., Gusenbauer, M., & Weippl, E. (2017). The Other Side of the Coin: User Experiences with Bitcoin Security and Privacy. In J. Grossklags & B. Preneel (Hrsg.), Financial Cryptography and Data Security (S. 555–580). Springer Berlin Heidelberg.

Kruger, H. A., & Kearney, W. D. (2006). A Prototype for Assessing Information Security Awareness. Comput. Secur., 25(4), 289–296. *https://doi.org/10.1016/j.cose.2006.02.008*

Kuri, J. (2018, Januar 4). Gravierende Prozessor-Sicherheitslücke: Nicht nur Intel-CPUs betroffen, erste Details und Updates. heise online. *https://www.heise.de/news/Gravierende-Prozessor-Sicherheitsluecke-Nicht-nur-Intel-CPUs-betroffen-erste-Details-und-Updates-3932573.html*

Kutzner, A. (2023). Faktoren zur Individualisierung von Information Security Awareness Maßnahmen [Masterarbeit]. THWS.

Lauer, H., & Kuntze, N. (2022). Grundprinzipien zur Gewährleistung der IT-Sicherheit. In IT-Sicherheit (S. 23–41). Hanser.

Lauer, T. (2019). Change Management: Grundlagen und Erfolgsfaktoren (3., vollständig überarbeitete und erweiterte Auflage). Springer Gabler. *https://doi.org/10.1007/978-3-662-59102-4*

Laurent, G., & Kapferer, J.-N. (1985). Measuring Consumer Involvement Profiles. Journal of Marketing Research, 22(1), 41–53. *https://doi.org/10.2307/3151549*

Lazic, V. (2019). „Information Security starts with me“ – Mit Information Security Awareness digitale Transformation nachhaltig umsetzen. In S. Aengenheyster & K. M. Dörr (Hrsg.), Praxishandbuch IT-Kommunikation (S. 121–130). Springer Berlin Heidelberg. *https://doi.org/10.1007/978-3-662-57965-7_7*

Lehner, F. (2019). Wissensmanagement: Grundlagen, Methoden und technische Unterstützung (6., überarbeitete und erweiterte Auflage). Hanser.

Leitner, S. (2011). So lernt man lernen: Der Weg zum Erfolg (18. Auflage, genehmigte Lizenzausg). Nikol-Verl.

Lipp, M., Schwarz, M., Gruss, D., Prescher, T., Haas, W., Fogh, A., Horn, J., Mangard, S., Kocher, P., Genkin, D., Yarom, Y., & Hamburg, M. (2018). Meltdown: Reading Kernel Memory from User Space. 27th USENIX Security Symposium (USENIX Security 18).

Long, J. (2007, August 3). No-Tech Hacking - Ninja Skillz of the Underground. *https://www.youtube.com/watch?v=qfFELeCP-oA*

Mac, R., Solomon, B., & Ohnsmann, A. (2017, Februar 23). Meet The Former Google Engineer Who Allegedly Stole Secrets For Uber. Forbes. *https://www.forbes.com/sites/briansolomon/2017/02/23/meet-the-former-google-engineer-who-allegedly-stole-secrets-for-uber-anthony-levandowski/#a8b6ece5c5ea*

Mail Foreign Service. (2009, Juli 17). How Boeing engineer spied for Chinese for 30 years ... And stole secret space shuttle designs. MailOnline. *https://www.dailymail.co.uk/news/article-1200339/How-Boeing-engineer-spied-Chinese-30-years-stole-secrets-space-shuttle.html*

Maio, G., & Haddock, G. (2010). The Psychology of Attitudes and Attitude Change. SAGE Publications Ltd. *https://doi.org/10.4135/9781446214299*

Marien, H., Custers, R., & Aarts, H. (2018). Understanding the Formation of Human Habits: An Analysis of Mechanisms of Habitual Behaviour. In B. Verplanken (Hrsg.), The Psychology of Habit (S. 51–69). Springer International Publishing. *https://doi.org/10.1007/978-3-319-97529-0_4*

McGough, A. S., Alwis, S., Wall, D., Brennan, J., Theodoropoulos, G., Ruck-Keene, E., Arief, B., Gamble, C., Fitzgerald, J., & van Moorsel, A. (2015). Insider Threats: Identifying Anomalous Human Behaviour in Heterogeneous Systems Using Beneficial Intelligent Software (Ben-ware). Proceedings of the 7th ACM CCS International Workshop on Managing Insider Security Threats - MIST '15, 1–12. *https://doi.org/10.1145/2808783.2808785*

Meffert, H., Burmann, C., Kirchgeorg, M., & Meffert, H. (2015). Marketing: Grundlagen marktorientierter Unternehmensführung: Konzepte - Instrumente - Praxisbeispiele (12., überarbeitete und aktualisierte Auflage). Springer Gabler.

Metzger, L. (2023). Sensibilisierung durch Habitualisierung - Gewohnheiten als zentraler Baustein von Information Security Awareness [Masterarbeit]. THWS.

Metzger, L., Fertig, T., Schütz, A. E., & Weber, K. (2022). Concerning Habits - Gewohnheit fördern zur Erhöhung der Information Security Awareness. In K. Weber & S. Reinheimer (Hrsg.), Faktor Mensch (S. 349–364). Springer Fachmedien Wiesbaden. *https://doi.org/10.1007/978-3-658-34524-2_19*

Mitnick, K. D., & Simon, W. L. (2002). The Art of Deception: Controlling the Human Element of Security. John Wiley & Sons, Inc.

Montaño, D. E., & Kasprzyk, D. (2008). Theory of Reasoned Action, Theory of Planned Behavior, and the Integrated Behavioral Model. In Health behavior and health education: Theory, research, and practice, 4th ed (S. 67–96). Jossey-Bass.

Morse, J. (2018, Februar 21). For the love of god stop sending „Elon Musk" your Ethereum. It's a scam. Mashable. *https://mashable.com/2018/02/21/elon-musk-twitter-ethereum-scam/#jh7uCR66rSqb*

Mouton, F., Leenen, L., Malan, M. M., & Venter, H. (2014). Towards an ontological model defining the social engineering domain. IFIP International Conference on Human Choice and Computers, 266–279.

Mouton, F., Leenen, L., & Venter, H. S. (2016). Social engineering attack examples, templates and scenarios. Computers & Security, 59, 186–209. *https://doi.org/10.1016/j.cose.2016.03.004*

Murdock, J. (2017, Juli 3). Ex-employee faces 7 years in prison after hacking into security firm and deleting client data. International Business Times. *https://www.ibtimes.co.uk/ex-employee-faces-7-years-prison-after-hacking-into-security-firm-deleting-client-data-1628776*

Murphy, I. (2019, Mai 23). Remediating the insider threat. *https://www.infosecurityeurope.com/__novadocuments/589475?v=636923174749130000*

Nanli, Z., Ping, Z., Weiguo, L., & Meng, C. (2012). Sentiment analysis: A literature review. 2012 International Symposium on Management of Technology (ISMOT), 572–576. *https://doi.org/10.1109/ISMOT.2012.6679538*

NCCIC. (2014, Mai 2). Combating the Insider Threat. *https://www.us-cert.gov/sites/default/files/publications/Combating%20the%20Insider%20Threat_0.pdf*

Noonan, C. (2018). Spy the Lie – Detecting Malicious Insiders. Pacific Northwest National Laboratory.

North, K., & Maier, R. (2018). Wissen 4.0 – Wissensmanagement im digitalen Wandel. HMD Praxis der Wirtschaftsinformatik, 55(4), 665–681. *https://doi.org/10.1365/s40702-018-0426-6*

Nyriak, A. (o. D.). The Attack Cycle. Social Engineer. *https://www.social-engineer.org/framework/attack-vectors/attack-cycle/*

Parsons, K., Calic, D., Pattinson, M., Butavicius, M., McCormac, A., & Zwaans, T. (2017). The Human Aspects of Information Security Questionnaire (HAIS-Q): Two further validation studies. Computers & Security, 66, 40–51. *https://doi.org/10.1016/j.cose.2017.01.004*

Petereit, D. (2021, Februar 25). Amazon-Whistleblower warnen vor mieser Sicherheit beim E-Commerce-Riesen. t3n. *https://t3n.de/news/amazon-whistleblower-datenschutz-1358723/*

Petko, D. (2020). Einführung in die Mediendidaktik: Lehren und Lernen mit digitalen Medien (2. Auflage). Beltz.

Pfleeger, S. L., Sasse, M. A., & Furnham, A. (2014). From Weakest Link to Security Hero: Transforming Staff Security Behavior. Journal of Homeland Security and Emergency Management, 11(4), 489–510. *https://doi.org/10.1515/jhsem-2014-0035*

Pill, R., & Stott, N. C. H. (1987). Development of a measure of potential health behaviour: A salience of lifestyle index. Social Science & Medicine, 24(2), 125–134. *https://doi.org/10.1016/0277-9536(87)90245-0*

Pokoyski, D., Haucke, A., & Scholl, M. (2023). Game over vs. Game Lover – Serious Games als wirksame Security Awareness-Maßnahmen für KMU im Projekt „ALARM Informationssicherheit". *https://alarm.wildau.biz/static/0fa10a2f646ddcc06fb36d5636a5025f/Studie3_final.pdf*

Pokoyski, D., & Röniger, U. (2023). Was Awareness mit Heizungskellern zu tun hat. TAKE AWARE sec&life magazine, 5(6), 3.

Ponemon Institute. (2022). 2022 Cost of Insider Threats Global Report. Proofpoint. *https://www.proofpoint.com/sites/default/files/threat-reports/pfpt-us-tr-the-cost-of-insider-threats-ponemon-report.pdf*

Prabhu, S., & Thompson, N. (2020). A Unified Classification Model of Insider Threats to Information Security. 31st Australasian Conference on Information Systems. 31st Australasian Conference on Information Systems, Wellington.

Probst, C. W., Hunker, J., Gollmann, D., & Bishop, M. (2010). Aspects of Insider Threats. In C. W. Probst, J. Hunker, D. Gollmann, & M. Bishop (Hrsg.), Insider Threats in Cyber Security (Bd. 49, S. 1–15). Springer US. *https://doi.org/10.1007/978-1-4419-7133-3_1*

Puhze, C. (2023). Mit drei Klicks Verhalten ändern? Warum wir lieber mit Security spielen. TAKE AWARE sec&life magazine, 5(6), 14–15.

Quader, F., & Janeja, V. P. (2021). Insights into Organizational Security Readiness: Lessons Learned from Cyber-Attack Case Studies. Journal of Cybersecurity and Privacy, 1(4), 638–659. *https://doi.org/10.3390/jcp1040032*

Reinmann, G. (2013). Didaktisches Handeln – Die Beziehung zwischen Lerntheorien und Didaktischem Design. In M. Ebner & S. Schön (Hrsg.), Lehrbuch für Lernen und Lehren mit Technologien (2. Auflage). *https://l3t.tugraz.at/index.php/LehrbuchEbner10/article/view/93*

Reiter, M., & Sommer, S. (2013). Perfekt schreiben (4. Aufl). Hanser.

Richter, S., Straub, T., & Lucke, C. (2018). Information Security Awareness – eine konzeptionelle Neubetrachtung. Multikonferenz Wirtschsinformatik 2018, 1369–1380.

Rölke, H. (2018). Mobiles Assessment. In C. De Witt & C. Gloerfeld (Hrsg.), Handbuch Mobile Learning (S. 565–583). Springer Fachmedien Wiesbaden. *https://doi.org/10.1007/978-3-658-19123-8_28*

Romaniuk, J., & Sharp, B. (2004). Conceptualizing and measuring brand salience. Marketing Theory, 4(4), 327–342. *https://doi.org/10.1177/1470593104047643*

Roose, K. (2017). Hacking Challenge at DEFCON. *https://www.youtube.com/watch?v=fHhNWAKw0bY*

Sasse, M. A., Hielscher, J., Friedauer, J., & Buckmann, A. (2023). Rebooting IT Security Awareness – How Organisations Can Encourage and Sustain Secure Behaviours. In S. Katsikas et al. (Hrsg.), Computer Security. ESORICS 2022 International Workshops (Bd. 13785, S. 248–265). Springer International Publishing. *https://doi.org/10.1007/978-3-031-25460-4_14*

Schildknecht, K. (2018). Lernen im Wissenstransfer: Lernen in einer agilen Welt, lebenslanges Lernen und organisationales Lernen. In B. Ackermann, O. Krancher, K. North, K. Schildknecht, & S. Schorta, Erfolgreicher Wissenstransfer in agilen Organisationen (S. 53–78). Springer Fachmedien Wiesbaden. *https://doi.org/10.1007/978-3-658-19468-0_5*

Schneier, B. (2000, Oktober 15). Semantic Attacks: The Third Wave of Network Attacks. Schneier on Security. *https://www.schneier.com/crypto-gram/archives/2000/1015.html*

Schwarzer, R. (2004). Psychologie des Gesundheitsverhaltens: Einführung in die Gesundheitspsychologie (3., überarb. Auflage). Hogrefe.

Schütz, A. E. (2018). Information Security Awareness: It's Time to Change Minds! Proceedings of International Conference on Applied Informatics Imagination, Creativity, Design, Development – ICDD 2018. ICDD 2018, Sibiu, Romania.

Schütz, A. E., & Fertig, T. (2023). The Forgotten Model – Validating the Integrated Behavioral Model in Context of Information Security Awareness. In T. X. Bui (Hrsg.), 56th Hawaii International Conference on System Sciences, HICSS 2023, Maui, Hawaii, USA, January 3-6, 2023 (S. 6841–6850). ScholarSpace. *https://hdl.handle.net/10125/103462*

Schütz, A. E., Weber, K., & Fertig, T. (2020). Analyze Before You Sensitize: Preparation of a Targeted ISA Training. Hawaii International Conference on System Sciences. *http://hdl.handle.net/10125/64542*

Schütz, A. E., Weber, K., & Fertig, T. (2020). Assessing the Information Security Awareness of University Students. PACIS 2020 Proceedings. PACIS 2020. *https://aisel.aisnet.org/pacis2020/54*

Seiler, L., Kuhnel, M., Honal, A., & Ifenthaler, D. (2018). Mobile Learning Analytics: Potenziale für Lernen und Lehren am Beispiel Hochschule. In C. De Witt & C. Gloerfeld (Hrsg.), Handbuch Mobile Learning (S. 585–608). Springer Fachmedien Wiesbaden. *https://doi.org/10.1007/978-3-658-19123-8_29*

Selg, H., & Schermer, F. J. (2011). Lernen. In A. Schütz, M. Brand, H. Selg, & S. Lautenbacher (Hrsg.), Psychologie: Eine Einführung in ihre Grundlagen und Anwendungsfelder (5., überarbeitete und erweiterte Auflage, S. 104–119). Kohlhammer.

Shey, H. (2020). The State Of Data Security And Privacy, 2020 (S. 16). Forrester Research, Inc. *https://www.forrester.com/report/The+State+Of+Data+Security+And+Privacy+2020/-/E-RES159695*

Sowa, A. (2017). Management der Informationssicherheit. Springer Fachmedien Wiesbaden. *https://doi.org/10.1007/978-3-658-15627-5*

Stajano, F., & Wilson, P. (2011). Understanding scam victims: Seven principles for systems security. Communications of the ACM, 54(3), 70. *https://doi.org/10.1145/1897852.1897872*

Statista. (2021). Phishing (Digital & Trends). *https://www.statista.com/study/102216/phishing/*

Tagesschau. (2023, August 10). Festnahme wegen mutmaßlicher Spionage für Russland. Tagesschau. *https://www.tagesschau.de/inland/russland-spionage-100.html*

Thurn, J. (2014). (In)aktiv aus Gewohnheit? – Theoretische und empirische Fundierung des Konstrukts Gewohnheit und Validierung des deutschsprachigen Self Report Habit Index für körperliche Aktivität. Universität Stuttgart.

Tiefenbeck, V., Goette, L., Degen, K., Tasic, V., Fleisch, E., Lalive, R., & Staake, T. (2018). Overcoming Salience Bias: How Real-Time Feedback Fosters Resource Conservation. Management Science, 64(3), 1458–1476. *https://doi.org/10.1287/mnsc.2016.2646*

Tischer, M., Durumeric, Z., Foster, S., Duan, S., Mori, A., Bursztein, E., & Bailey, M. (2016). Users Really Do Plug in USB Drives They Find. 2016 IEEE Symposium on Security and Privacy (SP), 306–319. *https://doi.org/10.1109/SP.2016.26*

Uddin, L. Q. (2017). Salience Network of the Human Brain. Elsevier. *https://doi.org/10.1016/B978-0-12-804593-0.00001-1*

Van Den Bergh, M., & Njenga, K. (2016). Information security policy violation: The triad of internal threat agent behaviors. Proceedings of the 1st International Conference on the Internet, Cyber Security, and Information Systems (ICICIS), 1–12.

verizon. (2020). 2020 Data Breach Investigations Report (S. 119). verizon. *https://enterprise.verizon.com/resources/reports/2020-data-breach-investigations-report.pdf*

Verplanken, B., & Orbell, S. (2003). Reflections on Past Behavior: A Self-Report Index of Habit Strength. Journal of Applied Social Psychology, 33(6), Article 6. *https://doi.org/10.1111/j.1559-1816.2003.tb01951.x*

Volkamer, M., Sasse, M. A., & Boehm, F. (2020). Analysing Simulated Phishing Campaigns for Staff. In I. Boureanu, C. C. Drăgan, M. Manulis, T. Giannetsos, C. Dadoyan, P. Gouvas, R. A. Hallman, S. Li, V. Chang, F. Pallas, J. Pohle, & A. Sasse (Hrsg.), Computer Security (Bd. 12580, S. 312–328). Springer International Publishing. *https://doi.org/10.1007/978-3-030-66504-3_19*

Von Tippelskirch, H., & Scholl, M. (2022). Target Groups in German SMEs for Information Security Training: The Use and Limits of Job Profiles in Designing Training Units. Journal of Internet Technology and Secured Transactions, 10(1), 787–795. *https://doi.org/10.20533/jitst.2046.3723.2022.0097*

Wang, Z., Zhu, H., Liu, P., & Sun, L. (2021). Social engineering in cybersecurity: A domain ontology and knowledge graph application examples. Cybersecurity, 4(1), 31. *https://doi.org/10.1186/s42400-021-00094-6*

Weber, K., & Klingenberg, C. (2021). Data Governance: Der Leitfaden für die Praxis. Hanser.

Weber, K., Schütz, A. E., & Fertig, T. (2019). Grundlagen und Anwendung von Information Security Awareness: Mitarbeiter zielgerichtet für Informationssicherheit sensibilisieren. Springer Fachmedien Wiesbaden. *https://doi.org/10.1007/978-3-658-26258-7*

Weber, K., Schütz, A. E., & Fertig, T. (2022). Insider Threats – Der Feind in den eigenen Reihen. In K. Weber & S. Reinheimer (Hrsg.), Faktor Mensch (S. 311–329). Springer Fachmedien Wiesbaden. *https://doi.org/10.1007/978-3-658-34524-2_17*

Weber, K., Schütz, A. E., Fertig, T., & Müller, N. H. (2020). Exploiting the Human Factor: Social Engineering Attacks on Cryptocurrency Users. In P. Zaphiris & A. Ioannou (Hrsg.), Learning and Collaboration Technologies. Human and Technology Ecosystems (Bd. 12206, S. 650–668). Springer International Publishing. *https://doi.org/10.1007/978-3-030-50506-6_45*

Whitman, M., & Mattord, H. J. (2019). Management of information security (6th edition). Cengage.

Zheng, K., Wu, T., Wang, X., Wu, B., & Wu, C. (2019). A Session and Dialogue-Based Social Engineering Framework. IEEE Access, 7, 67781–67794. *https://doi.org/10.1109/ACCESS. 2019.2919150*

Zimmermann, V., & Renaud, K. (2019). Moving from a „human-as-problem" to a „human-as-solution" cybersecurity mindset. International Journal of Human-Computer Studies, 131, 169–187. *https://doi.org/10.1016/j.ijhcs.2019.05.005*

Stichwortverzeichnis